Python
在大气海洋科学中的应用

Python
数据可视化

李明悝　王关锁　康贤彪　黄洲升 等/编著

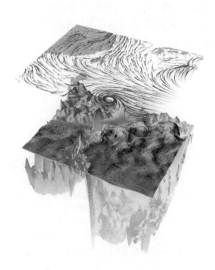

科学出版社
北京

内 容 简 介

数据可视化是将 Python 应用于大气海洋科学中数据处理及分析过程的重要环节，它可以让复杂晦涩的数据变得鲜活生动，从而更好地被理解。本书主要介绍几个基于 Python 且各具特色的绘图工具包，从安装到使用，并列举大量的代码示例，为使用 Python 进行数据分析的用户们提供详细的参考。

本书主要面对的是大气海洋科学研究及应用行业，或者有类似的数据可视化需求的读者，如高校教师、科研工作者以及高校在读学生等。同时，本书的适读对象需要具有一定的 Python 编程基础。

图书在版编目(CIP)数据

Python 数据可视化/李明悝等编著. 一北京：科学出版社，2021.3
（Python 在大气海洋科学中的应用）
ISBN 978-7-03-068445-5

Ⅰ.①P… Ⅱ.①李… Ⅲ.①海洋学-软件工具-程序设计 Ⅳ.①P7-39

中国版本图书馆 CIP 数据核字(2021)第 049111 号

责任编辑：周　杰　王勤勤/责任校对：樊雅琼
责任印制：吴兆东/封面设计：无极书装　李明悝

科学出版社 出版

北京东黄城根北街 16 号
邮政编码：100717
http://www.sciencep.com

北京建宏印刷有限公司印刷

科学出版社发行　各地新华书店经销

*

2021 年 3 月第　一　版　开本：787 × 1092 1/16
2024 年 8 月第五次印刷　印张：27 3/4
字数：660 000

定价：228.00 元
(如有印装质量问题，我社负责调换)

前　　言

从古至今，人类从未停止过对地球奥秘的探索。随着科技与文明的发展，地球科学逐渐成为一个庞大的学科体系。大气海洋科学是地球科学中的重要分支，其发展水平和研究成果对人们日常生活的影响也日益加深。随着科研手段的不断升级，无论是科研人员、工程师还是教师和学生，面临的数据量越来越大，类型也越来越复杂，数据的载体和展现形式也越来越多元化。现今可以用来进行数据处理分析及可视化的方法和工具很丰富，但 Python 作为一门简单易学而又具有丰富工具包支持的编程语言，正在全球各个领域迅速普及，而对于大气海洋科学的应用来说，它不仅具有强大的数据处理功能，在可视化方面也非常有优势。

作为一名物理海洋专业出身的科研工作者，第一次接触 Python 时，吸引我的其实并不是它优雅严谨的语法和丰富强大的工具包，而是一个仿 Matlab® 的绘图工具包所展示的细腻画面。没错，这就是 Matplotlib，那时还不了解它只是一个基于 Python 的工具包，只感觉到了 Python 绘图的优美。此后便踏上了 Python 之旅，Python 的种种优点也逐渐体现在工作、学习各个方面。在学习和使用 Python 的过程中，我发现虽然关于 Python 的各种教程很多，但在国内关于数据可视化方面的资料还比较零散，成体系的教程或书籍很少。因此，我也想找机会把自己的积累汇成一本内容相对扎实的书，希望能够为有此方面需求的读者提供一些帮助。

本书共分 4 章，每章针对一款特点和功能鲜明的可视化工具包进行详细的介绍，内容扎实。由本人负责整体内容的设计规划和第 1 章的撰写，王关锁、康贤彪主要负责第 2 章的内容，黄洲升、刘云丰主要负责第 3 章相关材料的收集与整理，温颖、赵昌、赵彪负责第 4 章，何锡玉、王少可、岳炼负责文字校对和示例代码的校验。

非常感谢国家重点研发计划"'两洋一海'区域超高分辨率多圈层耦合短期数值预报系统研制"项目（2017YFC1404000）及"区域超高分辨率大气–陆面耦合模式研制"课题（2017YFC1404002）、"'两洋一海'区域超高分辨率多圈层耦合模式研制"课题（2017YFC1404004）和"地球系统模式耦合平台架构与支持技术研究"课题（2016YFA0602204）对本书的大力支持。感谢各位合作者在本书编写过程中的艰辛付出，包括提供参考材料、提出宝贵意见和对部分文字进行润色加工等，也感谢出版社在本书校稿和排版过程中的严谨态度及辛苦工作。本书的部分内容参考了国外相关网站，限于本人的能力和学识水平，有理解不到位或解释不妥的地方，欢迎广大读者指正。

李明恒

2021 年 1 月

本书重要代码可在相关网站查询，读者可扫描下方二维码获取详细信息。

目　　录

绪　　论

数据可视化是指对数据的视觉表现形式，以某种概要形式提取数据的属性信息并通过视觉感知的方式表现出来，如通过使用计算机图形技术或软件将数据转换为图形图像在屏幕上进行显示甚至进行交互操作。可视化的主要目的是以图形化的手段清晰而有效地进行信息的传达与沟通。通过可视化手段，可以利用从复杂数据中产生的图形图像来分析和理解数据，正如布鲁斯·麦考梅克在 1987 年所说的："利用计算机图形学来创建视觉图像，帮助人们理解科学技术概念或结果的那些错综复杂而又往往规模庞大的数字表现形式。"

可视化本身是一门运用计算机图形技术或软件将数据转换为图形图像并进行交互处理的理论、方法和技术，它所研究的内容是如何把科学数据转换为能够帮助科学家或工程技术人员理解数据的可视化信息。可视化是一门复杂的交叉学科，涉及计算机图形学、图像处理、计算机辅助设计、计算机视觉以及人机交互技术等；而科学可视化主要涉及计算机动画、计算机模拟、信息可视化、界面技术与感知、表面与立体渲染和立体可视化等。

科学可视化

计算机动画	计算机模拟	信息可视化	界面技术与感知	表面与立体渲染	立体可视化
利用计算机创建动态图像的艺术、方法、技术和科学	计算机程序或计算机网络试图对特定系统模型进行模拟	非数字型信息的视觉表达；以直观的方式传达抽象信息的手段和方法	新的界面以及对于基本感知问题的深入理解，将会为科学可视化领域创造新的机遇	利用计算机程序依据模型生成图像的过程	旨在实现在无需数学上表达另一面(背面)的情况下查看对象的技术
电脑成像技术 计算机生成图像 电脑特效	计算机仿真 数值模式 物理学 化学 生物学	软件的文件 或代码行 文献数据库 关系网络		扫描线渲染与栅格化 光线投射 辐射着色 光纤跟踪	医学成像 云彩 水流 分子结构 生物结构

本书涉及的范围没有上述那么广，主要从科学数据可视化的角度来介绍几种为

Python 开发的可视化工具，包括 Matplotlib、Basemap、Seaborn 和 Mayavi。其中前三个主要进行数据的二维（2D）可视化，最后一个则介绍了数据的三维（3D）可视化及三维绘图。科学数据可视化是科学发现和工程设计的有力工具，也是科学工作者和技术人员洞察数据内涵信息与研究其内在规律的有效方法，它能够使科学家和工程师通过直观形象的方式从抽象的科学数据中探索其客观规律。而以上所述的几个工具则是科学数据可视化的常用工具，通过对它们的了解和学习，可以快速入门科学数据的可视化。

第 1 章　最常用的可视化工具包：Matplotlib

Matplotlib 是一个基于 Python 的二维绘图库，它以各种硬复制格式和跨平台的交互环境生成可达到出版物质量的图片。Matplotlib 可以用于 Python 脚本、Python 和 IPython Shell、Jupyter 笔记本和 Web 应用服务器等[①]。

1.1　Matplotlib 入门

1.1.1　简介与基础概念

Matplotlib 试图让简单的事情更简单，让复杂的事情简单化，你只需要几行代码就可以绘制出点线图、直方图、功率谱、条形图、误差图以及散点图等各种图形。例如，可以应用 plot() 来绘制简单的线形图。

Matplotlib 中所有绘图函数都需要 np.array 或 np.ma.masked_array 对象作为输入类型。如果是"类数组"(array-like) 对象 (如 Pandas 数据对象和 np.matrix)，则可能与 Matplotlib 兼容性不太好，因此最好在绘图之前将它们转换为 np.array 对象。

```python
import matplotlib
import matplotlib.pyplot as plt
import numpy as np

x = np.arange(0., 2 * np.pi, 0.01)
y = np.sin(x)
fig, ax = plt.subplots()
ax.plot(x,y)
ax.set(xlabel = 'Time[s]', ylabel = 'Voltage[V]', title = 'Simple Line Plot')
ax.grid()
plt.show()
```

以下是样例输出：

---

① 本章结构与部分内容参考自 matplotlib.org 官方网站。

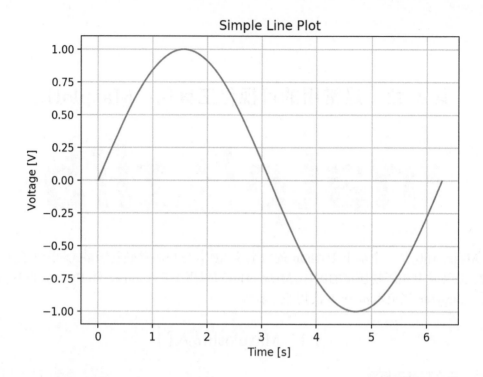

1.1.1.1　引用 Matplotlib

Matplotlib 是 John Hunter 的智慧结晶，他和许多贡献者一起投入了大量时间与精力来开发该软件，而现在该软件已经被全世界万千科学家认识和使用。如果 Matplotlib 对你的某项工作有贡献，请通过引用 Matplotlib 来表示①。

1.1.1.2　安装 Matplotlib

(1) Python 官方安装方法

Matplotlib 及其相关依赖库在多种操作平台（MacOS、Linux 和 Windows）都有发布，可以通过如下命令进行安装：

```
python -m pip install -U pip
python -m pip install -U matplotlib
```

(2) 安装 Matplotlib 的第三方发布

作为第三方软件，Anaconda、Canopy 和 ActiveState 都是很优秀的 Python 发行包，它们都包含了 Matplotlib 以及许多其他非常有用的科学工具库，并且能够在 MacOS、Linux 和 Windows 平台顺利安装与工作。在 Linux 下，还可以通过软件管理工具进行安装：

```
Debian/Ubuntu: sudo apt-get install python3-matplotlib
Fedora: sudo dnf install python3-matplotlib
Red Hat: sudo yum install python3-matplotlib
```

---

① 引用方法请参考 https://matplotlib.org/citing.html。

(3) 通过源码安装

如果想通过源码自己编译安装，首先要下载发布的最新版 tar.gz 文件进行解压，或通过 git 克隆源码目录到本地：

```
git clone git@github.com:matplotlib/matplotlib.git
```

或使用：

```
git clone git://github.com/matplotlib/matplotlib.git
```

然后进入源码目录进行编译和安装：

```
cd matplotlib
python -m pip install.
```

请注意，在编译前，也许需要对下面列出的环境变量进行设置：

```
export CC=x86_64-pc-linux-gnu-gcc
export CXX=x86_64-pc-linux-gnu-g++
export PKG_CONFIG=x86_64-pc-linux-gnu-pkg-config
```

另外，Matplotlib 的安装需要有如下的软件依赖：

```
* Python (>= 3.6)
* FreeType (>= 2.3)
* libpng (>= 1.2)
* NumPy (>= 1.11)
* setuptools
* cycler (>= 0.10.0)
* dateutil (>= 2.1)
* kiwisolver (>= 1.0.0)
* pyparsing
```

1.1.1.3　基础概念

Matplotlib 有个非常广泛的代码库，这可能会让许多新用户望而生畏，但其实多数的 Matplotlib 过程都可以通过相对简单的概念框架和几个要点的相关知识来理解。

Matplotlib 中的所有内容都组织在一个层次结构中，这个层次结构的顶层是由 matplotlib.pyplot 模块提供的，在这一层中，一些简单的函数被用来在当前图形窗口的坐标轴上添加绘图元素（线、图像、文本等）。在这个层次结构的下一级中，是面向对象接口的第一级，其中 pyplot 仅用于少数功能，如创建图形，用户显式地创建并跟踪图形和坐标轴对象。在这一级中，用户使用 pyplot 创建图形，并通过图形进而创建一个或多个坐标轴对象，然后这些坐标轴对象则用于大多数的绘图操作。为了方便本节后面内容涉及代码部分的讲解，首先进行以下工具包的载入：

```
import matplotlib.pyplot as plt
import numpy as np
```

接下来说明 Figure 的组成部分。

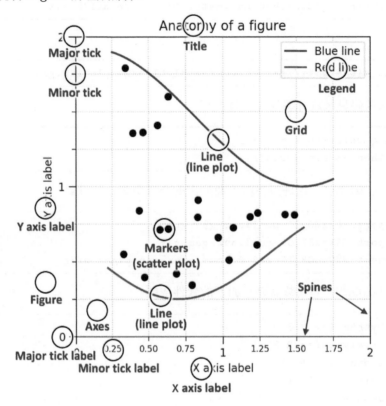

(1) Figure

Figure 就是指整个图形，它记录了所有子坐标轴 (Axes)、一些 "特殊的" Artist (如上图所示的 Title、Legend、Line 等) 以及画布（Canvas）。创建一个 Figure 的简单方法就是使用 pyplot：

```
fig = plt.figure() # 创建一个空的 Figure
ax = plt.axes() # 在 Figure 上添加一个 Axes
```

(2) Axes 对象

Axes 是一个具有数据空间的图像区域。在一个给定的 Figure 中可以包含多个 Axes，但一个给定的 Axes 对象只能属于一个 Figure。Axes 包含两个 Axis（轴）对象（在三维的情况下是三个，注意区分 Axes 与 Axis 的差别），Axis 对象负责对数据范围进行限制。每个 Axes 都有一个标题（Title，可以通过 set_title() 设置）、一个 x 轴标签（x-label，可以通过 set_xlabel() 设置）和一个 y 轴标签（y-label，可以通过 set_ylabel() 设置）。

Axes 类及其成员函数是使用面向对象接口（OO Interface）的主要接入点。

(3) Axis 对象

Axis 是类似于数轴的对象，它们负责设置图形限制以及创建刻度线（ticks，轴上的标记）和刻度标签（ticklabels，标记刻度线的字符串）。ticks 的位置是由定位器（Locator）对象决定的，而 ticklabels 的字符串是由格式化器（Formatter）来进行格式化的。Locator 与 Formatter 的正确组合使用可以让我们精确控制 ticks 的位置及 ticklabels 的格式。

(4) Artist 对象

基本上来讲，在 Figure 中看到的一切都是 Artist 对象，甚至 Figure、Axes 和 Axis 都是。Artist 对象包括文本（Text）对象、二维线（Line2D）对象、集合（Collection）对象等一切你能想象到的东西。渲染图形时，所有的 Artist 被画到画布上。多数的 Artist 都与 Axes 相关，如 Artist 不能被多个 Axes 共享，也不能从一个 Axes 移动到另一个 Axes 中。

1.1.2　pyplot 与 pylab

Matplotlib 是一个完整的工具包，而 matplotlib.pyplot 是 Matplotlib 中的一个模块。pyplot 为底层面向对象的绘图库提供了上层接口，上层绘图时会自动创建 Figure 和 Axes 来实现绘制具体的图形。例如，在下面的例子中，第一次调用 plt.plot 时会创建 Figure 和 Axes，之后每次调用 plt.plot 则都会在当前的 Axes 中添加新的线，然后再通过相关函数设置标题、轴标签以及图例（Legend）等。

```
x = np.linspace(0, 2, 100)

plt.plot(x, x, label = 'linear')
plt.plot(x, x**2, label = 'quadratic')
plt.plot(x, x**3, label = 'cubic')

plt.xlabel('x label')
plt.ylabel('y label')

plt.title("Simple Plot")

plt.legend()

plt.show()
```

以下是样例输出：

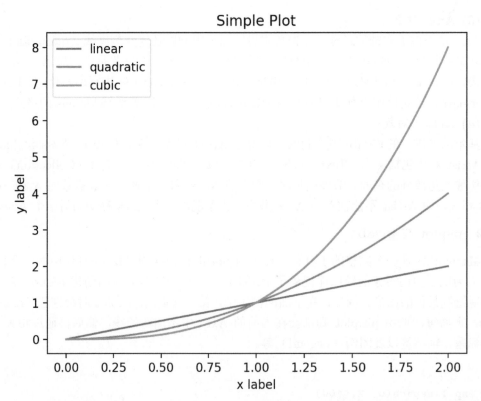

pylab 是 Matplotlib 中一个非常方便使用的模块，它在单个名称空间中批量导入了 matplotlib.pyplot（用于绘图）和 Numpy（用于数学计算和数组操作）中的函数。pylab 比较适合于交互式绘图工作，如在 IPython 环境中进行绘图。对于非交互式绘图操作，建议使用 pyplot 创建 Figure，然后用面向对象接口进行绘图。

1.1.3 绘制不同类型的图表

1.1.3.1 Pyplot 绘图详解

matplotlib.pyplot 是命令样式函数的集合，使 Matplotlib 像 MATLAB 一样工作。用 pyplot 生成可视化的图表非常快捷：

```
import matplotlib.pyplot as plt
plt.plot([1, 2, 3, 4])
plt.ylabel('Numbers')
plt.show()
```

以下是样例输出：

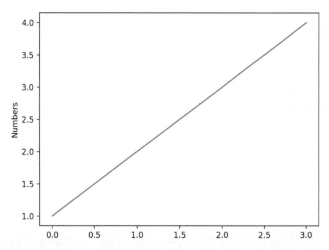

仔细观察就会发现，图中 x 轴的范围是 0.0~3.0，而 y 轴的范围是 1.0~4.0。这是因为我们向 plot() 命令提供了单个列表或数组，在这种情况下，Matplotlib 会假定它是一系列 y 值，并自动为它匹配一系列 x 值。由于在 Python 中序列以 0 为开始，在默认情况下，匹配的 x 序列与 y 序列具有相同长度，但从 0 开始，即 $x = [0, 1, 2, 3]$。

plot() 是一个功能强大的命令，可以采用任意数量的参数。例如，要绘制 x 与 y 的关系，可以用如下命令：

```
plt.plot([1, 2, 3, 4], [1, 8, 27, 64])
```

以下是样例输出：

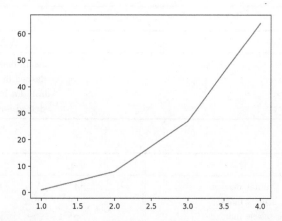

在每一对 x, y 参数之后有一个可选的第三个参数，它是一种格式字符串，用来设置绘图的颜色和线型，如默认格式字符串为"b-"，表示蓝色实线。如果要用红色圆圈绘制上图的内容，可以用下面的方式：

```
plt.plot([1, 2, 3, 4], [1, 8, 27, 64], 'ro')
plt.axis([0, 5,  - 5, 70])
plt.show()
```

以下是样例输出：

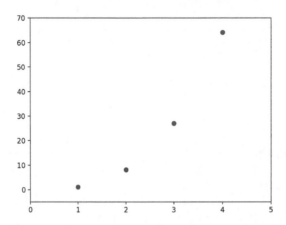

　　以下列出一些有关颜色、线型和格式字符串的列表，详细描述可以参考 plot() 的帮助
文档。

颜色	含义
'b'	blue
'g'	green
'r'	red
'c'	cyan
'm'	magenta
'y'	yellow
'k'	black
'w'	white

线型	含义
'-'	solid line style
'--'	dashed line style
'-.'	dash-dot line style
':'	dotted line style

标记	含义	标记	含义
'.'	point marker	'4'	tri_right marker
','	pixel marker	's'	square marker
'o'	circle marker	'p'	pentagon marker
'v'	triangle_down marker	'*'	star marker
'^'	triangle_up marker	'h'	hexagon1 marker
'<'	triangle_left marker	'H'	hexagon2 marker
'>'	triangle_right marker	'+'	plus marker
'1'	tri_down marker	'x'	x marker
'2'	tri_up marker	'D'	diamond marker
'3'	tri_left marker	'd'	thin_diamond marker
'|'	vline marker	'_'	hline marker

　　Matplotlib 不仅限于使用列表，还能使用 Numpy 数组。其实所有序列都是在内部转换为 Numpy 数组后才进行绘图的。下面的例子说明了使用数组在一个 plot() 命令中绘制多条不同样式的线条。

```
import numpy as np

# 设置平均间隔的时间变量
t = np.arange(0., 5., 0.2)

# 在一个 plot 命令中绘制多条不同样式的线条
plt.plot(t, t, 'r--', t, t**2, 'g:s', t, t**3, 'b-^')
plt.show()
```

　　以下是样例输出：

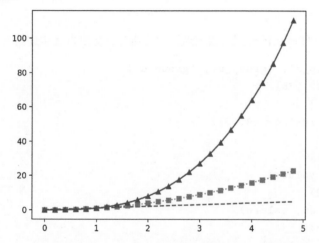

　　在某些情况下可以使用字符串访问特定变量格式的数据。Matplotlib 允许使用 Dict 关键字参数来访问数据。下面的例子展示了利用 Numpy 中 Dict 类型数据来绘制散点图。

```
data = {
    'a': np.arange(50),
    'c': np.random.randint(0, 50, 50),
    'd': np.random.randn(50)
}
data['b'] = data['a'] + 10 * np.random.randn(50)
data['d'] = np.abs(data['d']) * 100

plt.scatter('a', 'b', c = 'c', s = 'd', data = data, cmap = plt.cm.jet)
plt.xlabel('entry a')
plt.ylabel('entry b')
plt.show()
```

　　以下是样例输出：

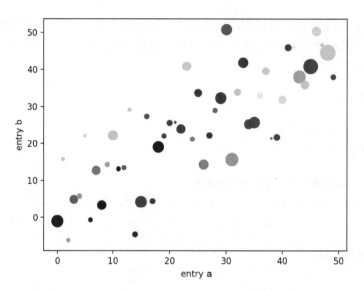

Matplotlib 也可以使用分类变量来绘图，它会将分类变量直接传递给许多绘图函数。例如：

```python
names = ['group_a', 'group_b', 'group_c']
values = [6, 20, 85]

plt.figure(1, figsize = (9, 3))

plt.subplot(131)
plt.bar(names, values)
plt.subplot(132)
plt.scatter(names, values)
plt.subplot(133)
plt.plot(names, values)
plt.suptitle('Categorical Plotting')
plt.show()
```

以下是样例输出：

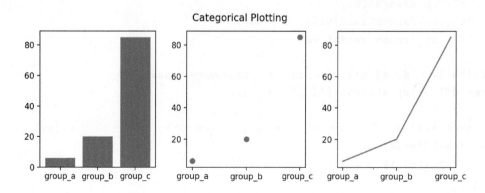

1.1.3.2　保存 Figure 为图像文件

用 savefig() 命令可以将当前 Figure 保存到图像文件：

```
plt.savefig('myfigure.jpg')
```

关于 savefig 的更多参数设置，可以参考 matplotlib.pyplot.savefig 的帮助文档。

1.1.3.3　控制线的属性

Matplotlib 中的线条可以设置许多属性，如 linewidth、dash style、antialiased 等，如果需要详细了解，可以查阅 matplotlib.lines.Line2D 的文档。以下列出几种设置线条属性的方法。

(1) 使用关键字参数

```
plt.plot(x, y, linewidth = 2.0)
```

(2) 使用 Line2D 实例的 setter 方法

通过 plot 返回 Line2D 对象列表：line1, line2 = plot(x1, y1, x2, y2)。下面的示例代码中假设只有一条线，则返回的列表长度为 1，在 pyplot 中要使用 tuple 解压缩为 Line 对象，从而获取该列表的第一个元素：

```
line, = plt.plot(x, y, '-')
line.set_antialiased(False) # 关闭抗锯齿效果
```

(3) 使用 setp() 命令

下面的例子是对线条 (Line2D) 对象列表进行多个属性统一设置。

```
# 获取线条对象列表
lines = plt.plot(x1, y1, x2, y2)
# 利用关键词参数进行线条属性设置
plt.setp(lines, color = 'r', linewidth = 2.0)
# 或者像 MATLAB 的方式通过字符串来进行设置
plt.setp(lines, 'color', 'r', 'linewidth', 2.0)
```

以下列出一些可用的 Line 2D 属性。

属性	值或类型
alpha	浮点数
animated	布尔值
antialiased 或 aa	布尔值
clip_box	matplotlib.transform.Bbox 实例
clip_on	布尔值
clip_path	路径实例和变换实例 (修补程序)
color 或 c	任何 Matplotlib 颜色
contains	点击测试函数

属性	值或类型
dash_capstyle	['butt', 'round', 'projecting']
dash_joinstyle	['miter', 'round', 'bevel']
dashes	以点为单位的开/关油墨顺序
data	(np.array xdata, np.array ydata)
figure	matplotlib.quire.Figure 实例
label	任何字符串
inestyle or ls	['-', '--', '-.', ':', 'steps', ...]
linewidth or lw	浮点数
lod	布尔值
marker	['+', ',', '.', '1', '2', '3', '4']
markeredgecolor or mec	任何 Matplotlib 颜色
markeredgewidth or mew	浮点数
markerfacecolor or mfc	任何 Matplotlib 颜色
markersize or ms	浮点数
markevery	[None, integer, (startind, stride)]
picker	用于交互式选线
pickradius	线拾取选择半径
solid_capstyle	['butt', 'round', 'projecting']
solid_joinstyle	['miter', 'round', 'bevel']
transform	matplotlib.transforms.Transform 实例
visible	布尔值
xdata	np.array
ydata	np.array
zorder	任意数字

可以使用一个或多个线条对象作为参数来调用 setp() 函数以获取可以设置的线条对象的属性列表：

```
lines = plt.plot([1, 2, 3])
plt.setp(lines)
```

在交互式的绘图环境 (如 IPython Shell) 中，上述命令会返回线条对象的属性列表：

```
alpha: float
animated: bool
antialiased or aa: bool
...
zorder: float
```

1.1.3.4 使用多个 Figure 和 Axes

pyplot 有当前 Figure 和当前 Axes 的概念，所有的绘图命令都适用于当前 Axes。函数 gca() 返回当前 Axes 实例（即 matplotlib.axes.Axes 实例），gcf() 返回当前 Figure 实例（即 matplotlib.figure.Figure 实例）。通常情况下，这一切都是在后台处理的，不需要特别关注。下面是创建两个子图的示例：

```
def f(t):
    return np.exp( - t)  *  np.cos(0.8  *  np.pi  *  t)

t1 = np.arange(0.0, 5.0, 0.1)
t2 = np.arange(0.0, 5.0, 0.02)

plt.figure(1)

plt.subplot(211)
plt.plot(t1, f(t1), 'go', t2, f(t2), 'k')

plt.subplot(212)
plt.plot(t2, np.cos(np.pi * t2), 'r--')

plt.show()
```

以下是样例输出：

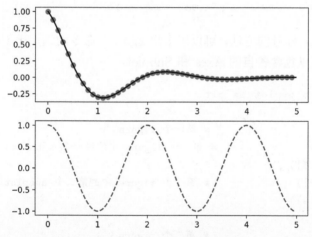

在上面的例子中，figure() 命令是可选的，因为默认情况下 pyplot 会自动创建 figure(1)，这与默认情况下如果不手动指定任何 Axes 会创建 subplot(111) 一样。subplot() 命令指定 numrows、numcols、plot_number，其中 plot_number 的范围是从 1 到 numrows×numcols。如果 numrows×numcols < 10，则 subplot 命令中的逗号可以省略掉，此时 subplot(211) 与 subplot(2,1,1) 相同。

如果需要手动指定 Axes 的位置，而不是放在矩形网格上，可以使用 axes() 命令。该命令指定 Axes 位置的方式为 axes([left, bottom, width, height])，其中 left、bottom、width、height 的值均为 0~1 的小数。下面的例子利用 axes() 命令在一个 Figure 中的不同位置放置了大小不一的 Axes。

```
plt.axes([0.1,0.1,0.5,0.8])
plt.axes([0.2,0.3,0.3,0.25])
```

```
plt.axes([0.7,0.2,0.2,0.6])
plt.show()
```

以下是样例输出：

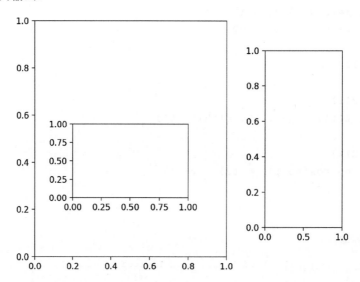

通过增加 Figure 标号的方法，可以用多次 figure() 命令的调用来创建多个 Figure，在每个 Figure 中都可以包含各自的 Axes 和 Subplot。

```
import matplotlib.pyplot as plt

plt.figure(1)                    # 第一个 figure
plt.subplot(211)                 # 第一个 figure 中的第一个 subplot
plt.plot([1, 2, 3])
plt.subplot([212])               # 第一个 figure 中的第二个 subplot
plt.plot([1, 4, 9])

plt.figure(2)                    # 第二个 figure
plt.plot([1, 4, 9])              # 在第二个 figure 中创建一个 subplot(111)

plt.figure(1)                    # 设置 figure 1 为当前 figure，此时 subplot(212)
仍然为当前 Axes
plt.subplot(211)                 # 设置 subplot(211) 为 figure 1 中的当前 Axes
plt.title('As Easy As 1,2,3') # 设置 subplot 211 的 title
```

使用 clf() 命令可以清除当前 Figure，使用 cla() 命令可以清除当前 Axes，使用 close()命令可以关闭当前 Figure。

1.1.3.5　添加文本

使用 text() 命令可以在任意位置添加文本，而 xlabel()、ylabel 和 title() 只用于在指定位置添加文本，如下面绘制直方图的例子所示。

```
# 构造数据
mu, sigma = 100, 15
x = mu + sigma * np.random.standard_normal(9000)

# 根据上述数据绘制直方图
n, bins, patches = plt.hist(x,45,density = True,facecolor = 'k',alpha = 0.6)

# 添加文本
plt.xlabel('Intelligence Quotient')
plt.ylabel('Probability')
plt.title('Histogram of IQ')
plt.text(130, .027, r'$\mu=100,\ \sigma=15$')
plt.axis([40, 160, 0, 0.03])
plt.grid(True)
plt.show()
```

以下是样例输出：

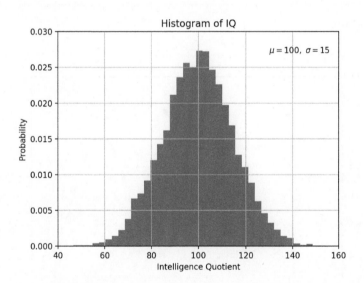

所有的 text() 命令都会返回一个 matplotlib.text.Text 实例，与之前例子中的 Line 一样，可以通过关键字参数传递给那些文本函数或使用 setp() 来自定义其属性：

```
t = plt.title('Statistic of Human IQ', fontsize = 16, color = 'blue')
```

1.1.3.6　文本中的数学表达式

在上面的例子中，使用了由美元符号封闭起来的表达式，这是在 Matplotlib 中使用 TeX 表达式的方法。Matplotlib 内置了 TeX 表达式的解析器和布局引擎，并且提供它自己的数学字体。例如：

```
plt.title(r'$\sigma_i=15$')
```

注意字符串前面的 r，它表示这个字符串是一个原始字符串，而不是将反斜杠当作 Python 的转义符。

1.1.3.7 Figure 中的注释文本

pyplot 在 text() 命令之外，专门设置了一个注释文本的命令 annotate()，它使得在 Figure 中标注释更加清晰和便捷。

```
t = np.arange(0.0, 5.0, 0.01)
s = np.cos(np.pi * t)
plt.plot(t, s, lw = 2)

plt.annotate('Local Maximum', xy = (2, 1), xytext = (3, 1.5), color = 'r',
arrowprops = dict(facecolor = 'r', edgecolor = 'r', shrink = 0.05))

plt.ylim(-2, 2)
plt.show()
```

以下是样例输出：

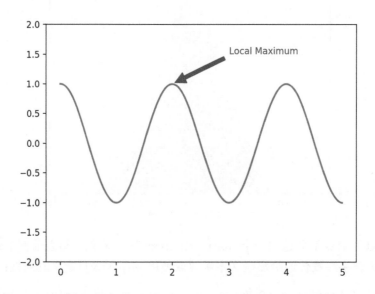

在此例中，xy 是提示箭头所指向的位置，xytext 是提示文本位置。

1.1.3.8 非线性坐标轴

在 pyplot 中，将线性坐标轴改为对数坐标轴很容易：

```
plt.xscale('log')
```

　　在下面的示例中，显示了相同数据在不同比例的 y 轴情况下的图示。

```python
from matplotlib.ticker import NullFormatter

# 给 y 指定一列在 [0, 1] 区间的数
y = np.arange(0.01,1.,0.01)
x = np.arange(len(y))

# linear
plt.subplot(221)
plt.plot(x, y)
plt.yscale('linear')
plt.title('linear')
plt.grid(True, linestyle = ':')

# log
plt.subplot(222)
plt.plot(x, y)
plt.yscale('log')
plt.title('log')
plt.grid(True, linestyle = ':')

# symmetric log
plt.subplot(223)
plt.plot(x, y - y.mean())
plt.yscale('symlog', linthreshy = 0.01)
plt.title('symlog')
plt.grid(True, linestyle = ':')

# logit
plt.subplot(224)
plt.plot(x, y)
plt.yscale('logit')
plt.title('logit')
plt.grid(True, linestyle = ':')

# 调整各子图的显示以及 logit 图中 y 轴刻度标签的格式
plt.gca().yaxis.set_minor_formatter(NullFormatter())
plt.subplots_adjust(top = 0.92, bottom = 0.08, left = 0.10, right = 0.95,
hspace = 0.25, wspace = 0.35)

plt.show()
```

　　以下是样例输出：

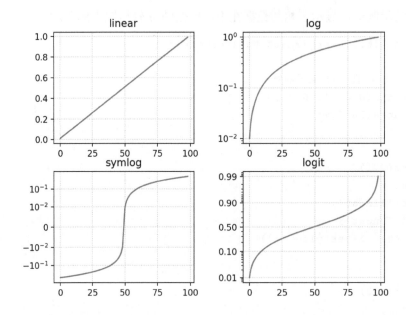

1.1.3.9　Matplotlib 中的其他绘图方法

这里列出一些在前面内容中没有涉及的 Matplotlib 常用绘图方法。

(1) 显示图像 - imshow()

假设我们有一个图像文件 panda.jpg,下面的例子将该图像读入到一个 Numpy 数组中,然后将其在 Figure 中显示。

```
image = plt.imread('image/panda.jpg')
fig, ax = plt.subplots()
ax.imshow(image)
ax.axis('off')
```

以下是样例输出:

(2) 等值线和伪彩色

在 Matplotlib 中，contour 和 pcolormesh 都可以对二维数组进行填色展示，即使该数组二维水平坐标的空间间隔不均匀也没有问题。以下示例展示了这两种绘图方法的比较。

```python
import matplotlib
import matplotlib.pyplot as plt
from matplotlib.colors import BoundaryNorm
from matplotlib.ticker import MaxNLocator
import numpy as np

# 水平坐标的空间间隔
dx, dy = 0.05, 0.05

# 产生两个二维坐标网格数组，分别描述坐标 x 方向和 y 方向的分布
y, x = np.mgrid[slice(1, 5 + dy, dy), slice(1, 5 + dx, dx)]

# 基于 x、y 产生一个随空间坐标变化的二维数组
z = np.sin(x)**5 + np.cos(y * x) * np.cos(x)**2

# x 和 y 描述了绘图的范围，z 是在这个范围内的某个量的值，
# 对 pcolormesh 来说，需要将 z 数组的最后一行（列）去掉
z = z[:-1, :-1]
levels = MaxNLocator(nbins = 15).tick_values(z.min(), z.max())

# 选择 colormap
cmap = plt.get_cmap('RdYlGn')
#通过 levels 定义一个基于 z 中数据的规范化对象实例，它可以把 z 中的值与 levels 进行对应转换
norm = BoundaryNorm(levels, ncolors = cmap.N, clip = True)

fig, (ax0, ax1) = plt.subplots(nrows = 2)

im = ax0.pcolormesh(x, y, z, cmap = cmap, norm = norm)
fig.colorbar(im, ax = ax0)
ax0.set_title('pcolormesh')


# contours 是基于数据点的绘图方式，所以要将坐标点转换成数据对应的中心点，
# 即对于 contour 绘图方法来说，坐标点与数据点要对应。
cf = ax1.contourf(x[:-1, :-1] + dx/2., y[:-1, :-1] + dy/2., z,
levels = levels, cmap = cmap)
fig.colorbar(cf, ax = ax1)
ax1.set_title('contourf')

# 调整子图之间的距离，使坐标刻度标签和 title 之间不会重叠
```

```
fig.tight_layout()

plt.show()
```

以下是样例输出：

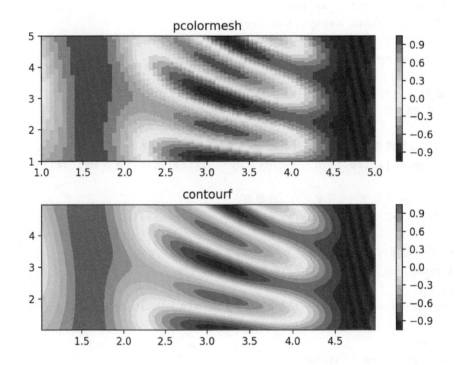

(3) 矢量场图
quiver() 是以二维的箭头场来表达矢量场。

```
# 构造数据
Y, X = np.mgrid[ - 3:3:15j,  - 3:3:15j]
U = -1 - X**2 + Y
V = 1  +  X  -  Y**2
S = np.sqrt(U**2  +  V**2)


fig = plt.figure(figsize = (9,4))

# 用蓝色绘制箭头场
ax1 = plt.subplot(121)
q1 = ax1.quiver(X, Y, U, V, color = 'b')
ax1.quiverkey(q1, X = 0.8, Y = 1.03, U = 10, label = '10m/s',labelpos = 'E')
ax1.set_title('blue quiver')

# 将箭头场的颜色映射到矢量场强度
```

```
ax2 = plt.subplot(122)
q2  = ax2.quiver(X, Y, U, V, S, cmap = plt.cm.coolwarm)
ax2.quiverkey(q2, X=0.45, Y=-0.1, U = 10, label = '10m/s',labelpos= 'E')
ax2.set_title('quiver with colormap')

plt.tight_layout()
```

以下是样例输出：

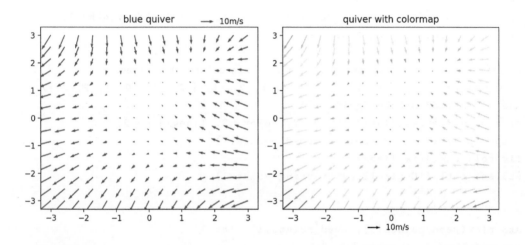

(4) 流线图

streamplot() 函数可以用来绘制矢量场的流线，并且它还允许将流线的颜色以及线宽映射到单独的参数，如映射到矢量场的速度或局部强度。

```
import numpy as np
import matplotlib.pyplot as plt
import matplotlib.gridspec as gridspec

# 构造数据
Y, X = np.mgrid[-3:3:100j, -3:3:100j]
U = -1 - X**2 + Y
V = 1 + X - Y**2
S = np.sqrt(U**2 + V**2)

fig = plt.figure(figsize = (7, 9))
gs = gridspec.GridSpec(nrows = 3, ncols = 2, height_ratios = [1, 1, 2])

# 沿流线设置变化的流线密度
ax0 = fig.add_subplot(gs[0, 0])
ax0.streamplot(X, Y, U, V, density = [0.5, 1], color = 'b')
ax0.set_title('Varying Density')
```

```python
# 沿流线设置变化的颜色
ax1 = fig.add_subplot(gs[0, 1])
strm = ax1.streamplot(X, Y, U, V, color = U, linewidth = 2, cmap = 'plasma')
fig.colorbar(strm.lines)
ax1.set_title('Varying Color')

# 沿流线设置变化的线条宽度
ax2 = fig.add_subplot(gs[1, 0])
lw = 5 * S / S.max()
ax2.streamplot(X, Y, U, V, density = 0.6, color = 'k', linewidth = lw)
ax2.set_title('Varying Line Width')

# 控制流线的起点 Controlling the starting points of the streamlines
seed_points = np.array([[-2, -1, 0, 1, 2, -1],[-2, -1, 0, 1, 2, 2]])
ax3 = fig.add_subplot(gs[1, 1])
strm = ax3.streamplot(X, Y, U, V, color = S, linewidth = 2,
cmap = 'plasma', start_points = seed_points.T)
fig.colorbar(strm.lines)
ax3.set_title('Controlling Starting Points')

# 用蓝色符号标记流线起点
ax3.plot(seed_points[0], seed_points[1], 'bo')
ax3.set(xlim=(-3, 3), ylim=(-3, 3))

# 创建一个 mask
mask = np.zeros(U.shape, dtype = bool)
mask[40:60, 40:60] = True
U[:20, :20] = np.nan
U = np.ma.array(U, mask = mask)

ax4 = fig.add_subplot(gs[2:, :])
ax4.streamplot(X, Y, U, V, color = 'g')
ax4.set_title('Streamplot with Masking')

ax4.imshow(~mask, extent = (-3, 3, -3, 3), alpha = 0.5,
interpolation = 'nearest', cmap = 'summer', aspect = 'auto')
ax4.set_aspect('equal')

plt.tight_layout()
plt.show()
```

以下是样例输出:

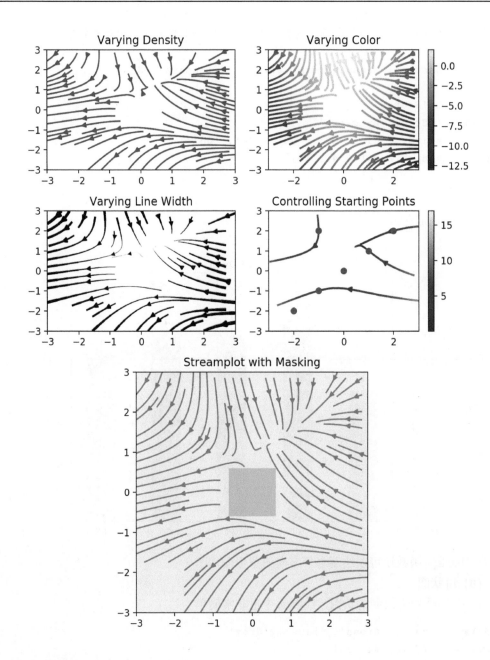

(5) 条形图

绘制条形图的函数是 bar()，在这个函数中还可以绘制误差线。

```
# 构造数据
N = 5
Means = (21, 35, 30, 32, 27)
Std = (3, 2, 4, 1, 2)


ind = np.arange(N)      # 设置各组在 x 轴的位置
```

```
width = 0.45          # 每个条形的宽度，也可以用一个长度为 N 的序列来指定

p = plt.bar(ind, Means, width, yerr = Std, capsize = 3)

plt.ylabel('Scores')
plt.title('Scores by group')
plt.xticks(ind, ('G1', 'G2', 'G3', 'G4', 'G5'))
plt.yticks(np.arange(0, 41, 10))

plt.show()
```

以下是样例输出：

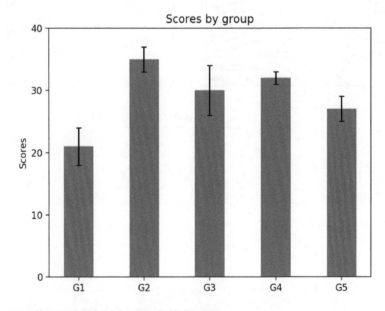

用 barh() 函数还可以绘制水平方向的条形图。

(6) 饼状图

pie() 函数用来绘制饼状图，绘制命令也非常简单。

```
labels = 'Red', 'Green', 'Blue', 'Gray'
sizes = [17, 26, 44, 13]
colors = ['red', 'green', 'blue', 'gray']
explode = (0, 0.1, 0, 0)  # 把第二分区的扇形进行强调显示

fig1, ax1 = plt.subplots()
ax1.pie(sizes, colors = colors, explode = explode, labels = labels,
autopct = '%1.1f%%', shadow = True, startangle = 90)
ax1.axis('equal')  # 等长径比确保饼图被画成圆形

plt.show()
```

以下是样例输出：

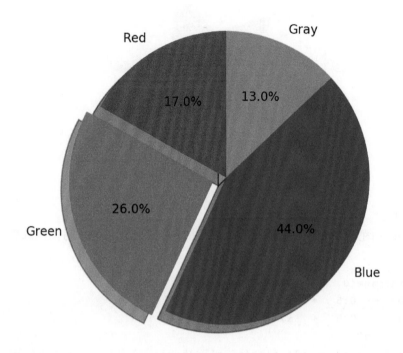

(7) 填充曲线

fill() 函数可以绘制填充的曲线和多边形。

```
# 构造数据
a1 = np.linspace(0, 1.6 * np.pi, 5)
x1 = [np.cos(a) for a in a1]
y1 = [np.sin(a) for a in a1]
a2 = np.linspace(0.2 * np.pi, 1.8 * np.pi, 5)
x2 = [np.cos(a) * 0.4 for a in a2]
y2 = [np.sin(a) * 0.4 for a in a2]
x = np.c_[x1, x2].flatten()
y = np.c_[y1, y2].flatten()

plt.fill(x, y, facecolor = 'red', edgecolor = 'orange', linewidth = 2)
plt.axis('equal')

plt.show()
```

以下是样例输出：

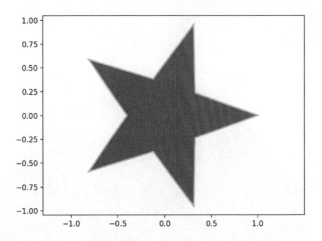

(8) 图例

用 legend() 函数能够自动生成图形图例,并可以通过设置参数对图例放置的位置及样式进行调整。

```
x = np.linspace(0, 3)
y1 = (1.0 + 0.5 * x) ** 3
y2 = (2.5 - 0.5 * x) ** 3
y3 = y1 + y2
line1, line2, line3 = plt.plot(x, y1, 'k--',
                               x, y2, 'k:',
                               x, y3, 'k-', lw = 2)
plt.legend((line1, line2, line3), ('Line 1', 'Line 2', 'Line 3'),
        loc = 'upper center', fontsize = 'x-large',facecolor = 'C7')
plt.show()
```

以下是样例输出:

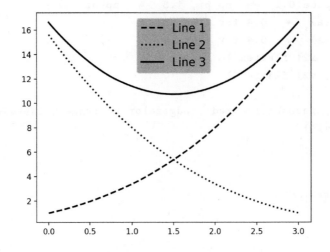

(9) 极坐标图

```
r = np.random.rand(24)  *  2.8  +  0.2
theta = np.arange(0,2  *  np.pi, np.pi  /  12.)

ax = plt.subplot(111, projection = 'polar')
ax.bar(theta, r, width = np.pi / 9., color = 'g', alpha = 0.7)
ax.set_rmax(3)
ax.set_rticks(np.arange(0.5, 3.1, 0.5))

ax.grid(True)

ax.set_title("A bar plot on a polar axis", va = 'bottom')
plt.show()
```

以下是样例输出：

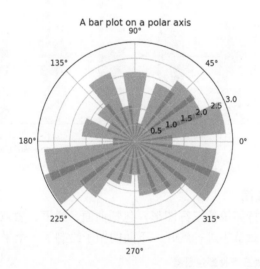

(10) XKCD 风格的草图

Matplotlib 支持 XKCD 风格的手稿式绘图。

```
N = 5
Means = (21, 35, 30, 32, 27)
ind = np.arange(N)
width = 0.45

with plt.xkcd():
    ax = plt.axes()
    ax.spines['right'].set_color('none')
    ax.spines['top'].set_color('none')
    ax.bar(ind, Means, width)
```

```
    plt.ylabel('Scores')
    plt.title('Scores by group')
    plt.xticks(ind, ('G1', 'G2', 'G3', 'G4', 'G5'))
    plt.yticks(np.arange(0, 41, 10))
    ax.text(2, -6, '"The Data So Far" from xkcd by Randall Munroe',ha='center')

plt.tight_layout()
plt.show()
```

以下是样例输出：

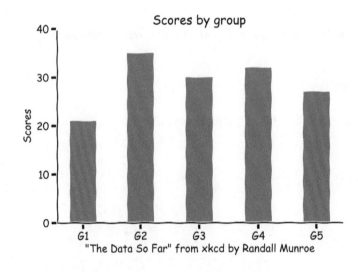

(11) 绘制三维表面图

  mplot3d 工具包支持简单的三维图形，包括曲面、线框、散点图和条形图。详细的讲解将在本章后面的扩展章节中进行展开。下面的例子绘制了一个平面的三维表面图。

```
#通过加载 Axes3D 来加载三维投影注册器
from mpl_toolkits.mplot3d import Axes3D

import matplotlib.pyplot as plt
from matplotlib import cm
from matplotlib.ticker import LinearLocator, FormatStrFormatter
import numpy as np


fig = plt.figure()
ax = fig.gca(projection = '3d')

# 构造数据
X = np.arange(-5, 5, 0.25)
Y = np.arange(-5, 5, 0.25)
```

```
X, Y = np.meshgrid(X, Y)
R = np.sqrt(X**2 + Y**2)
Z = np.sin(R)

# Plot the surface.
surf = ax.plot_surface(X, Y, Z, cmap = cm.cividis,
linewidth = 0, antialiased = False)

# Customize the z axis.
ax.set_zlim(-1.01, 1.01)
ax.zaxis.set_major_locator(LinearLocator(10))
ax.zaxis.set_major_formatter(FormatStrFormatter('%.02f'))

# Add a color bar which maps values to colors.
fig.colorbar(surf, shrink = 0.5, aspect = 5)

plt.show()
```

以下是样例输出：

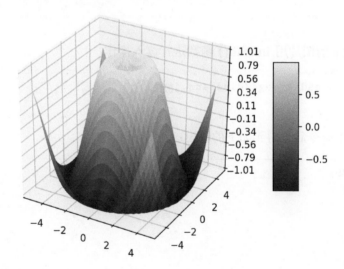

1.1.4   图像文件的操作

这里我们继续使用 pyplot 的命令式方法，且本节的内容都基于以下工具包的载入：

```
import matplotlib.pyplot as plt
import matplotlib.image as mpimg
import numpy as np
```

1.1.4.1 将图像导入 Numpy 数组

Matplotlib 使用 Pillow 库来支持加载图像数据。Matplotlib 本身只支持 PNG 图片，但在读取图片失败时，会调用 Pillow 来继续尝试。这也是为什么在读取 PNG 图片时，Matplotlib 会将图像数据转为归一化的 0~1 的数值保存到数组中，而在读取 JPEG（JPG）图片时，则会得到值为 0~255 的整数数组。下面的示例中使用的图像是一个 JPEG 文件，如下图所示（该图来自网络）。

接下来对上面的图片用 imread() 函数进行读入操作：

```
img = mpimg.imread('image/dinosaur.jpg')
print(img)
```

执行 print() 命令后会得到如下的输出：

```
[[[159 149 139]
[160 150 140]
[162 152 142]
...
[171 161 149]
[171 161 151]
[171 161 151]]

[[159 149 139]
[160 150 140]
[162 152 142]
...
[171 161 149]
[171 161 151]
[171 161 151]]
```

```
[[160 150 140]
[161 151 141]
[163 153 143]
...
[171 161 149]
[171 161 151]
[171 161 151]]


...


[[180 172 169]
[179 171 168]
[179 171 168]
...
[189 180 175]
[189 180 175]
[189 180 175]]

[[180 172 169]
[179 171 168]
[179 171 168]
...
[187 178 173]
[187 178 173]
[187 178 173]]

[[180 172 169]
[179 171 168]
[179 171 168]
...
[187 178 173]
[187 178 173]
[187 178 173]]]
```

　　可以看到 img 是一个 uint8 数据类型的 Numpy 数组，这是支持 Pillow 使用的数据类型；还能看到 img 是一个三维数组，可以用 shape 属性来查看它的大小：

```
print(img.shape)
```

　　上面的命令返回一个 tuple 数据：(370, 490, 3)，其中前两个数字是 dinosaur.jpg 图像的像素尺寸，而第三维的"3"则表示这个图像有三个颜色通道，分别为 R、G、B 通道。对于灰度图（或亮度图）来说，只有一个灰度颜色通道，则通过 imread() 读入的图像数据就是一个二维数组；而对于具有透明度（Alpha）的 PNG 图像来说，在 R、G、B 通道之外又多了一个 Alpha 通道，所以读入的图像数据是一个三维数组，但第三维是"4"。

1.1.4.2 将 Numpy 数组绘制为图像

存在 Numpy 数组中的数据，无论是从图像文件导入的还是利用其他方法生成的，都可以在 Matplotlib 中用 imshow() 函数来进行渲染并显示，并且可以通过绘图对象在命令行的形式下对绘图进行操作。

```
imgplot  =  plt.imshow(img)
```

以下是样例输出：

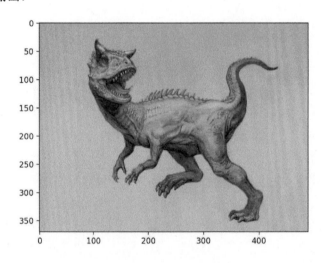

1.1.4.3 将伪彩色（Pseudocolor）方案应用于绘制图像

Pseudocolor 方案仅与单通道、灰度和亮度图像相关，这里我们可以选择一个数据通道来进行展示：

```
img_r = img[:, :, 0]
imgplot = plt.imshow(img_r)
```

以下是样例输出：

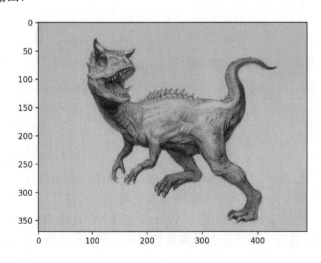

在渲染上面这个亮度图像（取了原 RGB 图中的第一个颜色通道，即 R 通道，得到的图像）时，使用了 Matplotlib 中的默认颜色映射（即色图，colormap，也叫 LUT，即 lookup tabel）。这个默认色图在当前版本的 Matplotlib 中的名称是 viridis，在 Matplotlib 中还有很多色图可以选择。例如：

```
imgplot = plt.imshow(img_r, cmap = 'gist_heat')
```

以下是样例输出：

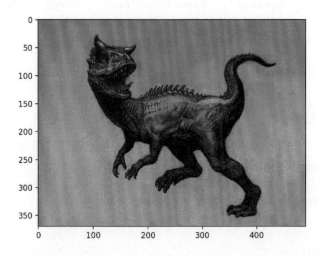

还可以通过利用绘图对象 imgplot 的 set_cmap() 方法更改现有绘图对象上的颜色映射：

```
imgplot.set_cmap('cividis')
```

以下是样例输出：

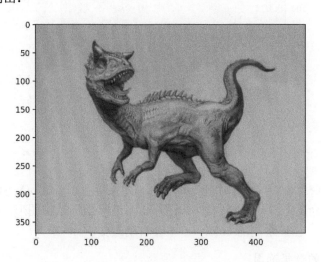

这里列出在当前版本的 Matplotlib 中可用的颜色映射，以便参考使用：

```
'Blues', 'BrBG', 'BuGn', 'BuPu', 'CMRmap', 'GnBu', 'Greens', 'Greys',
```

```
'OrRd', 'Oranges', 'PRGn', 'PiYG', 'PuBu', 'PuBuGn', 'PuOr', 'PuRd',
'Purples', 'RdBu', 'RdGy', 'RdPu', 'RdYlBu', 'RdYlGn','Reds','Spectral',
'Wistia', 'YlGn', 'YlGnBu', 'YlOrBr', 'YlOrRd', 'afmhot', 'autumn',
'binary', 'bone', 'brg', 'bwr', 'cool', 'coolwarm','copper','cubehelix',
'flag', 'gist_earth', 'gist_gray', 'gist_heat', 'gist_ncar',
'gist_rainbow', 'gist_stern', 'gist_yarg','gnuplot','gnuplot2', 'gray',
'hot', 'hsv', 'jet', 'nipy_spectral', 'ocean', 'pink', 'prism',
'rainbow', 'seismic', 'spring', 'summer', 'terrain', 'winter', 'Accent',
'Dark2', 'Paired', 'Pastel1', 'Pastel2', 'Set1', 'Set2', 'Set3',
'tab10', 'tab20', 'tab20b', 'tab20c', 'magma', 'inferno', 'plasma',
'viridis', 'cividis', 'twilight', 'twilight_shifted'
```

上面的每个映射名称后面加上 "_r"，会得到一个与当前名称所对应配色顺序相反的颜色映射。

1.1.4.4　颜色映射范围参考

在绘图过程中，了解不同颜色所代表的数值对理解所绘制的图像很有帮助，这可以通过添加色标（colorbar）来实现。

```
imgplot = plt.imshow(img_r, cmap = 'copper')
plt.colorbar()
```

以下是样例输出：

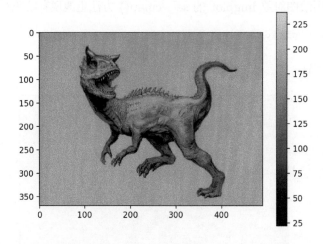

colorbar() 命令会为当前图形添加一个色标，如果用 set_camp() 方法切换不同的颜色映射，colorbar 也会随之自动改变。但如果用 cla() 清除坐标轴的图形，重新用不同的颜色映射创建新的图形，已经绘制的 colorbar 不会自动改变。

1.1.4.5　检测特定的数据范围

检测图像"兴趣点"区域的一个常用的方法是画直方图，创建图像数据的直方图使用 hist() 函数：

```
plt.hist(img_r.flatten(), bins = 256, range = (0,255),
        facecolor = 'r', edgecolor = 'r')
```

以下是样例输出：

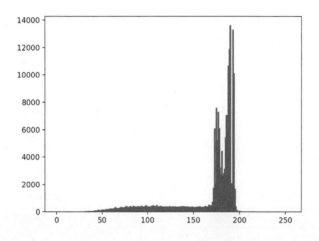

一般情况下图像的"兴趣点"部分会位于直方图的峰值附近，因此可以通过 imshow() 函数中的 clim 参数来选择要显示的数值范围（也可以调用图形对象的 set_clim() 方法来操作），从而实现在图像显示中获取额外的对比度。从上面的直方图中可以看到，直方图的左边（低值）和右边（高值）都有一部分没有太多有用的信息，因此可以尝试下面的方法来有效放大峰值附近的范围：

```
imgplot = plt.imshow(img_r, clim = (30, 210))
```

以下是样例输出：

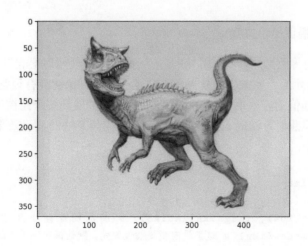

现在可以试试用 set_clim() 方法来操作，并将"未修剪"过的图像与"修剪"过的图像进行对比：

```python
fig = plt.figure()
ax1 = fig.add_subplot(1, 2, 1)
imgplt1 = plt.imshow(img_r)
ax1.set_title('Before')
plt.colorbar(ticks = [30, 90, 150, 210], orientation = 'horizontal')
ax2 = fig.add_subplot(1, 2, 2)
imgplt2 = plt.imshow(img_r)
imgplt2.set_clim(30, 210)
ax2.set_title('After')
plt.colorbar(ticks = [30, 90, 150, 210], orientation = 'horizontal')
plt.tight_layout()
```

以下是样例输出：

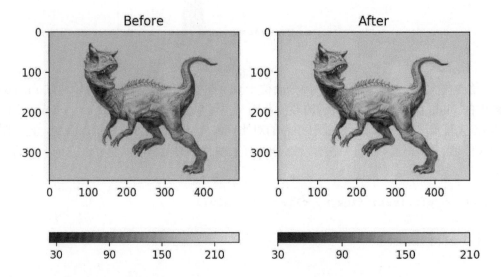

1.1.5　图像数组的插值显示方案

当一个图像的总像素数很少时，用 imshow() 命令渲染显示时会自动调整图像显示的大小，从而对像素的显示有"放大"的效果，此时显示出的图像就会有很强的"像素化"的感觉。imshow() 会用插值的方式进行填充，将有限的像素扩展到整个绘图空间，interpolation 参数提供了选择不同插值方法的入口。为了展示不同插值方法的显示效果，这里使用 Pillow 库将上面的图像缩小：

```python
from PIL import Image
img = Image.open('image/dinosaur.jpg')
img.thumbnail((64, 64), Image.ANTIALIAS)  # 将原图像缩小尺寸
imgplot = plt.imshow(img) # 这里没有指定插值方式，默认情况下是"nearest"
```

以下是样例输出：

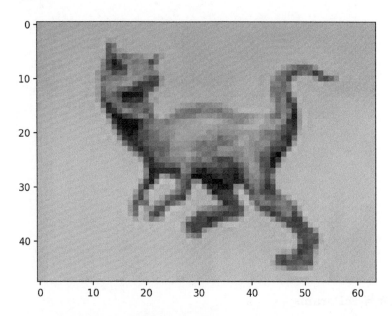

下面再尝试一下不同插值方法带来的显示效果：

```
imgplot = plt.imshow(img, interpolation = "bilinear")
```

以下是样例输出：

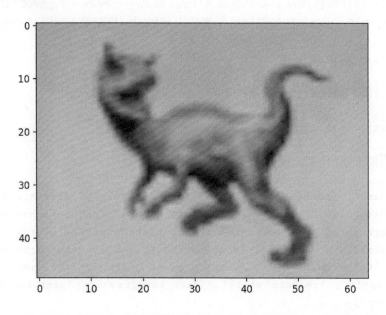

```
imgplot = plt.imshow(img, interpolation = "bicubic")
```

以下是样例输出：

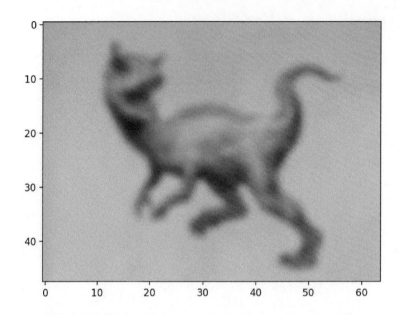

1.1.6　样式表与 rcParams

　　Matplotlib 提供了许多预定义的样式（style）来满足定制化的可视化风格，还可以通过更改 Matplotlib 默认的 rc 设置来改变绘图风格。

1.1.6.1　使用样式表

　　Matplotlib 的样式包预设了多个预定义样式，如其中一种名为"ggplot"的样式就是模拟 R 绘图软件中"ggplot"的绘图风格，要使用此样式，简单执行如下命令就可以实现：

```
plt.style.use('ggplot')
```

　　可以通过打印 style.available 来列出样式包中所有可用的样式：

```
print(plt.style.available)
```

　　这会得到如下输出：

```
['seaborn-dark', 'seaborn-darkgrid', 'seaborn-ticks', 'fivethirtyeight',
'seaborn-whitegrid', 'classic', '_classic_test', 'fast', 'seaborn-talk',
'seaborn-dark-palette', 'seaborn-bright','seaborn-pastel','grayscale',
'seaborn-notebook', 'ggplot', 'seaborn-colorblind', 'seaborn-muted',
'seaborn', 'Solarize_Light2', 'seaborn-paper', 'bmh', 'tableau-
    colorblind10', 'seaborn-white', 'dark_background', 'seaborn-poster',
'seaborn-deep']
```

　　下面来比较一下不同样式的绘图风格。首先是默认样式：

```
x = np.linspace(0, 2  *  np.pi, 500)
```

```
y = np.sin(x)
plt.plot(x, y, '-')
plt.show()
```

以下是样例输出：

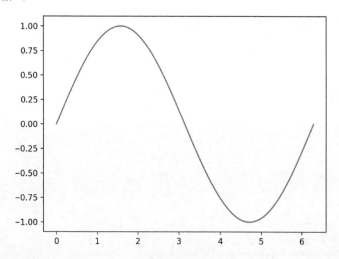

然后是 ggplot 样式：

```
plt.clf()
plt.style.use('ggplot')
plt.plot(x, y, '-')
plt.show()
```

以下是样例输出：

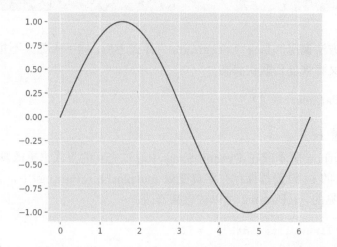

在调用 style.use('ggplot') 指定了 "ggplot" 绘图风格后，所有后续的绘图操作都将使用此风格进行绘图，也就是说，此操作更改了全局样式。如果想在后续的绘图操作中恢复之前默认的风格，可以使用 style.use('default')。

如果只是想暂时使用样式而不想更改全局样式，样式包提供了一种上下文管理器，用来限制样式更改生效的范围。下面的方法为隔离样式更改：

```
x = np.linspace(0, 2  *  np.pi, 500)
y = np.sin(x)
with plt.style.context(('dark_background')):
    plt.plot(x, y, 'r-')
plt.show()
```

以下是样例输出：

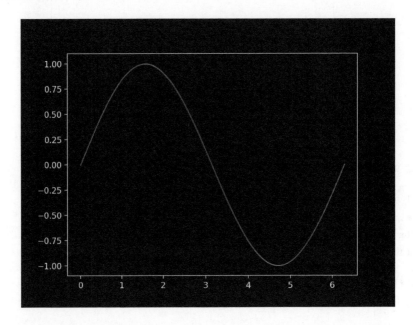

使用这样的方法调用"dark_background"样式之后，接下来如果不指定新的样式，则后续的绘图风格又将恢复到默认状态。

1.1.6.2 设置 rcParams

(1) 动态设置 rc

可以通过 Python 脚本或在 Python Shell 中通过交互的方式来更改默认的 Matplotlib 的 rc 设置，所有的 rc 设置都保存在字典变量 matplotlib.rcParams 中，该变量对于 Matplotlib 是全局可见的。rcParams 可以被直接修改：

```
mpl.rcParams['lines.linewidth'] = 3
x = np.random.rand(50)
plt.plot(x, 'r-')
```

以下是样例输出：

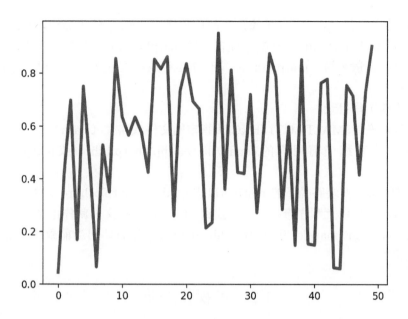

还可以通过 matplotlib.rc() 命令来使用关键字参数一次修改某个对象的多个属性：

```
mpl.rc('lines', linewidth = 5)
plt.plot(x, 'g')
```

以下是样例输出：

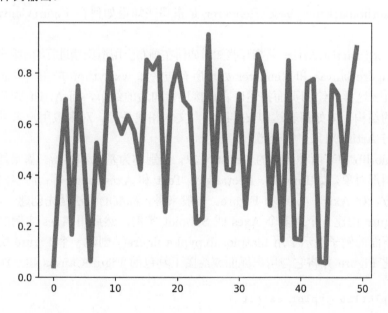

若想将当前设置恢复到标准的 Matplotlib 默认设置，使用 matplotlib.rcdefaults() 命令。

(2) 用 matplotlibrc 配置文件设置 rc

Matplotlib 使用 matplotlibrc 配置文件来自定义众多对象的各种属性，称之为"rc 设置"或"rc 参数"。通过 matplotlibrc 文件可以控制 Matplotlib 中几乎所有属性的默认值，包括 Figure 的大小和 dpi，Line 的宽度、颜色和样式，Axes 的坐标轴以及网格属性，文本的字体属性等。Matplotlib 会在指定位置查找 matplotlibrc 文件并按其中的设置进行默认的绘图操作，一般来讲，matplotlibrc 文件指定存放的位置按如下顺序来排列查找的优先级：

第一是当前工作目录；

第二是环境变量\$MATPLOTLIBRC 所指定的文件或路径（Path）；

第三是操作系统当前用户的.config/matplotlib/matplotlibrc或.matplotlib/matplotlibrc 文件；

第四是 Python 安装路径下的 matplotlib/mpl-data/matplotlibrc 文件。

Matplotlib 会按以上顺序查找，一旦找到 matplotlibrc 文件就停止搜索，不再查看其他位置，可以用 print(matplotlib.matplotlib_fname()) 来打印出当前激活的 matplotlibrc 文件的加载位置。

1.2 可视化进阶

1.2.1 Artist 对象

Matplotlib 使用 Artist 对象在画布上进行渲染。对 Matplotlib 的 API 来讲，有如下三层结构：

1) matplotlib.backend_bases.FigureCanvas 是指绘制图形所用的区域；

2) matplotlib.backend_bases.Renderer 是指那些知道如何在 FigureCanvas 上绘图的对象；

3) matplotlib.artist.Artist 是指那些知道如何在画布上用渲染器进行绘制和装饰的对象。

其中，FigureCanvas 和 Renderer 处理所有与诸如 wxPython 的用户界面工具包或类似 PostScript® 这样的绘图页面描述语言直接进行沟通的细节，而 Artist 则负责处理所有的高级层面的结构，如如何表达和安排图像、文本和线条等。对多数用户来讲，大部分的工作都是在与 Artist 对象"打交道"。

在 Matplotlib 中有两种类型的 Artist 对象，分别称为基元和容器。基元是指在画布上绘制的标准图形对象，如 Line2D、Rectangle、Text 和 AxesImage 等；而容器是指放置这些基元的地方，如 Axis、Axes 和 Figure。一般来讲，标准的做法是先创建一个 Figure 实例，再用 Figure 创建一个或多个 Axes 或 Subplot 实例，然后用 Axes 实例的辅助方法来创建基元。下面的例子展示了用 matplotlib.pyplot.figure() 创建一个 Figure 实例，这种方法用于实例化 Figure 并将它与用户界面或绘图工具包的 FigureCanvas 建立连接。

```
import matplotlib.pyplot as plt
fig = plt.figure()
ax = fig.add_subplot()
```

Axes 是 Matplotlib API 中最重要的类之一，因为 Axes 是大多数对象被放置的绘图区域，而且 Axes 有许多的辅助方法（plot()、text()、hist()、imshow() 等）可用来创建常见的图形基元（Line2D、Text、Rectangle、Image 等）。这些辅助方法先获取数据（如 Numpy 数组），根据需要创建基本的 Artist 实例（如 Line2D）并将它们添加到相关的容器中，然后在接收到绘图请求时将它们绘制出来。Subplot 是 Axes 的一个特例，它具有规则网格划分性质。如果想在任意位置创建一个 Axes，可以用 add_axes() 方法，这个命令接收的参数是一个列表，其元素为 4 个值为 0~1 的数字，分别代表在归一化的 Fiugre 坐标中的"左边、底边、宽、高"。

```
fig = plt.figure()
ax = fig.add_axes([0.2, 0.1, 0.65, 0.5])
```

上面这两行代码创建了一个 Figure 实例"fig"，并在其上添加了一个 Axes 实例"ax"，接下来在 ax 中绘制图形：

```
import numpy as np
x = np.linspace(0.0, 1.0)
y = np.sin(2 * np.pi * x)
line, = ax.plot(x, y, color = 'blue', lw = 2)
```

在这里调用 ax.plot() 创建了一个 Line2D 实例，并将其添加到 Axes.lines 列表中。可以用下面的代码查看该列表的长度：

```
len(ax.lines)
```

如果在 IPython Shell 中执行上述命令，可以得到"1"，表示该 Axes.lines 列表中只有一个元素，即上面"line, = ax.plot …"命令返回的 Line2D 实例"line"。这可以在 IPython Shell 用以下代码来验证：

```
In : ax.lines[0]
Out: <matplotlib.lines.Line2D at 0x118fd7b70>

In : line
Out: <matplotlib.lines.Line2D at 0x118fd7b70>

In : ax.lines[0] is line
Out: True
```

可以看到，上述输入部分的前两条的返回值中都有对 Line2D 实例的唯一标识"0x118 fd7b70"，这两种表示方法返回的标识相同，说明它们是同一个实例；而第三条输入的返回值为"True"，进一步印证了这个结论。plot 函数的"hold"状态的默认参数值为"on"，如果继续对 ax.plot 进行调用，则会向 ax.lines 列表中添加其他的 Line2D 实例，也就是线。也可以通过调用列表对象的删除方法从 ax.lines 列表中删除线。删除线的操作可以采用下面的两种方法：

```
del ax.line[0]
```

或

```
ax.lines.remove(line)
```

调用上面任何一种方法后,如果 Axes 中已经画好的线没有发生变化,可以用下面的语句来刷新:

```
ax.redraw_in_frame()
```

Axes 还有一些辅助方法可以用来配置和装饰 x 轴与 y 轴的刻度线、刻度标签以及轴的标签:

```
xtxt = ax.set_xlabel('X Data')
ytxt = ax.set_ylabel('Y Data')
```

在调用 ax.set_xlabel 时,它会给 XAxis 的 Text 实例传递信息。每个 Axes 实例都包含一个 XAxis 和一个 YAxis 实例,这些轴实例用于处理刻度线、刻度标签和轴标签的布局与绘图。下面的例子展示了用 Axes 的辅助方法来配置坐标轴的外观。

```
import numpy as np
import matplotlib.pyplot as plt

fig = plt.figure()
ax1 = plt.subplot(211)
ax1.set_ylabel('Water Level')
ax1.set_title('Tide Demo')

x = np.arange(0.0, 1.0, 0.01)
y = np.sin(2 * np.pi * x + 0.35 * np.pi)
line, = ax1.plot(x, y, color = 'k', lw = 2)

ax2 = plt.axes([0.2, 0.1, 0.63, 0.3])
n, bins, patches = ax2.hist(np.random.randn(1000), 50,
facecolor = 'm', edgecolor = 'm')
ax2.set_xlabel('Time [sec]')

plt.show()
```

以下是样例输出:

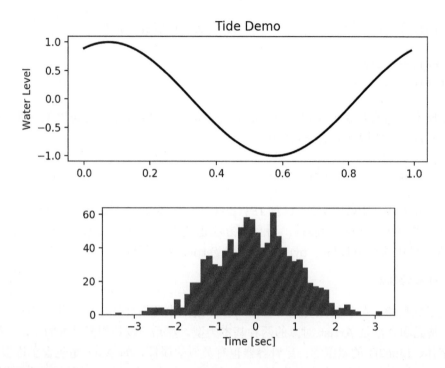

1.2.1.1　定制对象

在 Figure 中的每一个元素都是由 Matplotlib 中的 Artist 来表示的，而且每一个 Artist 都有丰富的属性列表来配置其外观。Figure 对象本身包含一个与其大小完全相同的矩形 (Rectangle)，通过它可以设置图片的背景色和透明度。同样地，每个 Axes 边界框也有一个 Rectangle 实例，用来确定 Axes 的颜色、透明度和其他属性。这些实例被存储为 Figure.patch 和 Axes.patch 这样的成员变量，Patch 可以理解为 Figure 中具有某种颜色和形状的二维"补丁"，如矩形、圆形和多边形。

每个 Matplotlib 的 Artist 都具有以下属性：

属性	描述
alpha	透明度，值为 0~1 的标量
animated	布尔值，用于方便动画绘制
axes	Artist 对象的载体，可能为 None 值
clip_box	裁剪 Artist 对象的边界框
clip_on	布尔值，是否开启裁剪
clip_path	Artist 裁剪的路径
contains	用于测试 Artist 是否包含拾取点的拾取函数
figure	Artist 对象实例的载体，可能为 None 值
label	文本标签
picker	控制对象拾取的 Python 对象
transform	转换与变形
visible	布尔值，决定是否绘制该 Artist
zorder	确定绘图顺序的数字
rasterized	布尔值，将矢量转换为栅格图形（用于压缩和 eps 透明度）

每个属性都可以使用 "setter" 或 "getter" 访问和设置，例如：

```
alf = obj.get_alpha()
obj.set_alpha(0.5 * alf)
```

上述操作将当前对象实例 obj 的 alpha 值变为原来的 0.5 倍。还可以像下面的例子一样，将 set 方法与关键字参数一起使用：

```
obj.set(alpha = 0.5, zorder = 2)
```

当以交互方式在 Python Shell（如 IPython）中工作时，可以用 matplotlib.artist.getp() 函数来查询并列出 Artist 的属性，而且该方法也适用于 Artist 的派生类，如 Figure 和 Rectangle。使用这个函数与在 pyplot 中使用 getp() 是一样的。

1.2.1.2　对象的容器

知道了如何检查和设置某特定对象的属性，接下来还需要知道如何获取该对象。如前文所述，基元和容器是 Artist 对象的两种基本类型。基元一般是想要设置的东西，如 Text 实例的字体、Line2D 的宽度等；尽管容器也有类似的属性，如 Axes 是包含了许多基元的容器，但它有比基元更多的属性，如 Axes 实例有一个 xscale 属性，通过它可以控制 x 轴是 "线性轴" 还是 "对数轴"。下面来看看各种容器对象是怎样存储 Artist 对象的。

(1) Figure 容器

顶层的容器 Artist 是 matplotlib.figure.Figure，它包含了 Figure 中的几乎所有对象。Figure 的背景是一个存储于 Figure.patch 中的 Rectangle，在用 add_subplot() 向 Figure 中添加子图或用 add_axes() 向图中添加坐标轴时，这些子图或坐标轴会被添加到 Figure.axes 对象列表中。而创建坐标轴的方法也会把这些创建出来的子图或坐标轴作为返回值进行回传，可以在 IPython 中进行如下操作：

```
In : fig = plt.figure()

In : ax1 = fig.add_subplot(211)

In : ax2 = fig.add_axes([0.2, 0.1, 0.63, 0.3])

In : ax1
Out: <matplotlib.axes._subplots.AxesSubplot at 0x12e1607f0>

In : print(fig.axes)
Out: [<matplotlib.axes._subplots.AxesSubplot object at 0x12e1607f0>,
     <matplotlib.axes._axes.Axes object at 0x12bc656a0>]
```

因为 Figure 保持 "当前 Axes" 的概念，所以不应该直接从 Axes 列表中插入或删除 Axes（对比前文中从 ax.lines 列表中删除线的方法），而应该使用 add_subplot() 和

add_axes() 方法插入，用 delaxes() 方法删除。但可以自由遍历 Axes 列表或通过索引来访问列表中的 Axes 实例，以对其进行定制化：

```
for ax in fig.axes:
    ax.grid(True, linewidth = 0.5, linestyle = ':', color = 'b')
```

上面的代码通过对 Axes 列表的遍历把列表中所有 Axes 的 grid 都进行了统一的设置：

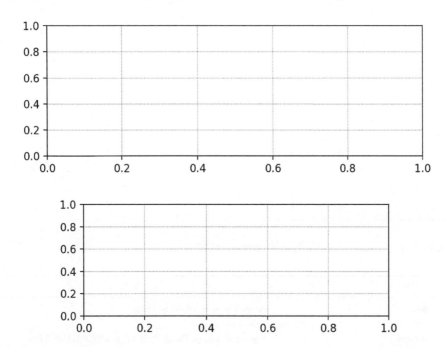

一个 Figure 还有它自己的 text、lines、patches 以及 images 等对象列表，可以使用它们直接添加基元。Figure 的默认坐标系统是以像素为单位的，但可以通过要添加到 Figure 中的 Artist 的 transform 属性设置来进行控制。"Figure 坐标"的概念非常有用，Figure 的左下角坐标是（0，0），右上角坐标是（1，1），可以将 Artist 的 transform 属性设置为 fig.transFigure：

```
import matplotlib.lines as lines
fig = plt.figure()
l1 = lines.Line2D([0, 1], [0, 1], color = 'red',
linewidth = 3, linestyle = '--',
transform = fig.transFigure, figure = fig)
l2 = lines.Line2D([0, 1], [1, 0], color = 'blue',
linewidth = 2, linestyle = ':',
transform = fig.transFigure, figure = fig)
fig.add_artist(l1)
fig.add_artist(l2)
plt.show()
```

以下是样例输出：

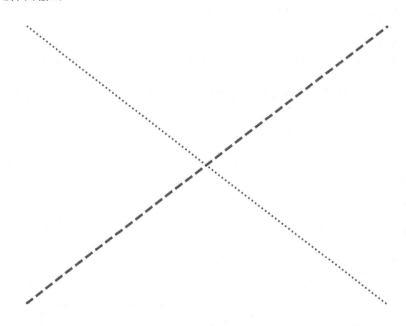

下表列出了 Figure 容器所包含的 Artist 对象：

属性	描述
axes	Axes 实例列表（包括 Subplot）
patch	矩形背景
images	Figure 的 Image Patch 列表（对原始像素显示很有用）
legends	Figure 的 Legend 实例列表（与 Axes.legends 不同）
lines	Figure 的 Line2D 实例列表（很少使用，请参阅 Axes.lines）
patches	Figure 的 Patch 列表（很少使用，请参阅 Axes.patches）
texts	Figure 的文本实例

(2) Axes 容器

matplotlib.axes.Axes 是 Matplotlib 的核心容器，它包含了绝大多数在 Figure 中使用的 Artist 对象，同时它可以通过许多辅助方法创建 Artist 对象并添加到 Axes 容器中，还可以通过这些辅助方法来访问和定制包含在 Axes 容器中的 Artist 对象。和 Figure 容器一样，Axes 容器含有一个 Patch 补丁，这是一个基于笛卡儿坐标的 Rectangle，或是一个基于极坐标的 Circle，这个 Patch 用来确定绘图区域的形状、背景以及边框，下面的例子改变 Axes 的 Patch 颜色为深灰色：

```
ax   = fig.add_subplot(111)
rect = ax.patch
rect.set_facecolor('0.3')
```

以下是样例输出：

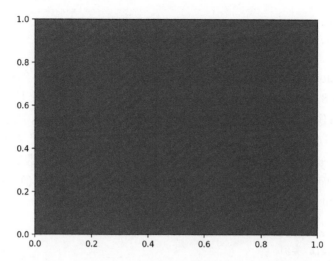

在调用绘图方法（如 plot()）时，该方法会创建一个 matplotlib.lines.Line2D 实例，这个 Line2D 实例会被添加到 Axes 容器的 "lines" 列表中，并将其返回值回传：

```
x, y  =  np.random.rand(2,100)
line,  =  ax.plot(x, y, 'b-', linewidth = 3)
```

由于 plot() 可以接受多组（x，y）参数，它返回的是一个包含了多个线条（lines）的列表，因此可以将长度为 1 的列表的第一个元素解包到变量 "line"，这条线是已经被添加到 Axes.lines 列表中的。

类似地，创建 Patch 的方法（如 hist() 和 bar() 等）会创建一系列 Rectangle 并添加到 Axes.patches 列表中：

```
In : rects  =  ax.bar(range(1, 9), np.random.randint(3, 15, 8))

In : rects.patches
Out: [<matplotlib.patches.Rectangle at 0x12ab85198>,
    <matplotlib.patches.Rectangle at 0x12bcd3c18>,
    <matplotlib.patches.Rectangle at 0x12bcd35f8>,
    <matplotlib.patches.Rectangle at 0x128a1e898>,
    <matplotlib.patches.Rectangle at 0x12d96b780>,
    <matplotlib.patches.Rectangle at 0x12d9e1668>,
    <matplotlib.patches.Rectangle at 0x12ab53cc0>,
    <matplotlib.patches.Rectangle at 0x12bcda9b0>]

In : ax.patches
Out:[<matplotlib.patches.Rectangle at 0x12ab85198>,
    <matplotlib.patches.Rectangle at 0x12bcd3c18>,
    <matplotlib.patches.Rectangle at 0x12bcd35f8>,
    <matplotlib.patches.Rectangle at 0x128a1e898>,
    <matplotlib.patches.Rectangle at 0x12d96b780>,
    <matplotlib.patches.Rectangle at 0x12d9e1668>,
```

```
<matplotlib.patches.Rectangle at 0x12ab53cc0>,
<matplotlib.patches.Rectangle at 0x12bcda9b0>]
```

从上面 IPython 交互式操作中对 rects.patches 和 ax.patches 的打印结果可以看到，bar() 命令创建的 8 个 Patch 与 ax 的 patches 列表中的 8 个 Patch 是一致的。

注意，不应该像操作列表结构那样直接将对象添加到 Axes.lines 或 Axes.patches 列表中，因为 Axes 在创建和添加对象时需要执行一系列操作，如要设置 Artist 对象的 Figure 和 Axes 属性以及 transform 属性，还要检查 Artist 对象中包含的数据以更新控制自动缩放的数据结构，从而可以调整视图显示范围来适应绘图数据的变化。但可以先创建对象，再使用 add_line() 和 add_patch() 等方法将它们添加到 Axes 中：

```
fig, ax = plt.subplots()
# 创建一个 rectangle 实例
rect = matplotlib.patches.Rectangle((1,1), width = 5, height = 12)
# 将其添加到ax中
ax.add_patch(rect)
# 调用自动缩放
ax.autoscale_view()
# 如果视图无变化，强制 Figure 绘图
ax.figure.canvas.draw()
```

有许多 Axes 的辅助方法可用来创建基础的 Artist 对象并将它们添加到各自的容器中，下表总结了部分辅助方法和它们创建的 Artist 对象的种类及其存储位置：

辅助方法	Artist 对象	容器
ax.annotate - 文字注释	注释	ax.texts
ax.bar - 条形图	Rectangle	ax.patches
ax.errorbar - 误差图	Line2D and Rectangle	ax.lines and ax.patches
ax.fill - 填充区域	Polygon	ax.patches
ax.hist - 直方图	Rectangle	ax.patches
ax.imshow - 图像数据	AxesImage	ax.images
ax.legend - 图例	Legend	ax.legends
ax.plot - xy 点线图	Line2D	ax.lines
ax.scatter - 散点图	PolygonCollection	ax.collections
ax.text - 文本	Text	ax.texts

Axes 还包含两个非常重要的 Artist 容器：XAxis 和 YAxis，它们可用于处理坐标轴刻度和标签的绘制。Axes 包含许多辅助方法，这些方法在被调用时会把调用动作传递给 Axis 实例，因此一般情况下是不需要直接与 XAxis 或 YAxis "打交道" 的。例如，可以用 Axes 辅助方法来设置 XAxis 的 ticklabels 的字体颜色。

```
for lbl in ax.get_xticklabels():
    lbl.set_color('red')
```

下表列出了 Axes 容器包含的 Artist 对象：

属性	描述
artists	Artist 实例列表
patch	Axes 背景的矩形实例
collections	Collection 实例列表
images	AxesImage 列表
legends	Legend 实例列表
lines	Line2D 实例列表
patches	Patch 实例列表
texts	文本实例列表
xaxis	matplotlib.axis.XAxis 实例
yaxis	matplotlib.axis.YAxis 实例

(3) Axis 容器

matplotlib.axis.Axis 实例会处理坐标轴的刻度线、网格线、刻度标签和轴标签的绘制，通过它可以对 y 轴分别设置左、右刻度，对 x 轴分别设置上、下刻度。Axis 还存储了用于自动缩放、平移和缩放的数据与查看间隔；还有 Locator 和 Formatter 实例，它们用来控制刻度线的放置位置和如何表达它们的字符串格式。

每个 Axis 对象都包含一个 label 属性（在 pyplot 中调用 xlabel() 和 ylabel() 时可以对其进行修改），还有主刻度（major ticks）和辅刻度（minor ticks）列表。这些刻度是 XTick 和 YTick 的实例，它们包含了用于渲染刻度线和刻度标签的真实的线与文本基元。ticks 是根据需要动态创建的，应该通过它的访问器方法 get_major_ticks() 和 get_minor_ticks() 来访问主刻度与辅刻度的列表。Axis 实例具有访问方法，用这些方法可以返回刻度线、刻度标签、刻度线位置等：

```
fig, ax = plt.subplots()
axis = ax.xaxis
axis.get_ticklocs()
```

以下是样例输出：

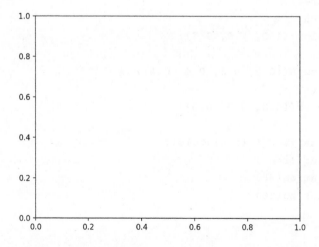

上面的 axis.get_ticklocs() 命令会返回一个数组 array([0. , 0.2, 0.4, 0.6, 0.8, 1.])，表示的是这些刻度线的位置。而下面的两个命令则分别返回了刻度标签列表和刻度线列表：

```
axis.get_ticklabels()
axis.get_ticklines()
```

注意，返回的刻度线列表长度是刻度标签列表长度的 2 倍，这是因为在默认情况下坐标轴顶部和底部都有刻度线，但只有 x 轴下方的刻度有标签；axis.get_ticklines() 命令可以返回主刻度线，可以通过"minor"参数来获取辅刻度线：

```
axis.get_ticklines(minor = True)
```

下面列出的是一些比较常用的 Axis 的访问方法：

访问方法	描述
get_scale	Axis 的比例尺，如是"log"还是"linear"
get_view_interval	Axis 显示范围的 Interval 实例
get_data_interval	Axis 数据范围的 Interval 实例
get_gridlines	Axis 的网格线列表
get_label	Axis 标签，一个 Text 实例
get_ticklabels	Axis 刻度标签，Text 实例列表
get_ticklines	Line2D 实例列表
get_ticklocs	刻度线位置的列表
get_major_locator	主刻度的 matplotlib.ticker.Locator 实例
get_major_formatter	主刻度的 matplotlib.ticker.Formatter 实例
get_minor_locator	辅刻度的 matplotlib.ticker.Locator 实例
get_minor_formatter	辅刻度的 matplotlib.ticker.Formatter 实例
get_major_ticks	主刻度的 Tick 实例列表
get_minor_ticks	辅刻度的 Tick 实例列表
grid	打开或关闭主刻度或辅刻度对应的网格线

下面的例子展示了对 Axis 容器中 Artist 对象的操作：

```
fig = plt.figure()
rect = fig.patch
rect.set_facecolor((1.0, 1.0, 0.7))


ax1 = fig.add_axes([0.2, 0.3, 0.4, 0.4])
rect = ax1.patch
rect.set_facecolor((0.3, 0.3, 0.5))


for lbl in ax1.xaxis.get_ticklabels():
    lbl.set_color('red')
    lbl.set_rotation(45)
    lbl.set_fontsize(16)



for line in ax1.yaxis.get_ticklines():
    line.set_color('green')
```

```
    line.set_markersize(25)
    line.set_markeredgewidth(3)

plt.show()
```

以下是样例输出：

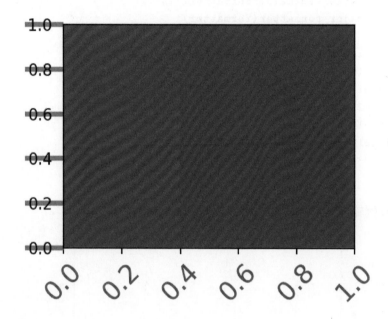

(4) Tick 容器

matplotlib.axis.Tick 是从 Figure 到 Axes 到 Axis 再到 Tick 自上而下的最终的容器对象。Tick 包含刻度线实例、网格线实例以及上部与下部的标签实例，它们每一个都可以作为 Tick 的属性来直接访问。另外，还有一些布尔变量可用来确定 x 轴（y 轴）的上（右）刻度及其标签是否打开。

属性	描述
tick1line	Line2D 实例
tick2line	Line2D 实例
gridline	Line2D 实例
label1	Text 实例
label2	Text 实例
gridOn	布尔值，决定是否绘制网格线
tick1On	布尔值，决定是否绘制第一组刻度线
tick2On	布尔值，决定是否绘制第二组刻度线
label1On	布尔值，决定是否绘制第一组刻度标签
label2On	布尔值，决定是否绘制第二组刻度标签

下面的例子设置了 y 轴右侧刻度标签为绿色的带有美元符号的格式：

```
import matplotlib.ticker as ticker

fig, ax = plt.subplots()
ax.plot(100 * np.random.rand(25))

formatter = ticker.FormatStrFormatter('$%1.2f')
ax.yaxis.set_major_formatter(formatter)

for tick in ax.yaxis.get_major_ticks():
    tick.tick1On = False
    tick.label1On = False
    tick.tick2On = True
    tick.label2On = True
    tick.label2.set_color('green')

plt.show()
```

以下是样例输出：

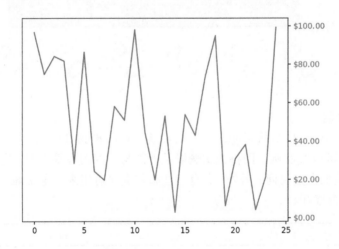

1.2.2　图例

Matplotlib 能够非常灵活地生成图例（Legend），调用 legend() 命令会在 Axes 上放置一个图例来对 Figure 中的图形样式或颜色进行标记或说明。

1.2.2.1　控制图例的条目

从 legend() 命令的调用方式来说，基本上可以归纳为三种不同的方式。

(1) 通过 Figure 中的内容自动探查需要在图例中显示的元素

当调用 legend() 命令时如果不输入任何参数，它会自动检查 Figure 中的内容来决定列入图例中的元素。图例中各条目的标签来自 Figure 中的 Artist 对象，这些标签可以在 Artist 对象被创建时指定，也可以通过 Artist.set_label 方法稍后进行设置：

```
fig, ax = plt.subplots()
line, = ax.plot([1, 2, 3], label = 'Inline label')
ax.legend()
```

以下是样例输出：

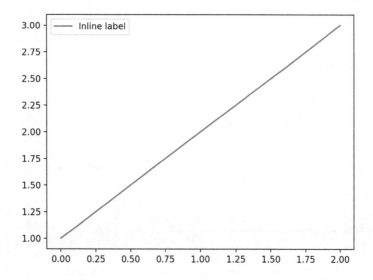

或

```
fig, ax = plt.subplots()
line, = ax.plot([1, 2, 3])
line.set_label('Label via method')
ax.legend()
```

以下是样例输出：

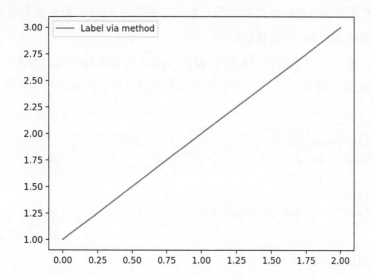

可以通过设置标签字符串以下划线（"_"，underscore）开始来将其对应的 Artist 对象从图例中剔除。

```
plt.plot([1,2,3], color = 'r', label = 'red')
plt.plot([1,1,3], color = 'g', label = '_green')
plt.plot([1,3,3], color = 'b', label = 'blue')
plt.legend()
```

以下是样例输出：

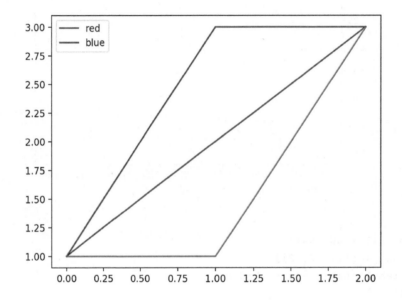

这种方法对所有 Artist 对象是默认设置，因此如果在调用 legend() 命令时没有提供任何参数，也没有通过 set 方法设置其标签，那么即使调用 legend 命令也不会绘制任何图例。

(2) 对已有的 Artist 对象进行标注

如果想对已经存在但未进行过标签设置的 Artist 对象绘制图例，方法也比较简单，只需要在调用 legend() 命令时传入一个字符串列表即可，这个列表的每个元素对应图例中的一个条目：

```
fig, ax = plt.subplots()
ax.plot([1,2,3], 'r-')
ax.plot([1,1,3], 'g--')
ax.plot([1,3,3], 'b:')
ax.legend(['red', 'green', 'blue'])
```

以下是样例输出：

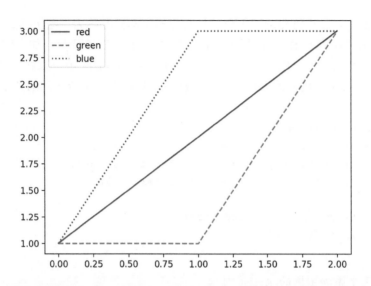

注意，不鼓励使用这种方法，因为在这种方法中，绘图元素与标签之间的关系只能隐式地根据绘制顺序来确定，非常容易混淆。

(3) 显式地定义图例元素

为了完全控制好哪个 Artist 对象拥有对应的图例条目，可以把一个 Artist 对象序列和一个与其对应的字符串序列作为参数传递给 legend() 命令，这样每一个 Artist 对象序列与其对应的字符串序列就会形成图例中的一个条目：

```
ln1, = plt.plot([1,2,3], color = 'r')
ln2, = plt.plot([1,1,3], color = 'g')
ln3, = plt.plot([1,3,3], color = 'b')
plt.legend((ln1, ln2, ln3), ('Red line', 'Green line', 'Blue line'))
```

以下是样例输出：

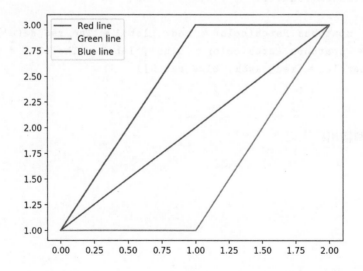

在图例绘制中，通常将图例中每个条目右边的文本标签称为"图例标签"，左边的形状或颜色标记称为"图例键值"，而每个条目对应的 Artist 对象变量（如上例中的 ln1、ln2 和 ln3）则称为"句柄"。可以用 get_legend_handles_labels() 函数来获取 Axes 上存在的句柄（即 Artist 对象实例）列表以及对应的标签，然后用于生成图例的各条目：

```
fig, ax = plt.subplots()
ax.plot([1,2,3], color = 'r', ls = '-', label = 'red')
ax.plot([1,1,3], color = 'g', ls = '--', label = 'green')
ax.plot([1,3,3], color = 'b', ls = '-.', label = 'blue')

handles, labels = ax.get_legend_handles_labels()
ax.legend(handles, labels)
```

1.2.2.2 专门用于添加图例的 Artist 对象

并不是所有的句柄都可以自动被用作创建图例的条目，这时需要为其创建一个可以代表它并能被用于创建图例的 Artist 对象（Proxy Artist），而这个 Artist 对象不必存在于 Figure 或 Axes 上。例如，在图中绘制几种不同形状的点，其中一部分都用红色来绘制，则在图例中可以用红色来标注这些不同形状但颜色相同的点：

```
import matplotlib.patches as mpatches
import matplotlib.pyplot as plt
import numpy as np

plt.plot(np.random.rand(50) + 0.1, 'rx', ms = 10)
plt.plot(np.random.rand(50) + 0.4, 'r*', ms = 10)
plt.plot(np.random.rand(50) + 0.7, 'bx', ms = 10)
plt.plot(np.random.rand(50) + 0.9, 'b*', ms = 10)

red_patch = mpatches.Patch(color = 'red', label = 'The red data')
blue_patch = mpatches.Patch(color = 'blue', label = 'The blue data')
plt.legend(handles = [red_patch, blue_patch])

plt.show()
```

以下是样例输出：

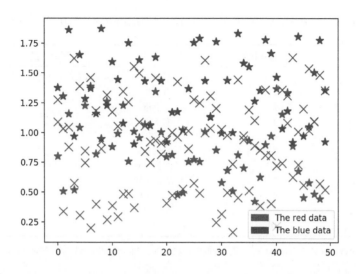

除了创建带颜色的 Patch 来作为图例的句柄外，还可以创建带标记的线来作为句柄：

```
import matplotlib.lines as mlines

gcline = mlines.Line2D([], [], color = 'green', marker = 'x',
                        markersize = 12, label = 'Green Cross')
plt.legend(handles = [gcline])

plt.show()
```

以下是样例输出：

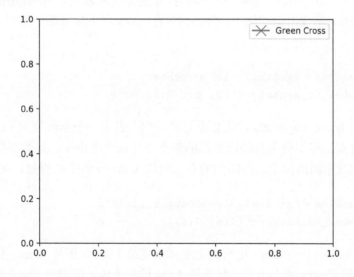

1.2.2.3　图例的位置

可以通过关键字参数 loc 来指定图例的绘制位置。传递给 legend 的 loc 参数可以是字符串或一个整数（即位置代码），也可以是一对数字。下表列出了 loc 参数为字符串或整数时图例在 Axes（使用 axes.legend）或 Figure（使用 figure.legend）中被放置的位置：

位置字符串	位置代码	图例位置
'best'	0	根据图中元素的分布来自动选择以下几种位置中最合适的
'upper right'	1	右上角
'upper left'	2	左上角
'lower left'	3	左下角
'lower right'	4	右下角
'right'	5	右侧
'center left'	6	左侧中间
'center right'	7	右侧中间
'lower center'	8	下边中间
'upper center'	9	上边中间
'center'	10	正中心

注：其中'center right'和'right'的位置是相同的，这是为了 Matplotlib 向后兼容的设计。

当 loc 参数为一对数字时（通常以 tuple 或 list 的方式），表示的是图例左下角在 Axes/Figure 中的坐标位置。要注意，如果指定 loc 参数为坐标的形式，则 bbox_to_anchor 参数会被忽略，而且无论 Axes 实例中坐标系统的范围怎样变，它始终会以标准化的 0~1 坐标来定位。

关键字参数 bbox_to_anchor 为手动指定图例放置位置提供了很大程度上的控制能力。这个参数可以被指定为一个含有 2 个或 4 个数字的 tuple/list，它将与 loc 参数共同作用来决定图例的位置。

如果给定的 bbox_to_anchor 是 4 个元素，则它表示一个由 (左边，下边，宽度，高度) 来确定的框（这 4 个数字所代表的坐标也取决于 bbox_transform 所指定的坐标系统是 Figure 还是 Axes），图例将会在这个框所指定的范围内以 loc（字符串位置）指定的位置进行放置。例如，延续上面的例子，将图例放在 Axes 右下角象限中的中心位置，可以这样做：

```
plt.legend(handles = [gcline], loc = 'center',
           bbox_to_anchor = (0.5, 0., 0.5, 0.5))
```

如果给定的 bbox_to_anchor 是 2 个元素，则它表示一个坐标位置 (x, y)，图例会以这对坐标为参考点，将图例本身的四边形的某个点（这个点由 loc 参数指定）放置在该坐标处。例如，延续上面的例子，将图例的右上角放在 Axes 的中心点处，可以这样做：

```
plt.legend(handles = [gcline], loc = 'upper right',
           bbox_to_anchor = (0.5, 0.5))
```

上面提到，bbox_transform 用来指定坐标系统是 Figure 还是 Axes。例如，如果希望 Axes 的图例位于 Figure 的右上角，而不是 Axes 的右上角，可以用 bbox_transform 来指定坐标转换：

```
plt.legend(handles = [gcline], loc = 'upper right',
           bbox_to_anchor = (1, 1), bbox_transform = plt.gcf().transFigure)
```

下面再通过一段示例代码展示自定义图例的方法：

```
plt.subplot(211)
plt.plot([1, 2, 3], 'r-', label = 'line 1')
plt.plot([3, 2, 1], 'b:', label = 'line 2')
# 将图例放在子图上方，而且图例宽度与子图宽度一样
plt.legend(bbox_to_anchor = (0., 1.02, 1., 0.1), loc = 'lower left',
           ncol = 2, mode = "expand", borderaxespad = 0.)

plt.subplot(223)
plt.plot([1, 2, 3], 'r-', label = 'line 1')
plt.plot([3, 2, 1], 'b:', label = 'line 2')
# 将图例放在该子图右边
plt.legend(bbox_to_anchor = (1.05,1), loc = 'upper left', borderaxespad = 0.)

plt.show()
```

以下是样例输出：

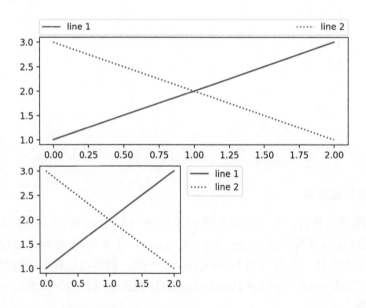

1.2.2.4　同一个 Axes 上的多个图例

有时候将图例中的条目拆分开显示为多个图例会更清晰明确。Axes 上只允许存在一个图例，这样做是为了可以反复调用 legend() 来让图例更新为 Axes 上的新句柄，因此不能简单通过多次调用 legend() 函数来解决这个问题。为了保留旧的图例实例，需要手动添加新的图例实例到 Axes 上：

```
ln1, = plt.plot([1, 2, 3], 'r-', label = 'line 1')
ln2, = plt.plot([3, 2, 1], 'b:', label = 'line 2')

# 为 ln1 创建图例
lg1 = plt.legend(handles = [ln1], loc = 1)
# 将 lg1 添加到当前 Axes
ax1 = plt.gca().add_artist(lg1)

# 为 ln2 创建图例
lg2 = plt.legend(handles = [ln2], loc = 4)
# 将 lg2 添加到当前 Axes
ax2 = plt.gca().add_artist(lg2)

plt.show()
```

以下是样例输出：

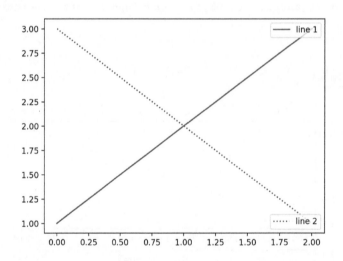

1.2.2.5 图例句柄处理器

为了创建图例的条目，句柄作为参数传递给适当的 HandlerBase 子类，句柄处理器（Handler）子类的选择逻辑主要由 get_legend_handler() 来实现。使用定制化句柄处理器的一个简单方法是实例化一个现有的 HandlerBase 子类，如可以选择一个可接受 numpoints 参数的 matplotlib.legend_handler.HanderLine2D，然后将 Line2D 实例的映射作为关键字传递给这个句柄：

```
from matplotlib.legend_handler import HandlerLine2D
ln1, = plt.plot([3, 2.5, 1], marker = 'o', label = 'line 1')
ln2, = plt.plot([1, 1.5, 3], marker = 'o', label = 'line 2')
plt.legend(handler_map = {ln1: HandlerLine2D(numpoints = 3),
                          ln2: HandlerLine2D(numpoints = 2)})
```

以下是样例输出：

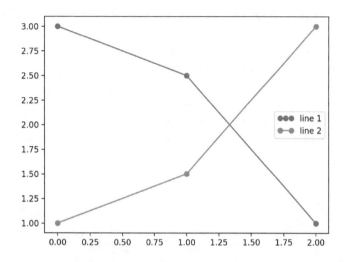

可以看到，"line 1" 的图例有 3 个标记点，而 "line 2" 有 2 个。如果想把图例中的所有条目的键值按某个统一样式来显示（如都有 3 个标记点），则可以用下面的方法，而不用每个条目分别去设置：

```
plt.legend(handler_map = {type(ln1): HandlerLine2D(numpoints = 3)})
```

handler_map 还有一个特殊的 tuple 句柄处理器，即 HandlerTuple，它会把给定 tuple 中的句柄挨个叠加绘制在图例的键值上，下面的例子展示了如何将两个图例键值组合在一起：

```
z = numpy.random.randn(10)
rpnt, = plt.plot(z, 'ro', markersize = 13)
ypnt, = plt.plot(z[:5], '^', color = (1,1,0), markersize = 8)
plt.legend([rpnt, (rpnt, ypnt)], ['Red Points', 'Red+Yellow Points'])
```

以下是样例输出：

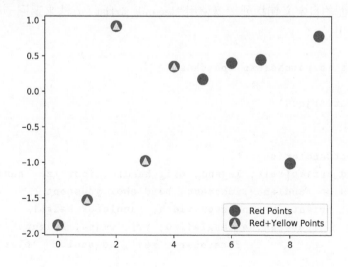

HandlerTuple 类还可以用于将多个图例键值分配给同一条目：

```python
from matplotlib.legend_handler import HandlerLine2D, HandlerTuple

ln1, = plt.plot([1, 2.5, 3], 'r-*', ms = 11)
ln2, = plt.plot([3, 1.5, 1], 'b-o', ms = 8)

lgd = plt.legend([(ln1, ln2)], ['Two-keys'],
                 numpoints = 1, handlelength = 4,
                 handler_map = {tuple: HandlerTuple(ndivide = None)})
```

以下是样例输出：

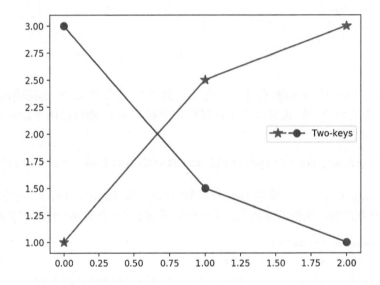

1.2.2.6　实现定制的图例句柄处理器

定制的句柄处理器可以实现把任何句柄转换为图例键值（句柄不需要是 Matplotlib 的 Artist 对象）。下面的自定义句柄处理器使用 "legend_artist" 方法来返回一个单独的 Artist 对象以供图例使用。

```python
import matplotlib.patches as mpatches

class AnyObject(object):
    pass

class AnyObjectHandler(object):
    def legend_artist(self, legend, orig_handle, fontsize, handlebox):
        x0, y0 = handlebox.xdescent, handlebox.ydescent
        width, height = handlebox.width, handlebox.height
        patch = mpatches.Rectangle([x0, y0], width, height,
                                   facecolor = 'red', edgecolor = 'blue',
```

```
                              hatch = '////', lw = 2,
                              transform = handlebox.get_transform())
        handlebox.add_artist(patch)
        return patch

plt.legend([AnyObject()], ['Customized handler'],
           handler_map = {AnyObject: AnyObjectHandler()})
```

以下是样例输出：

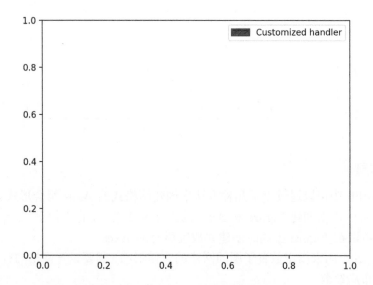

下面的例子利用现有的椭圆类来生成一个椭圆图例键值：

```
from matplotlib.legend_handler import HandlerPatch

class HandlerEllipse(HandlerPatch):
    def create_artists(self, legend, orig_handle, xdescent,
                      ydescent, width, height, fontsize, trans):
        center = (0.5 * width - 0.5 * xdescent,
                 0.5 * height - 0.5 * ydescent)
        p = mpatches.Ellipse(xy = center, width = width + xdescent,
                            height = height + ydescent)
        self.update_prop(p, orig_handle, legend)
        p.set_transform(trans)
        return [p]

c = mpatches.Circle((0.5, 0.5), 0.25, facecolor = "red",
                   edgecolor = "blue", linewidth = 2)

plt.legend([c], ["Ellipse handler"],
           handler_map = {type(c): HandlerEllipse()})
```

以下是样例输出：

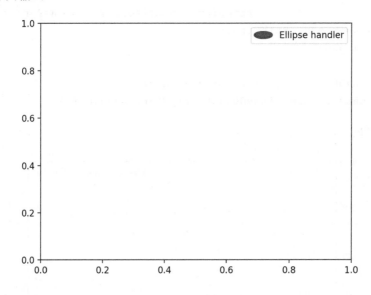

1.2.3 绘图布局

在 Matplotlib 中可以通过以下几种方法来创建网格式的 Axes 组合形式。

1) subplots()：用来创建 Figure 和 Axes 的主要函数之一，它类似于 matplotlib.pyplot.subplot()，但可以在 Figure 上同时创建并放置所有的 Axes。

2) GridSpec()：用来指定放置子图的网格的几何形状。需要设置网格的行数和列数，还可以调整子图布局参数。

3) SubplotSpec()：用于在给定的 GridSpec 中指定子图的位置。

4) subplot2grid()：这是一个类似于 subplot() 的辅助函数，但它使用基于 0 的索引，并可以让子图占据多个单元格。

为方便描述，本节后续内容都基于对下面工具包的引用：

```
import matplotlib
import matplotlib.pyplot as plt
import matplotlib.gridspec as gridspec
```

1.2.3.1 认识 GridSpec

先用两个例子来展示一下分别用 subplots() 和 gridspec 创建 2×2 的 Axes 网格。使用 subplots() 相对比较简单，它会返回一个 Figure 实例和一个由 Axes 对象组成的数组：

```
fig, axs = plt.subplots(ncols = 2, nrows = 2, constrained_layout = True)
```

以下是样例输出：

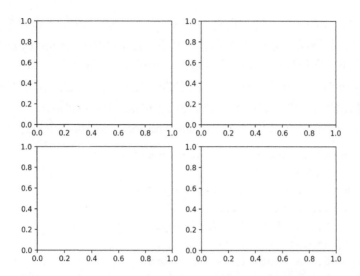

相比之下，用 gridspec 会显得比较烦琐一些，首先要分别创建 Figure 和 GridSpec 实例，然后将 GridSpec 实例的元素传递给 add_subplot() 方法以创建 Axes 对象。可以用访问 Numpy 数组元素的方式来访问 gridspec 的元素：

```
fig = plt.figure(constrained_layout = True)
spec = gridspec.GridSpec(ncols = 2, nrows = 2, figure = fig)
ax1 = fig.add_subplot(spec[0, 0])
ax2 = fig.add_subplot(spec[0, 1])
ax3 = fig.add_subplot(spec[1, 0])
ax4 = fig.add_subplot(spec[1, 1])
```

以下是样例输出：

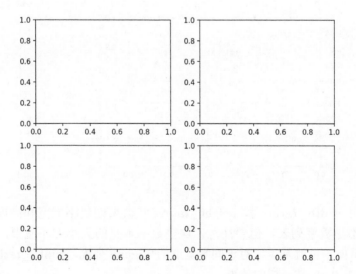

注意，如果在 IPython 交互式环境中执行上述代码，在创建 GridSpec 实例（即

spec2 = ··· ）之后，4 条添加子图的语句（ax| = ··· ）要同时执行，不能逐条去执行，否则会出现不能正确执行的情况。这与创建 Figure 对象实例时使用了 constrained_layout=True 参数有关，如果不指定该属性，则没有问题。后面使用到 GridSpec 的例子也都类似。

　　虽然 gridspec 的使用方法有些冗长，但它的强大之处在于能够创建跨越行和列的子图，此时 Numpy 数组的切片语法则用于选择每个子图将占用的 gridspec 部分。在下面的例子中用 Figure.add_gridspecc 来代替 gridspec.GridSpec，这样可以少进行一次加载动作：

```
fig = plt.figure(constrained_layout = True)
gs = fig.add_gridspec(3, 3)
opts = dict(ha = 'center', va = 'center')
ax1 = fig.add_subplot(gs[0, :])
ax1.text(0.5, 0.5, 'ax1\ngs[0, :]', **opts)
ax2 = fig.add_subplot(gs[1, :-1])
ax2.text(0.5, 0.5, 'ax2\ngs[1, :-1]', **opts)
ax3 = fig.add_subplot(gs[1:, -1])
ax3.text(0.5, 0.5, 'ax3\ngs[1:, -1]', **opts)
ax4 = fig.add_subplot(gs[-1, 0])
ax4.text(0.5, 0.5, 'ax4\ngs[-1, 0]', **opts)
ax5 = fig.add_subplot(gs[-1, -2])
ax5.text(0.5, 0.5, 'ax5\ngs[-1, -2]', **opts)
```

以下是样例输出：

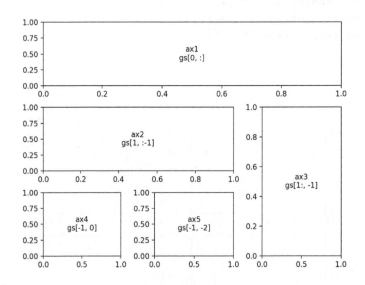

　　还可以使用 width_ratios 和 height_ratios 参数来创建不同宽和高度的子图。这两个参数的组成都是数字列表，但要注意，这些数字本身的大小并不重要，只有它们之间的相对比率很重要。也就是说，对于同等宽度的 Figure 来说，width_ratios=[2, 4, 8] 与 width_ratios=[1, 2, 4] 是一样的效果。

```
fig = plt.figure(constrained_layout = True)
w = [2, 3, 1.5]
h = [1, 3, 2]
spec = fig.add_gridspec(ncols = 3, nrows = 3, width_ratios = w,
                        height_ratios = h)
for row in range(3):
    for col in range(3):
        label = 'Width: {}\nHeight: {}'.format(w[col], h[row])
        ax = fig.add_subplot(spec[row, col])
        ax.annotate(label, (0.1, 0.5),
                    xycoords = 'axes fraction', va = 'center')
```

以下是样例输出：

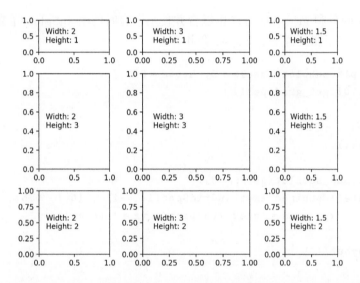

subplots() 函数可以通过 gridspec_kw 参数来传递本来用于 GridSpec 的参数，包括 width_ratios 和 height_ratios，下面不使用 GridSpec 实例而使用 subplots() 来创建一个相同的子图布局。

```
gs_kw = dict(width_ratios = w, height_ratios = h)
fig, axs = plt.subplots(ncols = 3, nrows = 3, constrained_layout = True,
                        gridspec_kw = gs_kw)
for r, row in enumerate(axs):
    for c, ax in enumerate(row):
        lbl = 'Width: {}\nHeight: {}'.format(w[c], h[r])
        ax.annotate(lbl, (0.1, 0.5),
                    xycoords = 'axes fraction', va = 'center')
```

以下是样例输出：

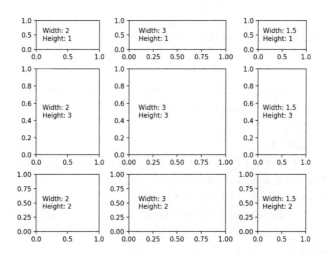

subplots() 函数和 gridspec 方法可以合并使用，有时使用 subplots() 来创建子图更方便，然后删除一些子图，再用 gridspec 合并。

```python
fig, axs = plt.subplots(ncols = 3, nrows = 3)
gs = axs[0, 0].get_gridspec()

for ax in axs[1:, -1]:
    ax.remove()

axcom = fig.add_subplot(gs[1:, -1])
axcom.annotate('Combined Axes \nGridSpec[1:, -1]', (0.1, 0.5),
            xycoords = 'axes fraction', va = 'center')

fig.tight_layout()
```

以下是样例输出：

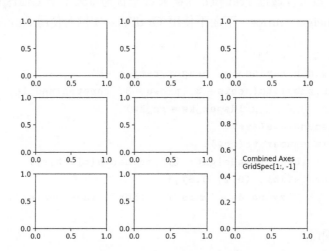

1.2.3.2　精细调整 GridSpec 布局

在直接调用 GridSpec 时，可以通过一些布局参数的设置来调整 GridSpec 创建的子图布局。要注意，这些选项与 constrained_layout 或 Figure.tight_layout 不兼容（这二者都是统一调整子图大小来填充 Figure）。

```
fig  =  plt.figure()
gs  =  fig.add_gridspec(nrows = 3, ncols = 3, left = 0.05, right = 0.45, wspace
                                       = 0.05)
ax1  =  fig.add_subplot(gs[:-1, :])
ax2  =  fig.add_subplot(gs[-1, :-1])
ax3  =  fig.add_subplot(gs[-1, -1])
```

以下是样例输出：

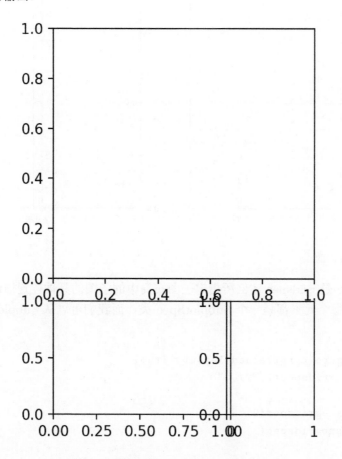

这与使用 subplots_adjust() 的效果相似，但它只影响从给定的 GridSpec 创建的子图。仔细对比下面例子所绘图像的左右两部分的差别：

```
fig  =  plt.figure()
gs1  =  fig.add_gridspec(nrows = 3, ncols = 3, left = 0.05,
                    right = 0.45, wspace = 0.05)
```

```
ax1 = fig.add_subplot(gs1[:-1, :])
ax2 = fig.add_subplot(gs1[-1, :-1])
ax3 = fig.add_subplot(gs1[-1, -1])

gs2 = fig.add_gridspec(nrows = 3, ncols = 3, left = 0.58,
                       right = 0.98, hspace = 0.05)
ax4 = fig.add_subplot(gs2[:, :-1])
ax5 = fig.add_subplot(gs2[:-1, -1])
ax6 = fig.add_subplot(gs2[-1, -1])
```

以下是样例输出：

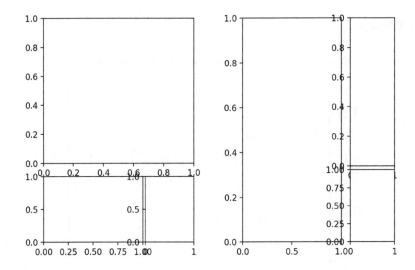

1.2.3.3 GridSpec 嵌套

SubplotSpec 是 gridspec 实例所指定子图布局中的子图的具体位置描述。换句话来说，gridspec 实例的每个元素都是一个 SubplotSpec 类，而我们可以从 SubplotSpec 中再创建 GridSpec 实例：

```
fig = plt.figure(constrained_layout = True)
gs = fig.add_gridspec(1, 2)

gs0 = gs[0].subgridspec(2, 3)
gs1 = gs[1].subgridspec(3, 2)

for a in range(2):
    for b in range(3):
        fig.add_subplot(gs0[a, b])
        fig.add_subplot(gs1[b, a])
```

以下是样例输出：

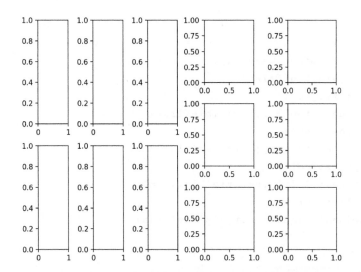

　　下面再用一个更复杂的嵌套 GridSpec 示例来展示，这里设置外层网格为 4×4，而在每个单元格内部再设置一个 3×3 的内层嵌套子图布局，并通过将内层网格上的坐标轴线进行适当的隐藏，达到一种外层 4×4 网格的每个单元都有一个实线框的效果：

```python
import numpy as np
from itertools import product


def twist_xy(a, b, c, d):
    i = np.linspace(0.0, 2 * np.pi, 72)
    return np.sin(i * a) + np.cos(i * b), np.sin(i * c) + np.cos(i
                                     * d)


fig = plt.figure(figsize = (8, 8))

outer_grid = fig.add_gridspec(4, 4, wspace = 0.0, hspace = 0.0)

for i in range(16):
    inner_grid = outer_grid[i].subgridspec(3, 3, wspace = 0.0, hspace = 0.0
                                     )
    a, b = int(i / 4) + 1, i % 4 + 1
    for j, (c, d) in enumerate(product(range(1, 4), repeat = 2)):
        ax = fig.add_subplot(inner_grid[j])
        ax.plot( * twist_xy(a, b, c, d))
        ax.set_xticks([])
        ax.set_yticks([])
        fig.add_subplot(ax)

all_axes = fig.get_axes()
```

```
for ax in all_axes:
    for sp in ax.spines.values():
        sp.set_visible(False)
    if ax.is_first_row():
        ax.spines['top'].set_visible(True)
    if ax.is_last_row():
        ax.spines['bottom'].set_visible(True)
    if ax.is_first_col():
        ax.spines['left'].set_visible(True)
    if ax.is_last_col():
        ax.spines['right'].set_visible(True)

plt.show()
```

以下是样例输出：

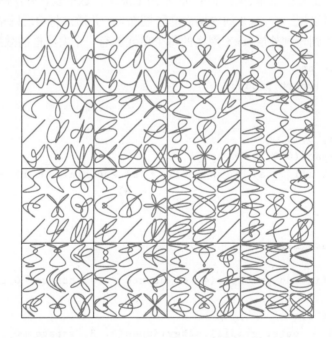

1.2.3.4　简述 subplot2grid

subplot2grid 函数能够在规则网格上的指定位置创建一个可以跨越行和列的子图。它的主要参数是 shape、loc、rowspan 和 colspan。具体使用方法可以通过下面的示例来展示：

```
fig = plt.figure()
opts = dict(xy = (0.5, 0.5), xycoords = 'axes fraction',
            ha = 'center', va = 'center', fontsize = 14)
ax1 = plt.subplot2grid((3, 3), (0, 0)) \
                    .annotate('ax1', **opts)
ax2 = plt.subplot2grid((3, 3), (0, 1), colspan = 2) \
```

```
                    .annotate('ax2', **opts)
ax3 = plt.subplot2grid((3, 3), (1, 0), colspan = 2, rowspan = 2) \
                    .annotate('ax3', **opts)
ax4 = plt.subplot2grid((3, 3), (1, 2), rowspan = 2) \
                    .annotate('ax4', **opts)
plt.tight_layout()
```

以下是样例输出：

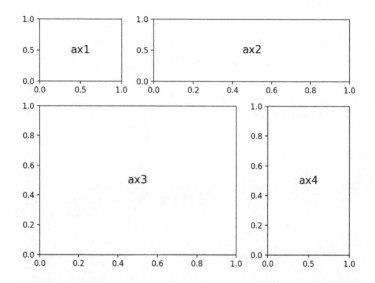

参数 shape 是一个二元的序列，如 (n, m)，用它在 Figure 中规划一个 n 行 m 列的网格，然后通过 loc 参数（也是一个二元的序列，如 (r, c)）来指定子图被放置的位置为第 r 行第 c 列；而 rowspan 和 colspan 参数都是整数，分别用来指定被放置的子图在行方向和列方向扩展几个网格单位（默认为 1）。因此，下面的语句

```
subplot2grid(shape, loc, rowspan = 1, colspan = 1)
```

等同于

```
gridspec = GridSpec(shape[0], shape[1])
subplotspec = gridspec.new_subplotspec(loc, rowspan, colspan)
subplot(subplotspec)
```

1.2.3.5　关于 constrained_layout 和 tight_layout

constrained_layout 与 tight_layout 类似，都会自动调整子图参数，使子图布局更适合于 Figure 区域。子图布局完成后，调用 tight_layout 会检测 ticklabels、axis labels 以及 titles 的范围，然后重新调整子图参数以达到最合适的布局效果。而 constrained_layout 则需要在将任何 Axes 添加到 Figure 之前就被激活。需要注意的是，就目前而言，这两种方法都在继续测试中，可能在某些情况下会出现与预期效果不一样的情况。

先来看一个 tight_layout 的简单例子。为了方便以及代码的整洁，先定义一个简单的绘图函数：

```
def simple_plot(ax, fontsize = 12):
    ax.plot([1, 2])
    ax.locator_params(nbins = 3)
    ax.set_xlabel('x-label', fontsize = fontsize)
    ax.set_ylabel('y-label', fontsize = fontsize)
    ax.set_title('Title', fontsize = fontsize)
```

同时，为了能显示出 Axes 在 Figure 中的位置，在创建 Figure 时设置其背景色为灰色（注意，保存图片时也需要在 savefig() 函数中指定 facecolor='0.8'）：

```
fig, ax = plt.subplots(facecolor = '0.8')
simple_plot(ax, fontsize = 32)
```

以下是样例输出：

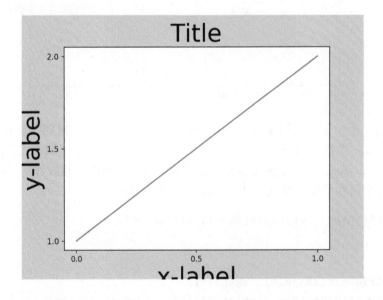

可以从上图中看到，由于字体的尺寸比较大，超出了 Figure 的显示范围。为了防止这种情况发生，需要调整 Axes 的位置，而 tight_layout() 命令可以自动对它进行调整。将上述操作改为

```
fig, ax = plt.subplots(facecolor = '0.8')
simple_plot(ax, fontsize = 32)
plt.tight_layout()
```

以下是样例输出：

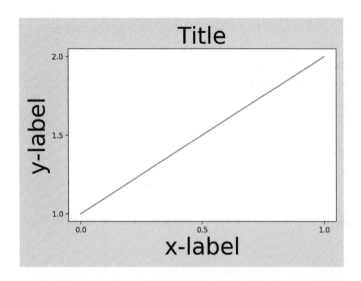

matplotlib.pyplot.tight_layout() 会在它被调用时调整子图的布局参数，如果想在每次绘图时都自动调整，可以调用 fig.set_tight_layout(True) 命令，或者将 rcParams 参数中的 figure.autolayout 设置为 True 即可，这两种方法是等价的。

当 Figure 中有多个子图时，经常会出现子图 Label 相互重叠的情况：

```
fig, ((ax1, ax2), (ax3, ax4)) = \
plt.subplots(nrows = 2, ncols = 2, facecolor = '0.8')
simple_plot(ax1)
simple_plot(ax2)
simple_plot(ax3)
simple_plot(ax4)
```

以下是样例输出：

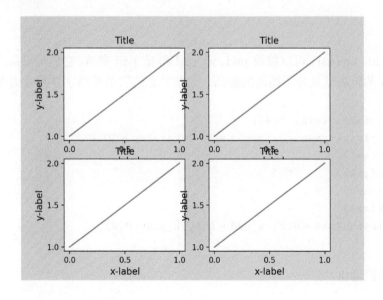

tight_layout() 也会自动调整子图间的距离来减少重叠的情况：

```
fig, ((ax1, ax2), (ax3, ax4)) = \
plt.subplots(nrows = 2, ncols = 2, facecolor = '0.8')
simple_plot(ax1)
simple_plot(ax2)
simple_plot(ax3)
simple_plot(ax4)
plt.tight_layout()
```

以下是样例输出：

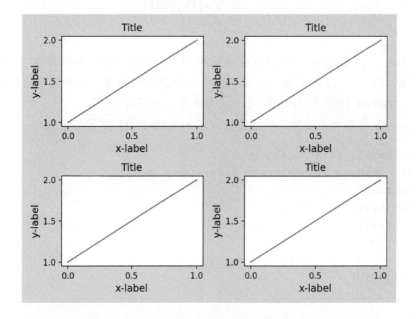

另外，tight_layout() 可以接收 pad、w_pad 和 h_pad 参数，它们可以用来控制 Figure 边框与子图间的距离以及各子图间的距离。这些参数的取值是以字体尺寸为参考单位的。

```
fig, ((ax1, ax2), (ax3, ax4)) = \
    plt.subplots(nrows = 2, ncols = 2, facecolor = '0.8')
simple_plot(ax1)
simple_plot(ax2)
simple_plot(ax3)
simple_plot(ax4)
plt.tight_layout(pad = 0.2, w_pad = 0.5, h_pad = 0.5)
```

以下是样例输出：

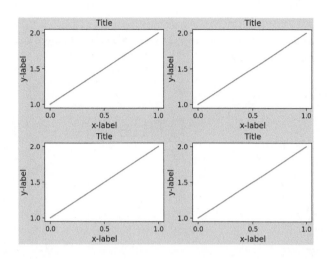

前面提到，使用 constrained_layout 的方法需要该参数在添加任何 Axes 到 Figure 之前就被激活。一般通过以下两种方法来激活 constrained_layout：

1 在 figure() 或 subplots() 命令中使用 constrained_layout 参数。

```
plt.subplots(constrained_layout = True)
```

2) 通过设置 rcParams 来实现。

```
plt.rcParams['figure.constrained_layout.use'] = True
```

下面也用几个简单的例子来说明 constrained_layout 的使用方法。先看一下不激活 constrained_layout 的情况（这里继续使用上面定义的简单绘图函数）：

```
fig, ax = plt.subplots(constrained_layout = False, facecolor = '0.8')
simple_plot(ax, fontsize = 32)
```

以下是样例输出：

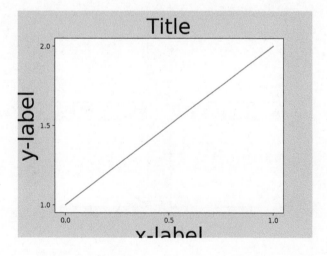

而激活 constrained_layout 的情况：

```
fig, ax = plt.subplots(constrained_layout = True, facecolor = '0.8')
simple_plot(ax, fontsize = 32)
```

以下是样例输出：

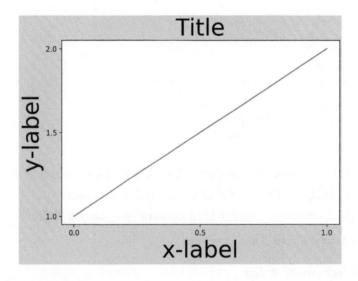

多子图的情况，未激活 constrained_layout 时：

```
fig, axs = plt.subplots(2,2,constrained_layout = False, facecolor = '0.8')
for ax in axs.flat:
    simple_plot(ax)
```

以下是样例输出：

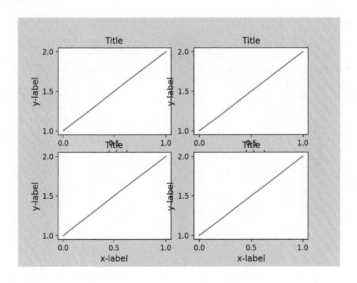

激活 constrained_layout 后：

```
fig, axs = plt.subplots(2, 2, constrained_layout = True, facecolor = '0.8')
for ax in axs.flat:
    simple_plot(ax)
```

以下是样例输出：

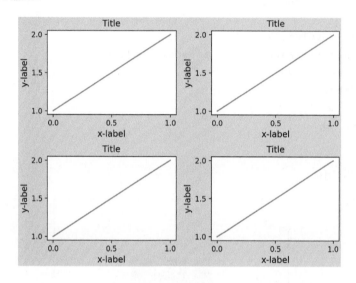

1.2.4 路径

1.2.4.1 路径基础

Path 是 matplotlib.patch 对象中比较底层的对象，支持 moveto、lineto 和 curveto 这样的命令集来绘制各种复杂程度的轮廓图。Path 是由一个 $(N, 2)$ 的数组和一个长度为 N 的 Path 代码数组实例化后的对象，其中 $(N, 2)$ 的数组代表了 N 个顶点的 (x, y) 坐标。下面的代码绘制了一个从 $(0, 0)$ 点到 $(1, 1)$ 点的矩形：

```
import matplotlib.pyplot as plt
from matplotlib.path import Path
import matplotlib.patches as patches

verts = [
    (0., 0.),  # 左下角
    (0., 1.),  # 左上角
    (1., 1.),  # 右上角
    (1., 0.),  # 右下角
    (0., 0.),  # 回到左下角进行封闭
]

codes = [
    Path.MOVETO,
    Path.LINETO,
```

```
    Path.LINETO,
    Path.LINETO,
    Path.CLOSEPOLY,
]

path = Path(verts, codes)

fig, ax = plt.subplots()
patch = patches.PathPatch(path, facecolor = 'blue',
edgecolor = 'green', lw = 2)
ax.add_patch(patch)
ax.set_xlim(-1, 2)
ax.set_ylim(-1, 2)
plt.show()
```

以下是样例输出：

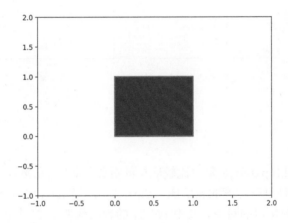

下表列出了创建 Path 可使用的 Path 代码：

代码	所需顶点数	描述
STOP	1 (忽略)	整个 path 的终点记号，可忽略不用
MOVETO	1	抬笔移动到指定顶点，不进行绘制动作
LINETO	1	从当前点到指定点画一条线
CURVE3	2，1 个控制点，1 个端点	基于给定控制点，从当前位置到给定端点画一条二次 Bézier 曲线
CURVE4	3，2 个控制点，1 个端点	基于给定控制点，从当前位置到给定端点画一条三次 Bézier 曲线
CLOSEPOLY	1，该点本身的坐标会被忽略	从当前点向当前多边形的起始点画一条线

下面的代码展示了绘制 Bézier 曲线：

```
verts = [
    (0.0, 0.0),  # P0
    (0.1, 0.6),  # P1
    (0.6, 0.8),  # P2
```

```
    (1.0, 0.4),   # P3
]

codes = [
    Path.MOVETO,
    Path.CURVE4,
    Path.CURVE4,
    Path.CURVE4,
]

path = Path(verts, codes)

fig, ax = plt.subplots()
patch = patches.PathPatch(path, facecolor = 'none', lw = 2)
ax.add_patch(patch)

xs, ys = zip( * verts)
ax.plot(xs, ys, 'x--', lw = 2, color = 'black', ms = 10)

ax.text( - 0.05, - 0.05, 'P0')
ax.text( 0.05, 0.65, 'P1')
ax.text( 0.65, 0.85, 'P2')
ax.text( 1.05, 0.35, 'P3')

ax.set_xlim( - 0.2, 1.2)
ax.set_ylim( - 0.2, 1.2)
plt.show()
```

以下是样例输出：

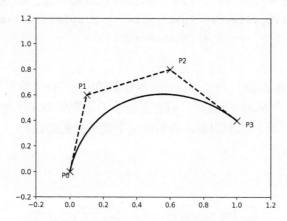

1.2.4.2 路径效果

Matplotlib 有一个 patheffects 模块，提供了向任何可以通过路径渲染的 Artist 对象应用多重绘制状态的功能。这些可被应用路径效果的 Artist 包括 Patch、Line2D、Collection 和 Text，向它们应用路径效果可以通过 set_path_effects 方法来实现。

(1) Normal 效果

最简单的路径效果是 Normal 效果，其实就是没有添加任何效果：

```
import matplotlib.pyplot as plt
import matplotlib.patheffects as path_effects

fig = plt.figure(figsize = (5, 1.5))
               text = fig.text(0.5, 0.5, 'Normal Effect',
               ha = 'center', va = 'center', size = 36)
text.set_path_effects([path_effects.Normal()])
plt.show()
```

以下是样例输出：

Normal Effect

(2) 阴影效果

任何基于路径的 Artist 对象都可以被添加阴影效果，这一点是通过 SimplePatchShadow 类和 SimpleLineShadow 类在原始的 Artist 下方绘制填充面或线来实现的：

```
fig = plt.figure(figsize = (5, 1.5))
text = fig.text(0.5, 0.5, 'Shadow Effect', color = 'b',
               ha = 'center', va = 'center', size = 36, weight = 500,
               path_effects = [path_effects.SimplePatchShadow(),
                     path_effects.Normal()])
plt.show()
```

注意，上例应用阴影效果时，在 path_effects 参数的设置中除了给定 SimplePatchShadow 效果外，同时还指定了 Normal 效果，后者保证了正常效果的文字也被绘制；如果只给定 SimplePatchShadow，将只绘制阴影，原始的文字则不会被绘制。

以下是样例输出：

Shadow Effect

(3) Stroke 效果

Stroke 效果会给真实的 Artist 对象添加一个轮廓。

```
fig = plt.figure(figsize = (5, 1.5))
text = fig.text(0.5, 0.5, 'Stroke Effect', color = 'orange',
                ha = 'center', va = 'center', size = 36)
text.set_path_effects([path_effects.Stroke(linewidth = 5, foreground = 'b'),
                path_effects.Normal()])
plt.show()
```

以下是样例输出：

(4) PathPatchEffect

有些 Artist 对象无法使用如 facecolor、edgecolor 等属性设置参数，可以通过 Path-PatchEffect 效果来实现。

```
fig = plt.figure(figsize = (5, 1.5))
text = fig.text(0.5, 0.5, 'Hatch Shadow',
ha = 'center', va = 'center', size = 36, weight = 1000)
text.set_path_effects([path_effects.PathPatchEffect(offset = (4,  - 4),
hatch = 'xxxx', facecolor = 'gray'),
path_effects.PathPatchEffect(edgecolor = 'white',
linewidth = 1.1, facecolor = 'green')])
plt.show()
```

以下是样例输出：

1.2.5　变换和过渡

与其他图形工具包一样，Matplotlib 是建立在一套转换框架上的，以便于在多个坐标系统间轻松变换，包括用户数据空间坐标系统、坐标轴坐标系统、图形坐标系统和显示坐标系统等。对于多数的工作来说，并不需要了解这些转换过程，因为这些都发生在底层；但当对绘图效果有更高的需求时，了解这些过程有助于对 Matplotlib 已开放的变换进行再利用，甚至创建自己的变换。下表总结了一些坐标系统以及在工作于该坐标系统中的变换对象。表中 "变换对象" 一列中的 "ax" 和 "fig" 分别为 Axes 和 Figure 的实例。

坐标系统	变换对象	描述
data	ax.transData	数据坐标系统，由 xlim 和 ylim 来控制
axes	ax.transAxes	Axes 坐标系统，左下角和右上角的坐标分别为 (0,0) 和 (1,1)
figure	fig.transFigure	Figure 坐标系统，左下角和右上角的坐标分别为 (0,0) 和 (1,1)
figure-inches	fig.dpi_scale_trans	以 "英寸" 为单位的 Figure 坐标系统，左下角坐标为 (0,0)，而右上角为以英寸为单位的 (宽, 高)
display	None, 或者 IdentityTransform()	像素级的显示窗口坐标系统，左下角坐标为 (0,0)，右上角为以像素为单位的窗口的 (宽, 高)
xaxis, yaxis	ax.get_xaxis_transform(), ax.get_yaxis_transform()	混合坐标系统，在一条坐标轴上用数据坐标系统，而在另一条坐标轴上用 Axes 坐标系统

注：1 英寸 (in) = 2.54cm。

    表中的变换对象在它们自己的坐标系统接收输入项，然后把这些输入项转换到显示坐标系统；这些变换也知道如何从显示坐标系统转换回各自的坐标系统。这种变换在处理用户界面事件的时候非常有用，因为当发生鼠标点击事件或键盘按键事件时，总是想要知道这些发生在显示空间的事件所对应的数据坐标系统中的位置，从而进行相应的策略编程。

    有一点要注意，在显示坐标系统中指定一个对象的位置时，如果改变了 Figure 的 dpi，对象的位置也会发生改变。这会在打印或调整屏幕分辨率时引起混淆——因为对象改变了位置和大小。因此，对放在 Axes 或 Figure 中的 Artist 对象来说，常用的方法是将它们的变换设置为 IdentityTransform() 以外的变换，如当把一个 Artist 对象用 add_artist 方法添加到 Axes 时，默认的变换是 ax.transData。

1.2.5.1 数据坐标系统

    数据坐标系统是最常用的坐标系统。当添加数据到 Axes 时，Matplotlib 会更新数据的界限，常用的更新方法是用 set_xlim() 和 set_ylim()，如在下例中，数据的边界在 x 轴上被设置为 $0{\sim}10$，在 y 轴上被设置为 $-1\sim1$：

```python
import numpy as np
import matplotlib.pyplot as plt
import matplotlib.patches as mpatches

x = np.arange(0, 10, 0.005)
y = np.exp(-x/2.) * np.sin(2*np.pi*x)

fig, ax = plt.subplots()
ax.plot(x, y)
ax.set_xlim(0, 10)
ax.set_ylim(-1, 1)
```

```
plt.show()
```

以下是样例输出：

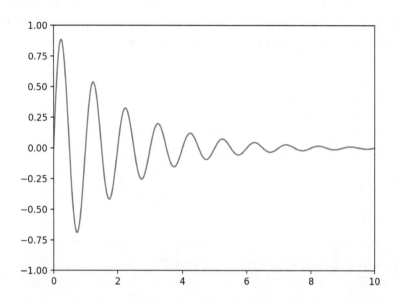

可以用 ax.transData 实例把数据坐标变换到显示坐标系统，这对单点或一系列点都适用：

```
In : type(ax.transData)
Out: matplotlib.transforms.CompositeGenericTransform

In : ax.transData.transform((5, 0))
Out: array([656. , 475.2])

In : ax.transData.transform([(5, 0), (1, 2)])
Out: array([[ 656. ,   475.2],
            [ 259.2, 1214.4]])
```

当然，也可以用 inverted() 方法创建一个从显示坐标向数据坐标系统的变换：

```
In : inv = ax.transData.inverted()

In : type(inv)
Out: matplotlib.transforms.CompositeGenericTransform

In : inv.transform((656. ,   475.2))
Out: array([5.00000000e+00, 2.22044605e-16])
```

注意，在 Python Shell（如 IPython）中执行上面的代码时，转换的坐标值也许有所不同，这取决于所用显示器的分辨率以及显示窗口的大小的具体设置。

1.2.5.2 Axes 坐标系统

Axes 是数据坐标系统之外的另一个常用坐标系统。在 Axes 坐标系中，左下角的坐标为 (0, 0)，右上角的坐标为 (1, 1)。可以引用这个范围之外的点，如 (−0.1, 1.1) 代表的点位于 Axes 的左上方（注意不是 Axes 的左上角，而是 Axes 外围的左上角）。该坐标系统在向 Axes 中添加文本的时候非常有用，如通常会希望在固定的位置（如在 Axes 左上角）放置一个文本对象，并且在平衡或缩放时该位置保持不变。

```
fig = plt.figure()
for i, label in enumerate(('1', '2', '3', '4')):
    ax = fig.add_subplot(2, 2, i + 1)
    ax.text(0.05, 0.95, label, transform = ax.transAxes,
    fontsize = 20, fontweight = 'bold', va = 'top')

plt.show()
```

以下是样例输出：

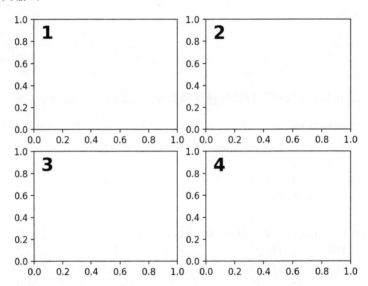

可以在 Axes 坐标系统中创建 Line2D 或 Patch 对象，下面的例子在数据空间绘制了一些随机点，然后在这些点上覆盖一个以 Axes 中心为圆心、半径为 1/4 坐标轴长的半透明填充圆形（Circle 对象，如果这个 Axes 没有保持长宽比，那么这个 Circle 看起来会是一个椭圆）。这时，如果使用 pan/zoom 工具，或者手动更改 xlim 或 ylim，会看到那些随机点移动，但圆保持不变。这是因为随机点属于数据坐标系，而圆属于 Axes 坐标系，并且会一直位于 Axes 的中心。

```
fig, ax = plt.subplots()
x, y = 10 * np.random.rand(2, 1000)
ax.plot(x, y, 'bo', alpha = 0.25)
cc = mpatches.Circle((0.5, 0.5), 0.25, transform = ax.transAxes,
```

```
                              facecolor = 'green', alpha = 0.75, zorder = 3)
ax.add_patch(cc)
plt.show()
```

以下是样例输出：

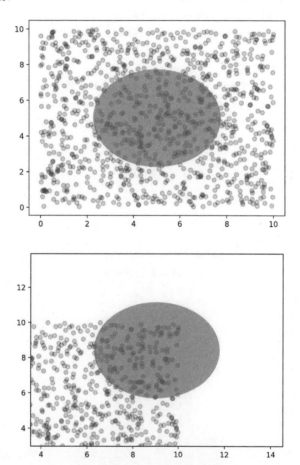

1.2.5.3　混合变换

将 Axes 与数据坐标混合，在这样的混合坐标空间中绘图的方法非常有用，如创建一个用于突出显示 y 数据的某个区域的水平跨度（horizontal span），它横跨 x 轴但不考虑数据范围限制（即不受 ylim 的影响）、平移（pan）或缩放（zoom）级别等。事实上 Matplotlib 已经构建了一些函数来实现这种功能，如 axhline()、axvline()、axhspan() 和 axvspan()，这里将使用混合变换来实现水平跨度。注意，这个技巧只适用于直角坐标系统，不适用于极坐标变换。

```
import matplotlib.transforms as transforms

fig, ax = plt.subplots()
x = np.random.randn(1000)
```

```
ax.hist(x, 30)
ax.set_title(r'$\sigma=1 \/ \dots \/ \sigma=2$', fontsize = 16)

# 将x坐标转换为数据坐标, 保持y坐标为 Axes 坐标
trans  =  transforms.blended_transform_factory(
                    ax.transData, ax.transAxes)

# 用一个跨度来突出显示 1~2 区间
# 这里要让跨度在x方向处于数据坐标, 而y方向则以Axes坐标覆盖 0~1 的范围
rect  =  mpatches.Rectangle((1, 0), width = 1, height = 1,
                        transform = trans, color = 'yellow',
                        alpha = 0.5)

ax.add_patch(rect)

plt.show()
```

以下是样例输出:

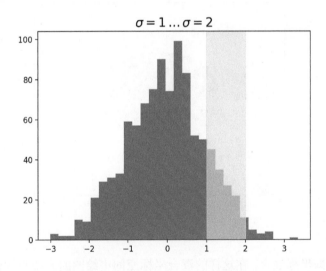

在这个例子中, 无论是平移还是缩放, 黄色的跨度部分会随直方图在 x 轴方向(数据空间)移动变化, 但在 y 轴方向(Axes 空间)始终充满坐标轴范围。

1.2.5.4　以物理单位绘图

在绘图时有时需要让绘制对象具有一定的物理尺寸。下面的代码与之前的例子类似, 画了一些随机点和一个实心圆, 只是该圆是以物理单位来绘制的。可以看到, 无论怎样改变 Figure 的大小, 并不会更改圆形相对于 Figure 左下角的位置, 也不会改变圆形的大小, 而且无论 Axes 的长宽比例怎样改变, 该圆始终保持正圆状态。

```
fig, ax = plt.subplots(figsize = (5, 4))
x, y = 10 * np.random.rand(2, 1000)
ax.plot(x, y * 10., 'bo', alpha = 0.25)
cc = mpatches.Circle((2.5, 2), 1.0, transform = fig.dpi_scale_trans,
                     facecolor = 'green', alpha = 0.75, zorder = 3)
ax.add_patch(cc)
plt.show()
```

以下是样例输出：

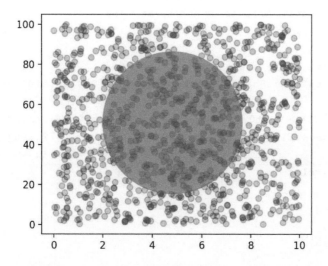

如果改变 Figure 的大小，圆形不会改变它的位置，并且只显示出其中一部分。

```
fig, ax = plt.subplots(figsize = (7, 3))
x, y = 10 * np.random.rand(2, 1000)
ax.plot(x, y * 10., 'bo', alpha = 0.25)
cc = mpatches.Circle((2.5, 2), 1.0, transform = fig.dpi_scale_trans,
                     facecolor = 'green', alpha = 0.75, zorder = 3)
ax.add_patch(cc)
plt.show()
```

以下是样例输出：

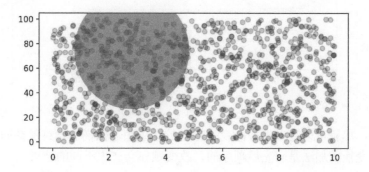

　　混合变换的另一种用法是在 Axes 中的数据点周围放置一个具有物理维度的 Patch。下例中将两种变换相加，第一个变换设置椭圆的大小比例，第二个变换设置该椭圆的位置，并将它放在原始坐标下，然后使用辅助变换 ScaledTranslation 将其移动到 ax.transData 坐标系中的正确位置。注意下例中应用于两个变换的加号，其含义是：首先应用比例变换 fig.dpi_scale_trans 设置椭圆的正确尺寸，但此时椭圆的中心还位于 (0, 0)，然后应用第二个变换将数据转换到数据空间的 (xdata[0], ydata[0]) 点。

```python
fig, ax = plt.subplots()
xdata, ydata = (0.2, 0.7), (0.5, 0.5)
ax.plot(xdata, ydata, "o", color = 'r', ms = 15)
ax.set_xlim((0, 1))

trans = (fig.dpi_scale_trans +
            transforms.ScaledTranslation(xdata[0],ydata[0],ax.transData))

# 围绕数据点画一个长短轴为 150 点 ×130 点（这里"点"是长度单位，72 点为 1in）的椭圆
circle = mpatches.Ellipse((0, 0), 150 / 72, 130 / 72, angle = 40,
                        fill = None, transform = trans, lw = 5, color = 'b')
ax.add_patch(circle)
plt.show()
```

　　以下是样例输出：

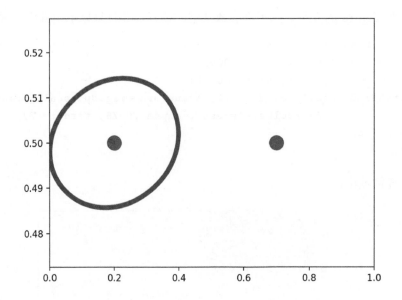

　　可以看到，尽管可以通过缩放改变坐标轴的上下限，但椭圆始终保持同样的大小。还要注意，两个变换的加法是有先后顺序的，改变顺序会产生不同的结果。

1.2.5.5　用偏移变换创建阴影效果

ScaledTranslation 的另一个用途是创建一个与另一变换有一定偏移量的新变换，如把一个对象放在相对于另一个对象移动了一点的位置。通常希望这个偏移量是在某些物理尺度上的，如点或英寸，而不是在数据坐标系上，这样就可以保证在不同缩放级别和 dpi 设置下该偏移效果是恒定的。

下面的例子中，首先以数据单位（ax.transData）绘制一条曲线，然后通过 dpi_scale_ trans 移动 dx、dy 点，创建偏移量，并通过调整 zorder 保证阴影被画在最初对象的下面。

```
ig, ax = plt.subplots()

# 绘制正统曲线
x = np.linspace(0., 2 * np.pi, 100)
y = np.sin(2 * x)
line, = ax.plot(x, y, lw = 5, color = 'blue')

# 通过曲线对象向右 3 点并向下 3 点创建偏移变换
dx, dy = 3/72., -3/72.
offset = transforms.ScaledTranslation(dx, dy, fig.dpi_scale_trans)
shadow_transform = ax.transData + offset

# 用偏移变换绘制相同的数据，并调整 zorder 确保其被绘制于曲线之下
ax.plot(x, y, lw = 3, color = 'gray',
        transform = shadow_transform,
        zorder = 0.5 * line.get_zorder())

ax.set_title('creating a shadow effect with an offset transform')
plt.show()
```

以下是样例输出：

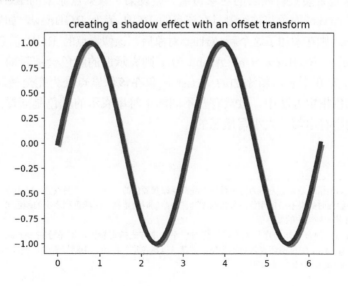

1.2.6 关于颜色

Matplotlib 支持使用多种颜色和色彩映射对信息进行可视化。本节介绍一些与颜色映射的外观、怎样创建自己的色彩映射等方面的基本知识。

1.2.6.1 指定颜色

在 Matplotlib 中可以用下面的格式和方法来指定颜色：

1) RGB 或 RGBA 格式的 tuple。tuple 中的元素是 3 个（RGB）或 4 个（RGBA）在 [0, 1] 区间的浮点数，其中 RGBA 的含义是红色（Red）、绿色（Green）、蓝色（Blue）和透明度（Alpha），如 (0.1, 0.2, 1.0) 或 (0.1, 0.2, 1.0, 0.5)。

2) 十六进制的 RGB 或 RGBA 格式的字符串，如'#FF0F0F'或'#FF0F0F0F'。

3) 用一个表示 [0, 1] 区间的浮点数的字符串来表达灰度值，如'0.6'。

4) 一个表示颜色的字符（'b'、'g'、'r'、'c'、'm'、'y'、'k'、'w'分别表示 blue、green、red、cyan、magenta、yellow、black 和 white）。

5) 符合 X11/CSS4 标准的颜色名称，如'red'、'blue'、brown'等。

6) 来自'xkcd color survey'的颜色名称，要用"xkcd:"作为前缀来指定颜色，如'xkcd:sky blue'。

7) 下列字符串之一：{'tab:blue', 'tab:orange', 'tab:green', 'tab:red', 'tab:purple', 'tab:brown', 'tab:pink', 'tab:gray', 'tab:olive', 'tab:cyan'}，这些是'T10'分类调色板的'Tableau Colors'色彩名称，而这也是 Matplotlib 中默认的颜色循环[①]。

8) 用一个'CN'格式的字符串来指定颜色，其中'C'为固定字符，后面跟一个整数，而这个整数代表的就是 Matplotlib 颜色循环中的序号索引（按 Python 语法规则，从 0 开始）；当数字大于 9 时，按颜色循环的方式进行循环[②]。

"RGB"三分量的值分别指定了红、绿、蓝的强度，这三个值的组合则可以跨越整个色彩空间。而透明度"Alpha"的具体行为则依赖于 Artist 对象在 Figure 中的 zorder 设定。高 zorder 值的 Artist 对象会被绘制于低 zorder 值对象的上面，而"Alpha"值决定了较低层的 Artist 对象是否要被较高层的对象覆盖。假设某一像素点原来的 RGB 值为 RGBold，然后有一个新的 Artist 对象将被绘制且在该点的 RGB 值为 RGBnew，如果指定 RGBnew 的 Alpha 值为 a，则在添加了这个新 Artist 对象后，该像素点的 RGB 值会变更为 RGB = RGBold $\times(1-a)$ + RGBnew $\times a$。Alpha 为 1 则表示旧的颜色会被新的 Artist 对象完全覆盖，而 Alpha 为 0 则表示新添加的 Artist 对象在该像素点处为完全透明。

在上述的颜色指定方法中，虽然有些不同的字符串表示的颜色是同样的，但严格来讲，所有表达颜色的字符串都是大小写敏感的。

---

① Matplotlib 的颜色循环是为了无需为每个数据系列都要设置颜色的一种快速绘图设置。Matplotlib 使用一个默认的颜色列表，在 Figure 中绘图时如果不指定颜色，各数据序列在被绘制时会依次采用颜色列表中的颜色进行绘图，当数据序列多于颜色列表时，会循环使用列表中的颜色值。

② 即取该数字与 10 的余数作为序号索引。以'CN' 字符串方式指定颜色，该序号在 Artist 对象被创建时转换为 RGB 颜色；如果 Matplotlib 颜色循环表被设置为空，则默认以黑色进行绘图。手动设置颜色循环列表可以通过修改 matplotlib.rcParams['axes.prop_cyle'] 来实现。

1.2.6.2　关于"CN"颜色指定方法

"CN"颜色名称会在 Artist 对象被创建时转换为 RGBA 值。看下面的例子：

```python
import numpy as np
import matplotlib.pyplot as plt
import matplotlib as mpl

th = np.linspace(0, 2 * np.pi, 128)

def demo(sty):
    mpl.style.use(sty)
    fig, ax = plt.subplots(figsize = (3, 3))

    ax.set_title('style: {!r}'.format(sty), color = 'C0')

    ax.plot(th, np.cos(th), 'C1', label = 'C1')
    ax.plot(th, np.sin(th), 'C2', label = 'C2')
    ax.legend()

demo('default')
demo('seaborn')
```

以下是样例输出：

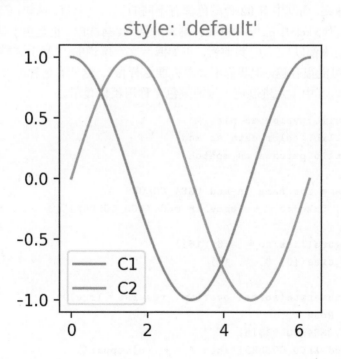

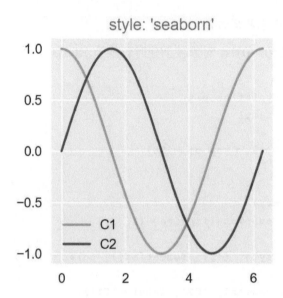

可以看到，在采用不同的样式表时，"CN" 所代表的颜色可能会不同。这是因为在不同的风格样式中，Matplotlib 的颜色循环被重新设置了。

1.2.6.3 关于 xkcd 颜色和 X11/CSS4 颜色

xkcd 颜色来自网络漫画网站 xkcd 的用户调查。有关该调查的详情，请浏览 xkcd 博客。

在 CSS 颜色列表的 148 种颜色中，X11/CSS4 的颜色名称与 xkcd 的颜色名称之间有约 95 种名称的冲突，而其中有 92 种颜色都有不同的十六进制值。例如，CSS 中的 'blue' 映射到 '#0000FF'，而 xkck 中的 'xkcd:blue' 则映射到 '#0343DF'。正是由于这些名称冲突，所有的 xkcd 颜色名称都以 'xkcd:' 为前缀。正如博客文章所说的，"基于这样的调查重新定义 X11/CSS4 名称可能很有趣，但我们不会单方面这样做"。这些有名称冲突的颜色在下面的例子中进行展示，其中十六进制值一致的颜色名称用粗体显示。

```python
import matplotlib.pyplot as plt
import matplotlib._color_data as mcd
import matplotlib.patches as mpatch

overlap = {name for name in mcd.CSS4_COLORS
           if "xkcd:" + name in mcd.XKCD_COLORS}

fig = plt.figure(figsize = [4.8, 16])
ax = fig.add_axes([0, 0, 1, 1])

for j, n in enumerate(sorted(overlap, reverse = True)):
    weight = None
    cn = mcd.CSS4_COLORS[n]
    xkcd = mcd.XKCD_COLORS["xkcd:" + n].upper()
    if cn == xkcd:
        weight = 'bold'
```

```
    r1 = mpatch.Rectangle((0, j), 1, 1, color = cn)
    r2 = mpatch.Rectangle((1, j), 1, 1, color = xkcd)
    txt = ax.text(2, j + .5, ' ' + n, va = 'center', fontsize = 10,
    weight = weight)
    ax.add_patch(r1)
    ax.add_patch(r2)
    ax.axhline(j, color = 'k')

ax.text(.5, j + 1.5, 'X11', ha = 'center', va = 'center')
ax.text(1.5, j + 1.5, 'xkcd', ha = 'center', va = 'center')
ax.set_xlim(0, 3)
ax.set_ylim(0, j + 2)
ax.axis('off')
```

以下是样例输出：

1.2.7　自定义 Colorbar

Matplotlib 的 ColorbarBase 类把 Colorbar 放在了一个单独指定的 Axes 中，并根据给定的色彩映射创建一个 Colorbar，而且创建它并不需要一个可映射的对象，只是在使用这个 Colorbar 的时候可以把它与被描述的对象进行关联。本节将对怎样使用独立的 Colorbar 进行介绍。

1.2.7.1　基本连续的 Colorbar

基本连续的 Colorbar 是指在 Colorbar 的颜色变化基本上是连续的，没有明显的颜色跃变。要创建一个基本连续的 Colorbar，先根据数据选择适当的色彩映射，并将数据根据其变化进行规范化处理，然后通过调用 ColorbarBase 并指定 axis、colormap、norm 和 orientation 等参数来创建 Colorbar。在下面的例子中，选择常见的 "jet" 色彩映射来创建 Colorbar，并假设对应的数据变化范围是 5~10：

```python
import matplotlib.pyplot as plt
import matplotlib as mpl

fig, ax = plt.subplots(figsize = (6, 1))
fig.subplots_adjust(bottom = 0.5)

cmap = mpl.cm.jet
norm = mpl.colors.Normalize(vmin = 5, vmax = 10)

cb = mpl.colorbar.ColorbarBase(ax, cmap = cmap,
                               norm = norm,
                               orientation = 'horizontal')
cb.set_label('Data Range')
fig.show()
```

以下是样例输出：

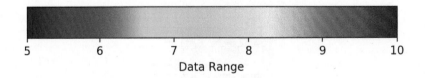

1.2.7.2　离散间隔的 Colorbar

在下面的例子中将使用 ListedColormap() 函数，它会从一组列出的颜色来生成一个色彩映射，然后基于离散间隔和扩展端的颜色指定，用 colors.BoundaryNorm() 函数生成一个色彩映射索引。扩展端是指用来指定 "over"（即超过最大值）或 "under"（即低于最小值）颜色，在原来简单 Colorbar 两端扩展出来的部分。对于规范化的 [0，1] 范围，"over" 和 "under" 所指定的颜色就是用于展示[0，1] 范围之外的数据，这里对它们分别指定了不同的灰度值。

注意，在使用 ListedColormap() 函数时，用来指定颜色边界的数组的长度一定要大于颜色列表的长度，而且这个边界数组各元素的值必须是单调递增的。

```
fig, ax = plt.subplots(figsize = (6, 1))
fig.subplots_adjust(bottom = 0.5)

cmap = mpl.colors.ListedColormap(
            ['blue', 'cyan', 'green', 'orange', 'red'])
cmap.set_over('0.8')
cmap.set_under('0.2')

bounds = [0, 1, 3, 6, 7, 9]
norm = mpl.colors.BoundaryNorm(bounds, cmap.N)
cb = mpl.colorbar.ColorbarBase(ax, cmap = cmap,
                               norm = norm,
                               boundaries=[-4] + bounds + [14],
                               extend = 'both',
                               ticks = bounds,
                               spacing = 'proportional',
                               orientation = 'horizontal')
cb.set_label('Discrete Intervals')
fig.show()
```

以下是样例输出：

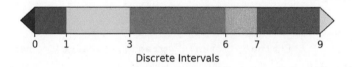

1.2.7.3　自定义 Colorbar 扩展端的长度

对于有离散间隔的 Colorbar，要使每个扩展端的长度与内部的颜色块长度相同，可以设置 extendfrac='auto'：

```
fig, ax = plt.subplots(figsize = (6, 1))
fig.subplots_adjust(bottom = 0.5)

cmap = mpl.colors.ListedColormap(['royalblue', 'cyan',
                                  'yellow', 'orange'])
cmap.set_over('red')
cmap.set_under('blue')

bounds = [-1.0, -0.5, 0.0, 0.5, 1.0]
norm = mpl.colors.BoundaryNorm(bounds, cmap.N)
cb = mpl.colorbar.ColorbarBase(ax, cmap = cmap,
```

```
                                  norm = norm,
                                  boundaries=[-10]+bounds+[10],
                                  extend = 'both',
                                  extendfrac = 'auto',
                                  ticks = bounds,
                                  spacing = 'uniform',
                                  orientation = 'horizontal')
cb.set_label('Custom Extension Lengths')
fig.show()
```

以下是样例输出：

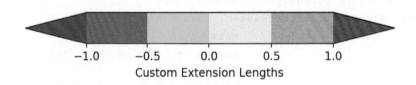

将 extendfrac 设置为'auto'，两个扩展端的长度会分别设置为与其相邻的内部颜色块长度相同。如果此时参数 spacing 设置为'proportional'，而且内部色块的离散间隔不相同，那么两个扩展端的长度也会不同：

```
fig, ax = plt.subplots(figsize = (6, 1))
fig.subplots_adjust(bottom = 0.5)

cmap = mpl.colors.ListedColormap(
                    ['blue', 'cyan', 'green', 'orange', 'red'])
cmap.set_over('0.8')
cmap.set_under('0.2')

bounds = [0, 1, 3, 6, 7, 9]
norm = mpl.colors.BoundaryNorm(bounds, cmap.N)
cb = mpl.colorbar.ColorbarBase(ax, cmap = cmap,
                                  norm = norm,
                                  boundaries=[-4] + bounds + [14],
                                  extend = 'both',
                                  extendfrac = 'auto',
                                  ticks = bounds,
                                  spacing = 'proportional',
                                  orientation = 'horizontal')
cb.set_label('Extensions for Different Intervals')
fig.show()
```

以下是样例输出：

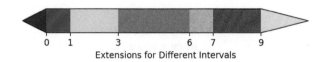

Extensions for Different Intervals

如果想在这种情况下将两个扩展端的长度设置为相同，可以设置 extendfrac 参数为一个浮点数：

```
fig, ax = plt.subplots(figsize = (6, 1))
fig.subplots_adjust(bottom = 0.5)

cmap = mpl.colors.ListedColormap(
                   ['blue', 'cyan', 'green', 'orange', 'red'])
cmap.set_over('0.8')
cmap.set_under('0.2')

bounds = [0, 1, 3, 6, 7, 9]
norm = mpl.colors.BoundaryNorm(bounds, cmap.N)
cb = mpl.colorbar.ColorbarBase(ax, cmap = cmap,
                          norm = norm,
                          boundaries=[-4] + bounds + [14],
                          extend = 'both',
                          extendfrac = 0.1,
                          ticks = bounds,
                          spacing = 'proportional',
                          orientation = 'horizontal')
cb.set_label('Equal Extension Lengths')
fig.show()
```

以下是样例输出：

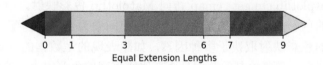

Equal Extension Lengths

而对于连续的 Colorbar，最好不要设置 extendfrac 为'auto'，一般是保持其默认值，或设置为浮点数：

```
fig, ax = plt.subplots(figsize = (6, 1))
fig.subplots_adjust(bottom = 0.5)

cmap = mpl.cm.jet
cmap.set_over('0.8')
cmap.set_under('black')
norm = mpl.colors.Normalize(vmin = 5, vmax = 10)
```

```
cb = mpl.colorbar.ColorbarBase(ax, cmap = cmap,
                               norm = norm,
                               extend = 'both',
                               extendfrac = (0.1, 0.1),
                               orientation = 'horizontal')
                               cb.set_label('Data Range')
fig.show()
```

以下是样例输出：

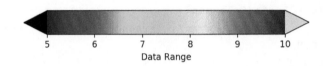

extendfrac 参数的值可以设置为以下几种情况之一：None、'auto'、一个浮点数或两个浮点数构成的二元序列。设置为 None，两个扩展端的长度都会被设置为内部 Colorbar 长度的 5%；设置为'auto'，则如上面例子所述，两个扩展端的长度会分别被设置为与其相邻的内部颜色块长度相同；设置为一个浮点数，则表示两个扩展端的长度会被设置为相同，而该浮点数则为内部 colorbar 长度的倍数；设置为二元序列，则表示 under 端和 over 端的长度分别为这两个数对应的内部 colorbar 长度的倍数。

1.2.8　色彩映射

Matplotlib 有许多内置的色彩映射（1.1.4.4 节列出过 Matplotlib 中内置的颜色映射名称），还有一些外部调色板库提供额外的色彩映射（可以参考 Palettable 等）。但有时还是希望在 Matplotlib 中创建自己的颜色映射，或有对颜色映射进行操作的需求。

1.2.8.1　在 Matplotlib 中选择色彩映射

可以通过 Matplotlib.cm.get_cmap 访问 Matplotlib 色彩映射。

选择一个好的色彩映射的目的是在三维色彩空间中为数据集匹配一个好的表现形式，而如何选择最佳的色彩映射取决于多种因素，如想表现的是数据的形式还是数据的度量，对数据集的了解程度，对要绘制的数据是否有比较直观的色彩方案，在数据集相关领域是否有一定的被公认的标准，等等。

在许多应用中，感知一致的色彩映射是不错的选择，也就是数据中的等步长变化被感知为色彩空间的等步长颜色变化。有研究表明，人脑对亮度参数变化的感知能力比对色调等参数变化的感知能力要强。因此，沿色彩变化单调递增亮度的色彩映射会被人们更好的理解。感知一致的色彩映射的一个好例子可以参考 colorcet 项目。

为了能够更好地选择合适的色彩映射，下面介绍一下 Matplotlib 中色彩映射的几个常用分类。

1) 连续类（Sequential）：色彩的亮度和饱和度递增变化，通常使用比较单一的色调；主要用来表示有序的信息。

2）分色类（Diverging）：两种不同颜色的亮度和饱和度逐渐变化，并在具有不饱和颜色的中间位置汇合；经常用于表示具有临界中间值的信息，如地形，或者描述数据偏离 0 值的正负程度。

3）循环类（Cyclic）：两种不同颜色的亮度逐渐变化，在色彩映射的中间位置以及开始/结束端以非饱和颜色汇合；一般应用于在端点处循环的值，如相位角、风向或一天中的时间等。

4）定性类（Qualitative）：通常是没有明确顺序的各种颜色；用来表示没有明确顺序或关系的信息。

5）混杂类（Miscellaneous）：多种对比相对明显的各种颜色混杂在一起；一般用来展示信息中的变化细节。

在用代码对上述类型的色彩映射进行说明前，先进行如下的引用：

```
import numpy as np
import matplotlib as mpl
import matplotlib.pyplot as plt
from matplotlib import cm
from collections import OrderedDict
cmaps = OrderedDict()
```

再定义一个绘制色彩映射的函数：

```
cmaps['Perceptually Uniform Sequential'] = [
    'viridis', 'plasma', 'inferno', 'magma', 'cividis']

cmaps['Sequential'] = [
    'Greys', 'Purples', 'Blues', 'Greens', 'Oranges', 'Reds',
    'YlOrBr', 'YlOrRd', 'OrRd', 'PuRd', 'RdPu', 'BuPu',
    'GnBu', 'PuBu', 'YlGnBu', 'PuBuGn', 'BuGn', 'YlGn']

cmaps['Sequential (2)'] = [
    'binary', 'gist_yarg', 'gist_gray', 'gray', 'bone', 'pink',
    'spring', 'summer', 'autumn', 'winter', 'cool', 'Wistia',
    'hot', 'afmhot', 'gist_heat', 'copper']

cmaps['Diverging'] = [
    'PiYG', 'PRGn', 'BrBG', 'PuOr', 'RdGy', 'RdBu',
    'RdYlBu', 'RdYlGn', 'Spectral', 'coolwarm', 'bwr', 'seismic']

cmaps['Cyclic'] = ['twilight', 'twilight_shifted', 'hsv']

cmaps['Qualitative'] = ['Pastel1', 'Pastel2', 'Paired', 'Accent',
    'Dark2', 'Set1', 'Set2', 'Set3',
    'tab10', 'tab20', 'tab20b', 'tab20c']
```

```
cmaps['Miscellaneous'] = [
    'flag', 'prism', 'ocean', 'gist_earth', 'terrain', 'gist_stern',
    'gnuplot', 'gnuplot2', 'CMRmap', 'cubehelix', 'brg',
    'gist_rainbow', 'rainbow', 'jet', 'nipy_spectral', 'gist_ncar']

cmaps_items = [i for i in cmaps.items()]
gradient = np.linspace(0, 1, 256)
gradient = np.vstack((gradient, gradient))

def plot_color_gradients(cmap_category, cmap_list, nrows):
    fig, axes = plt.subplots(figsize = (6.4, 0.3 * nrows), nrows = nrows)
    fig.subplots_adjust(top = 1 - 0.27 / 0.3 / nrows,
    bottom = 0.054 / 0.3 / nrows,
    left = 0.2, right = 0.99)
    axes[0].set_title(cmap_category + ' colormaps', fontsize = 14)

    for ax, name in zip(axes, cmap_list):
        ax.imshow(gradient, aspect = 'auto', cmap = plt.get_cmap(name))
        pos = list(ax.get_position().bounds)
        x_text = pos[0] - 0.01
        y_text = pos[1] + pos[3] / 2.
        fig.text(x_text, y_text, name, va = 'center', ha = 'right', fontsize
                            = 10)

    for ax in axes:
        ax.set_axis_off()
```

(1) Sequential

```
for n in range(3):
    cmap_category, cmap_list = cmaps_items[n]
    nrows = len(cmap_list)
    plot_color_gradients(cmap_category, cmap_list, nrows)
plt.show()
```

以下是样例输出：

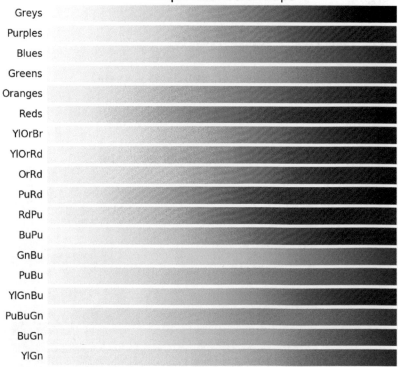

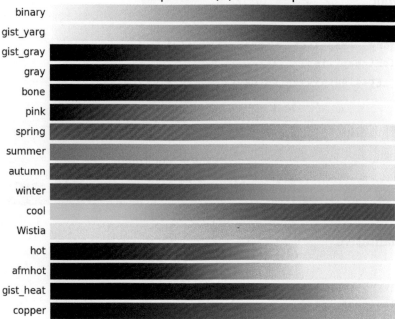

(2) Diverging

```
n = 3
cmap_category, cmap_list = cmaps_items[n]
nrows = len(cmap_list)
plot_color_gradients(cmap_category, cmap_list, nrows)
plt.show()
```

以下是样例输出：

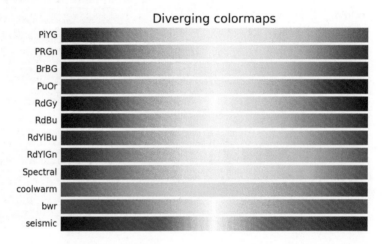

(3) Cyclic

```
n = 4
cmap_category, cmap_list = cmaps_items[n]
nrows = len(cmap_list)
plot_color_gradients(cmap_category, cmap_list, nrows)
plt.show()
```

以下是样例输出：

(4) Qualitative

```
n = 5
cmap_category, cmap_list = cmaps_items[n]
nrows = len(cmap_list)
plot_color_gradients(cmap_category, cmap_list, nrows)
plt.show()
```

以下是样例输出：

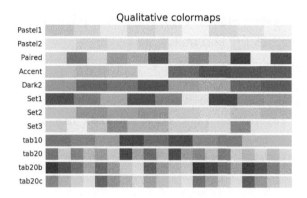

(5) Miscellaneous

```
n = 6
cmap_category, cmap_list = cmaps_items[n]
nrows = len(cmap_list)
plot_color_gradients(cmap_category, cmap_list, nrows)
plt.show()
```

以下是样例输出：

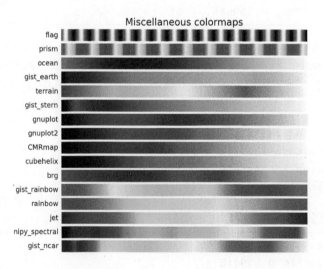

1.2.8.2　在 Matplotlib 中创建色彩映射

可以使用 listedColorMap 类和一个 $N \times 4$（N 是颜色映射的长度）的 Numpy 数组来实现创建新的色彩映射，这个 Numpy 数组中各列的值均为 0~1，表示颜色映射中的 RGBA 值。还有一个 linearSegmentedColorMap 类允许使用多个定位点所定义的色彩段来定制 colormap，它会在定位点之间对颜色进行线性插值。

(1) 获取色彩映射并访问其颜色值

如前面所述，对有名称的色彩映射可以用 matplotlib.cm.get_cmap 函数来访问，返回值是一个 matplotlib.colors.ListedColormap 对象。函数的第二个参数是一个整数 N，表示要返回的用于定义色彩映射的颜色列表的长度，相当于从色彩映射中取 N 个颜色样本。为了查看方便，在下面的例子中设置该参数为 13：

```
import numpy as np
import matplotlib.pyplot as plt
from matplotlib import cm
from matplotlib.colors import ListedColormap, LinearSegmentedColormap

viridis = cm.get_cmap('viridis', 13)
print(viridis)
```

在 IPython 交互环境中执行上述代码，会打印出 viridis 对象实例的具体情况：

```
<matplotlib.colors.ListedColormap at 0x12a520048>
```

这个 viridis 对象是可以被调用的，当传递给它一个 0~1 的数时，会返回该色彩映射中对应位置颜色的 RGBA 值：

```
print(viridis(0.5))
```

返回值为

```
(0.127568, 0.566949, 0.550556, 1.0)
```

viridis 对象可以通过它的 colors 属性访问它的颜色列表，也可以用一个一维的数组作为参数来调用 viridis，从而间接地访问它的颜色列表——当数组元素值为整数时，它们表示颜色列表的索引，而当数组元素为浮点数时，则按这些数在 0~1 的比例返回对应位置的颜色。注意，返回的列表是一个表示 RGBA 的 $N\times4$ 的数组，N 是颜色映射的长度：

```
print('viridis.colors:\n', viridis.colors)
print('viridis(range(13)):\n', viridis(range(13)))
print('viridis(np.linspace(0, 1, 13)):\n',
          viridis(np.linspace(0, 1, 13)))
```

执行上述代码，返回的内容为

```
viridis.colors:
[[0.267004 0.004874 0.329415 1.        ]
 [0.283229 0.120777 0.440584 1.        ]
 [0.267968 0.223549 0.512008 1.        ]
 [0.229739 0.322361 0.545706 1.        ]
 [0.190631 0.407061 0.556089 1.        ]
 [0.157729 0.485932 0.558013 1.        ]
 [0.127568 0.566949 0.550556 1.        ]
 [0.126326 0.644107 0.525311 1.        ]
 [0.20803  0.718701 0.472873 1.        ]
 [0.369214 0.788888 0.382914 1.        ]
 [0.565498 0.84243  0.262877 1.        ]
```

```
 [0.783315 0.879285 0.125405 1.        ]
 [0.993248 0.906157 0.143936 1.        ]]
viridis(range(13)):
[[0.267004 0.004874 0.329415 1.        ]
 [0.283229 0.120777 0.440584 1.        ]
 [0.267968 0.223549 0.512008 1.        ]
 [0.229739 0.322361 0.545706 1.        ]
 [0.190631 0.407061 0.556089 1.        ]
 [0.157729 0.485932 0.558013 1.        ]
 [0.127568 0.566949 0.550556 1.        ]
 [0.126326 0.644107 0.525311 1.        ]
 [0.20803  0.718701 0.472873 1.        ]
 [0.369214 0.788888 0.382914 1.        ]
 [0.565498 0.84243  0.262877 1.        ]
 [0.783315 0.879285 0.125405 1.        ]
 [0.993248 0.906157 0.143936 1.        ]]
viridis(np.linspace(0, 1, 13)):
[[0.267004 0.004874 0.329415 1.        ]
 [0.283229 0.120777 0.440584 1.        ]
 [0.267968 0.223549 0.512008 1.        ]
 [0.229739 0.322361 0.545706 1.        ]
 [0.190631 0.407061 0.556089 1.        ]
 [0.157729 0.485932 0.558013 1.        ]
 [0.127568 0.566949 0.550556 1.        ]
 [0.126326 0.644107 0.525311 1.        ]
 [0.20803  0.718701 0.472873 1.        ]
 [0.369214 0.788888 0.382914 1.        ]
 [0.565498 0.84243  0.262877 1.        ]
 [0.783315 0.879285 0.125405 1.        ]
 [0.993248 0.906157 0.143936 1.        ]]
```

　　这个色彩映射是一个查找表（LUT），所以当使用长度大于该色彩映射长度的数组做参数调用 viridis 时，会出现"过采样"的情况：

```
print('viridis(np.linspace(0, 1, 17)):\n',
        viridis(np.linspace(0, 1, 17)))
```

　　返回值为（注意其中重复的颜色值）：

```
viridis(np.linspace(0, 1, 17)):
[[0.267004 0.004874 0.329415 1.        ]
 [0.267004 0.004874 0.329415 1.        ]
 [0.283229 0.120777 0.440584 1.        ]
 [0.267968 0.223549 0.512008 1.        ]
 [0.229739 0.322361 0.545706 1.        ]
 [0.190631 0.407061 0.556089 1.        ]
```

```
[0.190631  0.407061  0.556089  1.        ]
[0.157729  0.485932  0.558013  1.        ]
[0.127568  0.566949  0.550556  1.        ]
[0.126326  0.644107  0.525311  1.        ]
[0.20803   0.718701  0.472873  1.        ]
[0.20803   0.718701  0.472873  1.        ]
[0.369214  0.788888  0.382914  1.        ]
[0.565498  0.84243   0.262877  1.        ]
[0.783315  0.879285  0.125405  1.        ]
[0.993248  0.906157  0.143936  1.        ]
[0.993248  0.906157  0.143936  1.        ]]
```

(2) 用颜色列表创建色彩映射

与前面的操作相反，如果提供一个所有元素值都在 0~1 的 $N \times 4$ 的数组（也就是一组颜色列表），可以用 ListedColormap 函数创建一个色彩映射。这意味着利用现有的色彩映射获取一个 $N \times 4$ 数组，对其进行任何 Numpy 操作后就可以创建一个新的色彩映射，这种方法非常直接有效。

例如，如果想把一个长度为 256 的 viridis 色彩映射的前 50 个颜色变成粉红色，可以这样做：

```python
viridis = cm.get_cmap('viridis', 256)
newcolors = viridis(np.linspace(0, 1, 256))
pink = np.array([248 / 256, 24 / 256, 148 / 256, 1])
newcolors[:50, :] = pink
newcmp = ListedColormap(newcolors)
def plot_examples(cms):
    """
    helper function to plot two colormaps
    """
    np.random.seed(19680801)
    data = np.random.randn(30, 30)

    fig, axs = plt.subplots(1, 2, figsize = (6, 3),
                            constrained_layout = True)
    for [ax, cmap] in zip(axs, cms):
        psm = ax.pcolormesh(data, cmap = cmap,
                            rasterized=True, vmin=-4, vmax=4)
        fig.colorbar(psm, ax = ax)
    plt.show()

plot_examples([viridis, newcmp])
```

以下是样例输出：

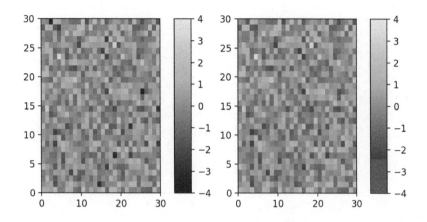

也可以非常容易地缩小一个色彩映射的动态范围，在下例中选择 viridis 色彩映射中间部分的颜色来创建新的色彩映射，注意，为了避免"过采样"的情况，在获取色彩映射时用了比较大的 N 值：

```
viridis512 = cm.get_cmap('viridis', 512)
newcmp = ListedColormap(viridis512(np.linspace(0.25, 0.75, 256)))
plot_examples([viridis, newcmp])
```

以下是样例输出：

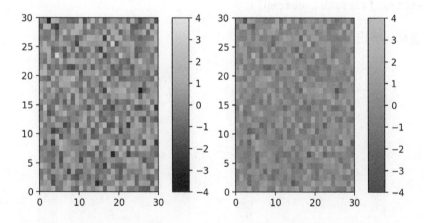

还能轻松地把两个色彩映射连接在一起来创建新的色彩映射：

```
bottom = cm.get_cmap('Blues_r', 128)
top = cm.get_cmap('Reds', 128)

newcolors = np.vstack((bottom(np.linspace(0, 1, 128)),
top(np.linspace(0, 1, 128))))
newcmp = ListedColormap(newcolors, name = 'BlueRed')
plot_examples([viridis, newcmp])
```

以下是样例输出：

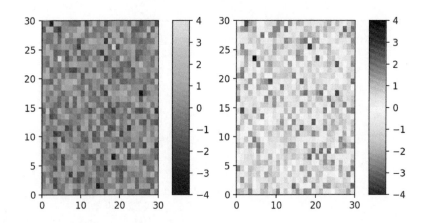

当然，可以不依赖现有的色彩映射而直接通过 $N\times4$ 数组来设计颜色列表，然后传递给 ListedColormap 函数来创建色彩映射：

```
N = 256
vals = np.ones((N, 4))
vals[:, 0] = np.linspace(96 / 256, 1, N)
vals[:, 1] = np.linspace(32 / 256, 1, N)
vals[:, 2] = np.linspace(160 / 256, 1, N)
newcmp = ListedColormap(vals)
plot_examples([viridis, newcmp])
```

以下是样例输出：

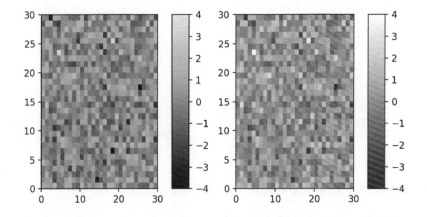

(3) 用线性分段的方法创建色彩映射

LinearSegmentedColormap 类（函数）可以通过设置一些锚点位置来创建色彩映射，该函数会在相邻锚点之间将 RGBA 值进行线性插值。指定这些色彩映射的格式允许在锚点处出现不连续，第 i 个锚点的格式为 $[x[i], y1[i], y2[i]]$，其中 $x[i]$ 为锚点，$y1[i]$ 和 $y2[i]$ 为锚点两侧颜色的值。如果该锚点处颜色是连续的，则 $y1[i] = y2[i]$。

```
cdict = {'red':    [[0.0,   0.0, 0.0],
                    [0.5,   1.0, 1.0],
                    [1.0,   1.0, 1.0]],
         'green': [[0.0,   0.0, 0.0],
                    [0.25, 0.0, 0.0],
                    [0.75, 1.0, 1.0],
                    [1.0,   1.0, 1.0]],
         'blue':  [[0.0,   0.0, 0.0],
                    [0.5,   0.0, 0.0],
                    [1.0,   1.0, 1.0]]}

def plot_linearmap(cdict):
    newcmp = LinearSegmentedColormap('testCmap',
                                     segmentdata = cdict, N = 256)
    rgba = newcmp(np.linspace(0, 1, 256))
    fig, ax = plt.subplots(figsize = (4, 3),
                           constrained_layout = True)
    col = ['r', 'g', 'b']
    xs = [0, 0.25, 0.5, 0.75, 1]
    for xx in xs:
        ax.axvline(xx, color = '0.7', linestyle = '--')
    for i in range(3):
        ax.plot(np.arange(256) / 256, rgba[:, i], color = col[i], lw = 3)
    ax.set_xticks(xs)
    ax.set_xlabel('Index')
    ax.set_ylabel('RGB')
    plt.show()

plot_linearmap(cdict)
```

以下是样例输出：

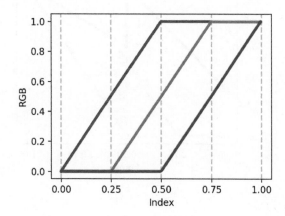

上图展示了各锚点处 RGB 颜色的配比以及各锚点间 RGB 颜色的变化情况，其对应的 colormap 为

```
fig, ax = plt.subplots(figsize = (6, 1))
fig.subplots_adjust(bottom = 0.5)
cmap = LinearSegmentedColormap('testCmap', segmentdata = cdict, N = 256)
norm = mpl.colors.Normalize(vmin = 0, vmax = 1)
cb = mpl.colorbar.ColorbarBase(ax, cmap = cmap,
                               norm = norm,
                               orientation = 'horizontal')
cb.set_label('Linear Segmented Colormap')
fig.show()
```

以下是样例输出：

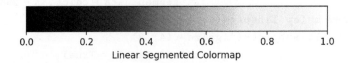

如果想让锚点处的颜色不连续，需要使第二列和第三列的值不同。在这种情况下，映射在锚点 $x[i]$ 到 $x[i+1]$ 之间的值是通过 $y2[i]$ 与 $y1[i+1]$ 进行插值得到的。在下面的例子中，红色部分在 0.5 锚点处不连续。在锚点 0 和 0.5 之间，红色值在 0.3~1 进行线性插值；而在锚点 0.5 和 1 之间，红色值在 0.6~1 进行插值。注意，red[0,1] 和 red[2,2] 这两个数不参与插值。

```
cdict['red'] = [[0.0,  0.0, 0.3],
                [0.5,  1.0, 0.6],
                [1.0,  1.0, 1.0]]
plot_linearmap(cdict)
```

以下是样例输出：

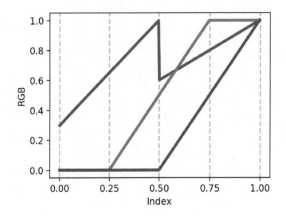

对应的 colormap 为

```
fig, ax  =  plt.subplots(figsize = (6, 1))
fig.subplots_adjust(bottom = 0.5)
cmap  =  LinearSegmentedColormap('testCmap', segmentdata = cdict, N = 256)
norm  =  mpl.colors.Normalize(vmin = 0, vmax = 1)
cb  =  mpl.colorbar.ColorbarBase(ax, cmap = cmap,
                                 norm = norm,
                                 orientation = 'horizontal')
cb.set_label('Discontinued LinearSegmentedColormap')
fig.show()
```

以下是样例输出：

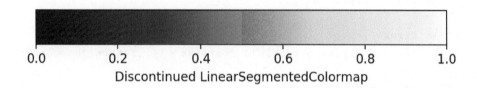

1.3　图中的文本

　　Matplotlib 具有广泛的文本支持，包括对数学表达式的支持、对光栅和向量输出的 TrueType 支持、可任意旋转的换行分隔文本，以及 Unicode 支持。本章将对 Matplotlib 中使用文本方面的基本知识进行介绍。

1.3.1　Matplotlib 图中的文本

　　Matplotlib 直接将字体嵌入到输出文档中（如 postscript 或 pdf），因此在屏幕上看到的就是硬复制中的内容。FreeType 支持生成非常漂亮的抗锯齿字体，即使在小光栅尺寸下也很好看。Matplotlib 有自己的字体管理器 matplotlib.font_manager（Paul Barrett），它实现了一个跨平台、符合 W3C 标准的字体查找算法。

　　用户对文本属性有很大的控制权，包括字体的大小和粗细、文本的位置和颜色等，在 rc 文件中也设置了一些合理的默认值，用户也可以对 rc 文件进行精细设置。而对于那些对数学或科学图形有需求的人，Matplotlib 也提供了大量的 TeX 数学符号和命令来支持在图形中的任何位置绘制数学表达式。

1.3.1.1　文本命令

　　下表列出了一些用于在 pyplot 接口和面向对象 API（OO API）中创建文本的基本命令：

pyplot API	OO API	描述
text	text	在 Axes 任意位置添加文本
annotate	annotate	在 Axes 任意位置添加带可选箭头的注释
xlabel	set_xlabe	给 Axes 的 x 轴添加标签
ylabel	set_ylabe	给 Axes 的 y 轴添加标签
title	set_title	给 Axes 添加标题
figtext	text	在 Figure 任意位置添加文本
suptitle	suptitle	给 Figure 添加标题

注：所有这些函数都会创建并返回一个文本实例，该实例可以被配置多种字体和其他属性。

下面的示例显示了这些命令运行的效果：

```
import matplotlib
import matplotlib.pyplot as plt

fig = plt.figure()
fig.suptitle('Bold Figure Suptitle', fontsize = 14, fontweight = 'bold')

ax = fig.add_subplot(111)
fig.subplots_adjust(top = 0.85)
ax.set_title('Axes Title')

ax.set_xlabel('xlabel')
ax.set_ylabel('ylabel')

ax.text(3, 8, 'boxed italics text in data coords', style = 'italic',
bbox = {'facecolor': 'blue', 'alpha': 0.5, 'pad': 10})

ax.text(2, 6, r'mass-energy equation : $E=mc^2$', fontsize = 15)

ax.text(3, 2, 'unicode: Institut für Festkörperphysik')

ax.text(0.95, 0.01, 'colored text in axes coords',
        verticalalignment = 'bottom', horizontalalignment = 'right',
        transform = ax.transAxes,
        color = 'green', fontsize = 15)

ax.plot([2], [1], 'o', color = 'r', ms = 12)
ax.annotate('annotation', xy = (2, 1), xytext = (3, 4),
arrowprops = dict(facecolor = 'black', shrink = 0.09))

ax.axis([0, 10, 0, 10])

plt.show()
```

以下是样例输出：

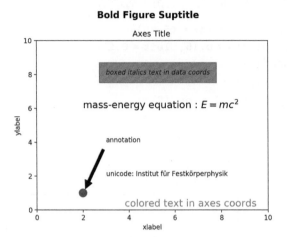

1.3.1.2　x 轴和 y 轴的标签

指定 x 轴和 y 轴的标签（Label）非常简单，直接用 set_xlabel 和 set_ylabel 方法即可。

```python
import matplotlib.pyplot as plt
import numpy as np

x = np.linspace(0.0, 5.0, 100)
y = np.cos(2 * np.pi * x) * np.exp( - x)

fig, ax = plt.subplots(figsize = (5, 3))
fig.subplots_adjust(bottom = 0.15, left = 0.2)
ax.plot(x, y)
ax.set_xlabel('time [s]')
ax.set_ylabel('Damped oscillation [V]')

plt.show()
```

以下是样例输出：

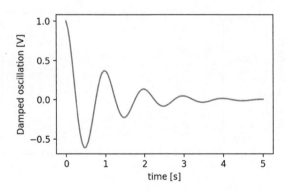

　　x 轴和 y 轴的标签会被自动放置在恰当的位置，使之不会与轴上的刻度标签有冲突。
注意观察下面这个例子中 y 轴标签与上面例子的差别。

```
fig, ax = plt.subplots(figsize = (5, 3))
fig.subplots_adjust(bottom = 0.15, left = 0.2)
ax.plot(x, y * 10000)
ax.set_xlabel('time [s]')
ax.set_ylabel('Damped oscillation [V]')

plt.show()
```

　　以下是样例输出：

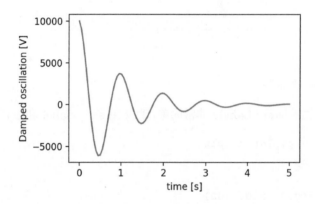

　　如果想移动标签，可以用 labelpad 关键字参数来指定，其数值单位是"点"（即 1/72in）。

```
fig, ax = plt.subplots(figsize = (5, 3))
fig.subplots_adjust(bottom = 0.15, left = 0.2)
ax.plot(x, y * 10000)
ax.set_xlabel('time [s]')
ax.set_ylabel('Damped oscillation [V]', labelpad = 19)

plt.show()
```

　　以下是样例输出：

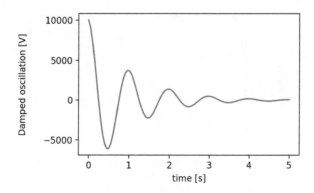

　　标签函数也接受所有 Text 函数的关键字参数，包括位置参数 position，通过它可以控制标签的位置。

```
fig, ax = plt.subplots(figsize = (5, 3))
fig.subplots_adjust(bottom = 0.15, left = 0.2)
ax.plot(x, y)
ax.set_xlabel('time [s]', position = (0., 1e6),
                horizontalalignment = 'left')
ax.set_ylabel('Damped oscillation [V]', position = (1e6,1),
                horizontalalignment = 'right')

plt.show()
```

　　以下是样例输出：

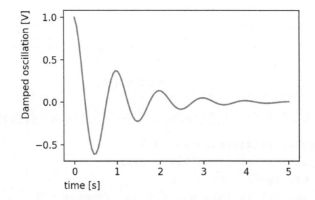

　　注意例子中对 x 轴和 y 轴标签 position 参数的设置都是一对坐标 (xp, yp)，且都有一个 "1e6" 的指定，这说明对 x 轴标签的设置中 yp 坐标不起作用，而对 y 轴标签的设置中 xp 坐标不起作用，而且该坐标是以 0~1 的 Axes 坐标来计算的。如果想设置 x 轴标签离 x 轴的距离或 y 轴标签离 y 轴的距离，要用 labelpad 关键字参数来指定。

　　几乎所有的标签都可以通过 matplotlib.font_manager.FontProperties 方法的操作来改变，也可以通过设置 set_xlabel 这样的函数的命名关键字参数来改变。

```
from matplotlib.font_manager import FontProperties

font = FontProperties()
font.set_family('serif')
font.set_name('Times New Roman')
font.set_style('italic')

fig, ax = plt.subplots(figsize = (5, 3))
fig.subplots_adjust(bottom = 0.15, left = 0.2)
ax.plot(x, y)
ax.set_xlabel('time [s]', fontsize = 'large', fontweight = 'bold')
ax.set_ylabel('Damped oscillation [V]', fontproperties = font)
```

```
plt.show()
```

以下是样例输出：

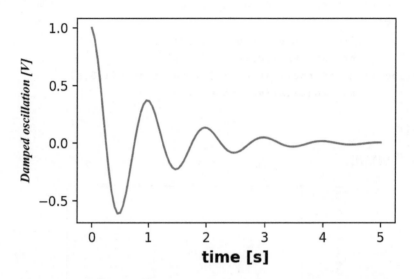

另外，可以对所有的文本对象使用本地 TeX 渲染，还可以进行换行操作：

```
fig, ax  = plt.subplots(figsize = (5, 3))
fig.subplots_adjust(bottom = 0.2, left = 0.2)
ax.plot(x, np.cumsum(y**2))
ax.set_xlabel('time [s] \n This was a long experiment')
ax.set_ylabel(r'$\int\ Y^2\ dt\ \ [V^2 s]$')
plt.show()
```

以下是样例输出：

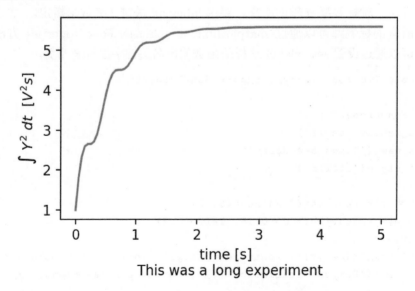

1.3.1.3　标题

子图标题（Title）的设置方式与标签非常相似，但是有个关键字参数 loc，它可以用来改变标题的位置和对齐方式，其默认值为 loc=center。

```
fig, axs = plt.subplots(3, 1, figsize = (5, 6), tight_layout = True)
locs = ['center', 'left', 'right']
for ax, loc in zip(axs, locs):
    ax.plot(x, y)
    ax.set_title('Title with loc at ' + loc, loc = loc)
plt.show()
```

以下是样例输出：

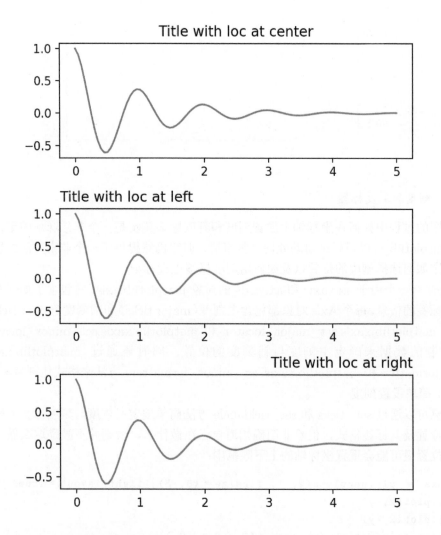

标题在垂直方向的间距是通过 rcParams["axes.titlepad"] 的值进行控制的，该参数的默认值是 5 点。下面的例子通过把标题的 pad 参数设置为不同的值来移动标题：

```
fig, ax = plt.subplots(figsize = (5, 3))
fig.subplots_adjust(top = 0.8)
ax.plot(x, y)
ax.set_title('Vertically offset title', pad = 30)
plt.show()
```

以下是样例输出：

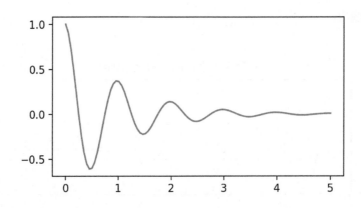

1.3.1.4 刻度和刻度标签

绘图的过程中如何在坐标轴上放置刻度和刻度标签其实是一个非常麻烦的事，一般情况下 Matplotlib 可以很好地自动处理这类事情，但它仍然提供了一个非常灵活的框架来让用户决定如何选择刻度的位置以及如何用刻度标签进行标记。

Axes 有一个用于 ax.xaxis 和 ax.yaxis 的对象 matplotlib.axis，它包含了如何在坐标轴上布局标签的信息。每个 Axis 对象都包含主刻度（major ticks）和辅刻度（minor ticks），Axis 会通过 matplotlib.xaxis.set_major_locator 和 matplotlib.xaxis.set_minor_locator 方法用被绘制的数据来确定主刻度与辅刻度的位置，同时还通过 matplotlib.xaxis.set_major_formatter 和 matplotlib.xaxis.set_minor_formatters 方法来格式化刻度标签。

(1) 简单设置刻度

虽然可以通过 set_ticks 和 set_ticklabels 方法简单地定义刻度与刻度标签来覆盖默认的刻度位置及其标签格式，但除非明确知道自己在做什么，否则并不鼓励这么做，因为修改刻度位置很可能会重置坐标轴的上下限范围：

```
fig, axs = plt.subplots(2, 1, figsize = (5, 3), tight_layout = True)
axs[0].plot(x, y)
axs[1].plot(x, y)
axs[1].xaxis.set_ticks(np.arange(0., 8.1, 2.))
plt.show()
```

以下是样例输出：

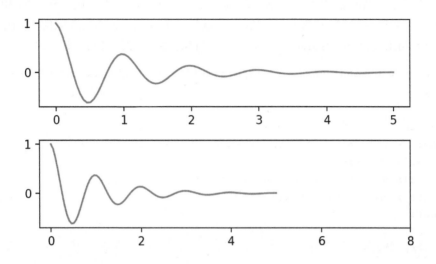

当然，这种情况可以通过手动设置轴的上下限范围来修正：

```
fig, axs = plt.subplots(2, 1, figsize = (5, 3), tight_layout = True)
axs[0].plot(x, y)
axs[1].plot(x, y)
ticks = np.arange(0., 8.1, 2.)
ticklbl = ['%1.2f' % tick for tick in ticks]
axs[1].xaxis.set_ticks(ticks)
axs[1].xaxis.set_ticklabels(ticklbl)
axs[1].set_xlim(axs[0].get_xlim())
plt.show()
```

以下是样例输出：

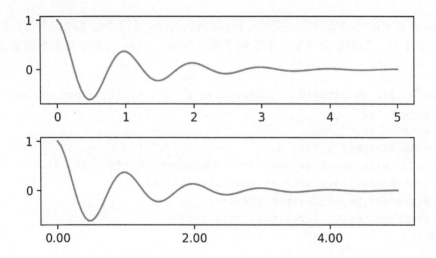

(2) 定位刻度和格式化刻度标签

可以通过定位器和格式化器对刻度及刻度标签进行定位与格式化。在上面的例子中使用了列表来设置刻度标签，更专业一些的方法是把一个 matplotlib.ticker.FormatStrFormatter 或 matplotlib.ticker.StrMethodFormatter 对象实例传递给 Axis 来格式化刻度标签：

```python
fig, axs = plt.subplots(2, 1, figsize = (5, 3), tight_layout = True)
axs[0].plot(x, y)
axs[1].plot(x, y)
ticks = np.arange(0., 8.1, 2.)
formatter = matplotlib.ticker.StrMethodFormatter('{x:1.1f}')
axs[1].xaxis.set_ticks(ticks)
axs[1].xaxis.set_major_formatter(formatter)
axs[1].set_xlim(axs[0].get_xlim())
plt.show()
```

以下是样例输出：

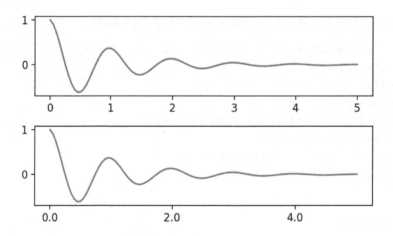

同样，可以用定位器来设置刻度的位置。这种情况下，尽管还是把超出数据范围的 ticks 值传递给了 x 轴，但不需要再像上面的例子那样用 set_xlim 的方法来重新设置 x 轴的上下限：

```python
fig, axs = plt.subplots(2, 1, figsize = (5, 3), tight_layout = True)
axs[0].plot(x, y)
axs[1].plot(x, y)
ticks = np.arange(0., 8.1, 2.)
formatter = matplotlib.ticker.StrMethodFormatter('{x:1.1f}')
locator = matplotlib.ticker.FixedLocator(ticks)
axs[1].xaxis.set_major_locator(locator)
axs[1].xaxis.set_major_formatter(formatter)
plt.show()
```

以下是样例输出：

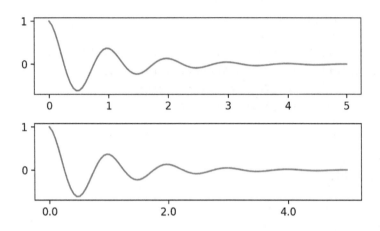

Matplotlib 中默认的刻度定位器是 ticker.MaxNLocator，调用的方法大体是这样的：

```
ticker.MaxNLocator(self, nbins = 'auto', steps = [1, 2, 2.5, 5, 10])
```

　　其中，nbins 参数可设置为一个整数（默认值为 10），用来设置刻度线个数的最大值（不是确切的刻度线数目）；或设置为'auto'，此时 Matplotlib 会根据坐标轴的长度和刻度标签字体大小（不是字符串长度），用一种内置的算法来决定绘制多少个刻度。step 参数包含了一个可用于设置刻度值的"倍数"序列，从 1 开始，到 10 结束。该参数的含义是只有序列中列出的数字所规定的"间隔单位"的倍数可以作为坐标轴刻度值的间隔，而这个"间隔单位"则由该坐标轴的上下限差值的量级来确定。这个解释比较晦涩，最好通过实例来帮助理解：在上面调用定位器的代码中设置了 steps=[1, 2, 2.5, 5, 10]，则表示在非手动指定（如利用 set_ticks 方法）刻度值的情况下，刻度值可以为"2，4，6，···"，或"0.2，0.4，0.6，···"，或"20，40，60，···"，但诸如"3，6，9，···"、"30，60，90，···"这样的刻度值则不会出现，因为在 step 参数指定的列表中没有 3。

　　下面的示例绘制了一个 2×2 子图布局的图，其中下面一行子图的 x 轴刻度标签都很长，因此对右边子图的刻度设置 nbins=4，以使其刻度标签可以比较好地进行适配，可以很清楚地看到它与左边子图刻度标签的比较。

```
fig, axs = plt.subplots(2, 2, figsize = (8, 5), tight_layout = True)
for n, ax in enumerate(axs.flat):
    ax.plot(x * 10., y)

formatter = matplotlib.ticker.FormatStrFormatter('%1.1f')
locator = matplotlib.ticker.MaxNLocator(nbins = 'auto', steps = [1, 4, 10])
axs[0, 1].xaxis.set_major_locator(locator)
axs[0, 1].xaxis.set_major_formatter(formatter)

formatter = matplotlib.ticker.FormatStrFormatter('%1.5f')
```

```
locator = matplotlib.ticker.AutoLocator()
axs[1, 0].xaxis.set_major_formatter(formatter)
axs[1, 0].xaxis.set_major_locator(locator)

formatter = matplotlib.ticker.FormatStrFormatter('%1.5f')
locator = matplotlib.ticker.MaxNLocator(nbins = 4)
axs[1, 1].xaxis.set_major_formatter(formatter)
axs[1, 1].xaxis.set_major_locator(locator)

plt.show()
```

以下是样例输出：

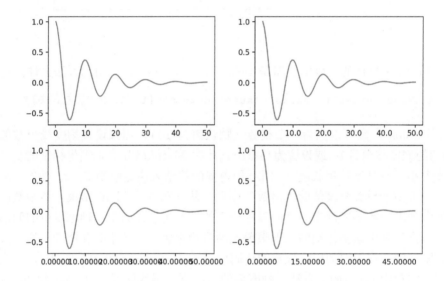

matplotlib.ticker.FuncFormatter 函数可以用指定的函数来构造格式化器，从而实现一些比较特殊的目的。例如，下面的例子用一个自定义函数来实现在 x 轴上只显示奇数刻度的标签：

```
def formatoddticks(x, pos):
    "Format odd tick positions"
    if x % 2:
        return '%1.1f' % x
    else:
        return ''

fig, ax = plt.subplots(figsize = (5, 3), tight_layout = True)
ax.plot(x, y)
formatter = matplotlib.ticker.FuncFormatter(formatoddticks)
locx = matplotlib.ticker.MaxNLocator(nbins = 6)
ax.xaxis.set_major_locator(locx)
```

```
ax.xaxis.set_major_formatter(formatter)
locy = matplotlib.ticker.MaxNLocator(nbins = 5)
ax.yaxis.set_major_locator(locy)

plt.show()
```

以下是样例输出：

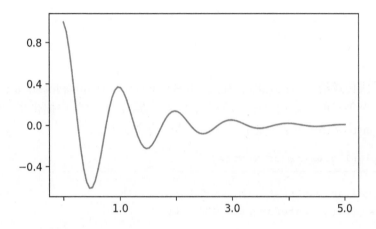

(3) 日期型刻度（Datetick）

Matplotlib 可以接受 datetime.datetime 和 numpy.datetime64 对象作为绘图参数。日期和时间需要使用特殊的格式，通过手动设置其格式有时会带来更好的效果。作为辅助，matplotlib.dates 模块中为日期类型定义了特殊的定位器和格式化器。

下面是一个比较简单的例子，由于日期字符串一般都会比较长，为了避免刻度标签相互重叠需要适当旋转字符串。

```
import datetime

fig, ax = plt.subplots(figsize = (5, 3), tight_layout = True)
base = datetime.datetime(2019, 6, 1, 0, 0, 0)
time = [base + datetime.timedelta(days = t) for t in range(len(y))]

ax.plot(time, y)
ax.tick_params(axis = 'x', rotation = 70)
plt.show()
```

以下是样例输出：

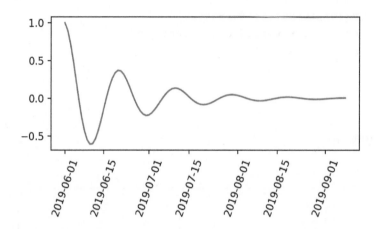

可以将格式传递给 matplotlib.dates.DateFormatter，而 matplotlib.dates.DayLocator 类允许指定一个每月的日期列表来创建格式化器，两者的组合使用提供了方便的日期格式化方法。在 matplotlib.dates 中还有其他一些类似的格式化器。

```python
import matplotlib.dates as mdates

locator = mdates.DayLocator(bymonthday = [1, 15])
formatter = mdates.DateFormatter('%b %d')

fig, ax = plt.subplots(figsize = (5, 3), tight_layout = True)
ax.xaxis.set_major_locator(locator)
ax.xaxis.set_major_formatter(formatter)
ax.plot(time, y)
ax.tick_params(axis = 'x', rotation = 70)
plt.show()
```

以下是样例输出：

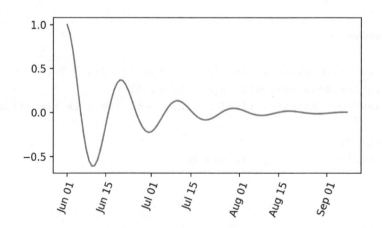

1.3.2　文本的属性和布局

1.3.2.1　概述

matplotlib.text.Text 实例具有多种属性，可以通过文本命令（如 title()、xlabel() 和 text() 等）的关键字参数来配置这些属性。

属性	值或类型
alpha	浮点数
backgroundcolor	任何 Matplotlib 颜色
bbox	Rectangle 类属性，再加上以“点”为单位的'pad' 属性
clip_box	matplotlib.transform.Bbox 实例
clip_on	布尔值
clip_path	Path 实例和 Transform 实例，Patch
color	任何 Matplotlib 颜色
family	['serif', 'sans-serif', 'cursive', 'fantasy', 'monospace']
fontproperties	FontProperties 实例
horizontalalignment 或 ha	['center', 'right', 'left']
label	string
linespacing	浮点数
multialignment	['left', 'right', 'center']
name 或 fontname	string, 如 ['Sans', 'Courier', 'Helvetica' ...]
picker	[None, float, boolean, callable]
position	(x, y)
rotation	[angle in degrees, 'vertical', 'horizontal']
size 或 fontsize	[size in points, relative size, e.g., 'smaller', 'x-large']
style 或 fontstyle	['normal', 'italic', 'oblique']
tex	string 或任何可以被'%s' 格式转换的可打印对象
transform	Transform 实例
variant	['normal', 'small-caps']
verticalalignment 或 va	['center', 'top', 'bottom', 'baseline']
visible	布尔值
weight 或 fontweight	['normal', 'bold', 'heavy', 'light', 'ultrabold', 'ultralight']
x	浮点数
y	浮点数
zorder	任意数字

可以使用对齐参数 horizontalalignment、verticalalignment 和 multialignment 来布局文本。horizontalalignment 控制文本的 x 位置参数（水平方向参数）是依据文本边框的左边、中心还是右边来计算，verticalalignment 则控制文本的 y 位置参数（垂直方向参数）是依据文本边框的底部、中心还是顶部来计算。multialignment 只对有换行分隔的字符串（即有多行的字符串）起作用，控制不同的行是左对齐、居中对齐还是右对齐。下面用 text() 命令展示多种对齐方式的效果，在代码中使用了 transform=ax.transAxes 变换，这表明坐

标是相对于 Axes 的边界框给定的，即左下角坐标为 $(0, 0)$，右上角为 $(1, 1)$。

```python
import matplotlib.pyplot as plt
import matplotlib.patches as patches

left, width = .15, .7
bottom, height = .12, .7
right = left + width
top = bottom + height
size1, size2 = 18, 32

fig = plt.figure()
ax = fig.add_axes([0, 0, 1, 1])

p = patches.Rectangle(
    (left, bottom), width, height,
    fill = False, transform = ax.transAxes, clip_on = False
)

ax.add_patch(p)

ax.text(left, bottom, 'left top',
        horizontalalignment = 'left',
        verticalalignment = 'top',
        fontsize = size1,
        transform = ax.transAxes)

ax.text(left, bottom, 'left bottom',
        horizontalalignment = 'left',
        verticalalignment = 'bottom',
        fontsize = size1,
        transform = ax.transAxes)

ax.text(right, top, 'right bottom',
        horizontalalignment = 'right',
        verticalalignment = 'bottom',
        fontsize = size1,
        transform = ax.transAxes)

ax.text(right, top, 'right top',
        horizontalalignment = 'right',
        verticalalignment = 'top',
        fontsize = size1,
        transform = ax.transAxes)
```

```
ax.text(right, bottom, 'center top',
        horizontalalignment = 'center',
        verticalalignment = 'top',
        fontsize = size1,
        transform = ax.transAxes)

ax.text(left, 0.5 * (bottom + top), 'right center',
        horizontalalignment = 'right',
        verticalalignment = 'center',
        rotation = 'vertical',
        fontsize = size1,
        transform = ax.transAxes)

ax.text(left, 0.5 * (bottom + top), 'left center',
        horizontalalignment = 'left',
        verticalalignment = 'center',
        rotation = 'vertical',
        fontsize = size1,
        transform = ax.transAxes)

ax.text(0.5 * (left + right), 0.5 * (bottom + top), 'middle',
        horizontalalignment = 'center',
        verticalalignment = 'center',
        fontsize = size2, color = 'red',
        transform = ax.transAxes)

ax.text(right, 0.5 * (bottom + top), 'centered',
        horizontalalignment = 'center',
        verticalalignment = 'center',
        rotation = 'vertical',
        fontsize = size1,
        transform = ax.transAxes)

ax.text(left, top, 'rotated\nwith newlines',
        horizontalalignment = 'center',
        verticalalignment = 'center',
        rotation = 45,
        fontsize = size1,
        transform = ax.transAxes)

ax.set_axis_off()
plt.show()
```

以下是样例输出：

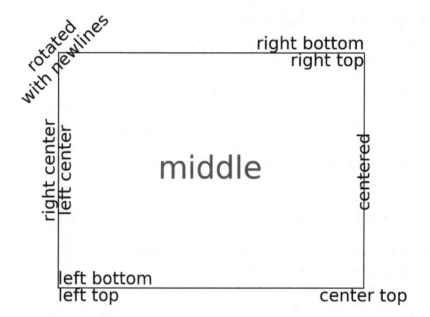

1.3.2.2 关于默认字体

基本默认字体是由一组 rcParams 控制。要设置数学表达式的字体，可以使用以 math-text 开头的 rcParams。

rcParams	用法
'font.family'	字体名称列表或下列集合中内容的列表：['cursive', 'fantasy', 'monospace', 'sans', 'sans serif', 'sans-serif', 'serif']
'font.style'	默认样式，如'normal'、'italic'
'font.variant'	默认变体，如'normal'、'small-caps'
'font.stretch'	默认拉伸，如'normal'、'condensed'
'font.weight'	默认字体粗细，字符串或整数
'font.size'	默认字体大小，以"点"为单位。相对字体大小（'large', 'x-small'）是根据这个大小来计算的

'font.family'的别名（'cursive'、'fantasy'、'monospace'、'sans'、'sans serif'、'sans-serif'、'serif'）与实际字体名称之间的映射关系由下列 rcParams 控制：

family 别名	rcParams 映射
'serif'	'font.serif'
'monospace'	'font.monospace'
'fantasy'	'font.fantasy'
'cursive'	'font.cursive'
{'sans', 'sans serif', 'sans-serif'}	'font.sans-serif'

1.3.2.3　绘制非拉丁符号的文本

在 v2.0 版本中，虽然默认字体包含许多西方字母，但仍然不能覆盖 Matplotlib 用户所有可能需要的符号。例如，DejaVu 就不能覆盖中文、韩文和日文。要想将默认字体设置为支持代码所需要的字体，可以把字体名称放到'font.family'或所需别名的列表原内容的前面：

```
matplotlib.rcParams['font.sans-serif'] = ['Source Han Sans TW',
                                          'sans-serif']
```

或者在'.matplotlibrc'文件中进行设置：

```
font.sans - serif: Source Han Sans TW, Arial, sans - serif
```

在 Linux 系统下，fc-list 命令可以用来列出可用的字体名，如下面的命令会列出支持中文的字体：

```
$ fc-list :lang=zh family
AR PL UKai TW MBE
WenQuanYi Micro Hei Mono,文泉驛等寬微米黑,文泉驿等宽微米黑
AR PL UKai TW
AR PL UKai HK
WenQuanYi Zen Hei Mono,文泉驛等寬正黑,文泉驿等宽正黑
AR PL UKai CN
AR PL UMing TW MBE
WenQuanYi Micro Hei,文泉驛微米黑,文泉驿微米黑
AR PL UMing HK
AR PL UMing CN
AR PL UMing TW
WenQuanYi Zen Hei Sharp,文泉驛點陣正黑,文泉驿点阵正黑
WenQuanYi Zen Hei,文泉驛正黑,文泉驿正黑
```

1.3.3　注释（Annotations）

1.3.3.1　基本的注释

使用 text() 可以将文本放置在 Axes 上的任意位置，文本的一个常见用途就是对图中的一些特性进行注释，而 annotate() 方法提供了一个辅助功能来使添加注释变得更简单。在注释的使用中，有两点要考虑：参数 xy 用来指示需要被注释的位置，参数 xytext 用来指示放置注释文本的位置。这两个参数都是 (x,y) 形式的 tuple 类型。

```
import numpy as np
import matplotlib.pyplot as plt
```

```
fig, ax = plt.subplots()

t = np.arange(0.0, 5.0, 0.01)
s = np.cos(2 * np.pi * t)
line, = ax.plot(t, s, lw = 2)

ax.annotate('local max', xy = (2, 1), xytext = (3, 1.5),
color = 'red', size = 16, weight = 700,
arrowprops = dict(facecolor = 'black', shrink = 0.05))
ax.set_ylim(-2, 2)
plt.show()
```

以下是样例输出：

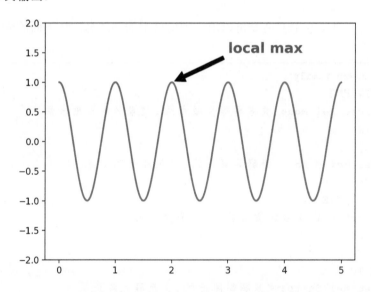

在这个例子中，xy（箭头尖）和 xytext（文本位置）都属于数据坐标，还有其他多种坐标系统供选择，可以为 xycoords 和 textcoords 指定以下字符串之一来确定 xy 和 xytext 的坐标系统（默认情况下为 data）。

参数	坐标系统
'figure points'	以 Figure 左下角计算的"点"数
'figure pixels'	以 Figure 左下角计算的像素数
'figure fraction'	Figure 左下角为 (0, 0)，右上角为 (1, 1)
'axes points'	以 Axes 左下角计算的"点"数
'axes pixels'	以 Axes 左下角计算的像素数
'axes fraction'	Axes 左下角为 (0, 0)，右上角为 (1, 1)
'data'	坐标轴内的数据坐标系统

例如，将文本坐标放在 'axes fraction' 坐标系统中的代码为

```
ax.annotate('local max', xy = (3, 1),  xycoords = 'data',
            xytext = (0.8, 0.95), textcoords = 'axes fraction',
            arrowprops = dict(facecolor = 'black', shrink = 0.05),
            horizontalalignment = 'right', verticalalignment = 'top')
```

对于物理坐标系统（点或像素），原点是 Figure 或 Axes 的左下角。

可以通过给关键字参数 arrowprops 提供一个箭头属性字典来控制从注释文本到被注释点的箭头的绘制。

箭头属性关键字	描述
width	箭头的宽度，以点为单位
frac	箭头尖头部长度占箭头整个长度的比例
headwidth	箭头尖头部的宽度，以点为单位
shrink	把箭头尖端和底部按一定比例移离被注释点和注释文本处
**kwargs	任意用于'matplotlib.patches.Polygon' 的关键字，如'facecolor'

在下面的例子中，xy 点属于数据坐标系（xycoords 默认为 "data"）。对于极坐标系（Polar Axes）而言，就是在'(theta, radius)'空间。本例中的注释文本是放在了'figure fraction'坐标系中，而且诸如 'horizontalalignment'、'verticalalignment'和'fontsize'等用于 matplotlib.text.Text 的关键字参数，都可以通过'annotate'传递给 Text 实例。

```
import numpy as np
import matplotlib.pyplot as plt

fig = plt.figure()
ax = fig.add_subplot(111, polar = True)
r = np.arange(0,1,0.001)
theta = 2 * 2 * np.pi * r
line, = ax.plot(theta, r, color = '#ee1d18', lw = 3)

ind = 800
thisr, thistheta = r[ind], theta[ind]
ax.plot([thistheta], [thisr], 'o')
ax.annotate('a polar annotation',
            xy = (thistheta, thisr),  # theta, radius
            xytext = (0.05, 0.05),    # fraction, fraction
            textcoords = 'figure fraction',
            arrowprops = dict(facecolor = 'black',
            shrink = 0.05, width = 1),
            horizontalalignment = 'left',
            verticalalignment = 'bottom')
plt.show()
```

以下是样例输出：

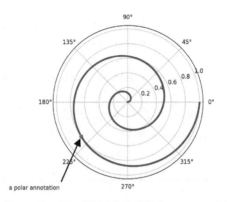

1.3.3.2 带边框的注释文本

在基本注释用法的基础上，下面再做一些更精细的调整。先来看一个简单的例子：

```python
import numpy as np
import matplotlib.pyplot as plt

fig, ax = plt.subplots(figsize = (5, 5))
ax.set_aspect(1)

x1 = -1 + np.random.randn(100)
y1 = -1 + np.random.randn(100)
x2 = 1. + np.random.randn(100)
y2 = 1. + np.random.randn(100)

ax.scatter(x1, y1, color = "r")
ax.scatter(x2, y2, color = "g")

bbox1 = dict(boxstyle = "round", fc = "w", ec = "0.5", alpha = 0.8)
ax.text(-2, -2, "Sample A", ha = "center", va = "center", size = 20,
weight = 600, color = "maroon", bbox = bbox1)
ax.text(2, 2, "Sample B", ha = "center", va = "center", size = 20,
weight = 600, color = "darkgreen", bbox = bbox1)


bbox2 = dict(boxstyle = "rarrow", fc = (0.5, 1.0, 1.0), ec = "b", lw = 3)
t = ax.text(0, 0, "Direction", ha = "center", va = "center", rotation = 45,
size = 15, bbox = bbox2)

bb = t.get_bbox_patch()
bb.set_boxstyle("rarrow", pad = 0.6)

ax.set_xlim(-4, 4)
```

```
ax.set_ylim(-4, 4)

plt.show()
```

以下是样例输出：

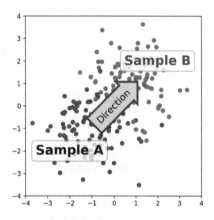

　　pyplot 模块中的 text() 函数或 Axes 类的 Text 方法都接受 bbox 关键字参数，通过设置该参数，可以在文本周围绘制一个外框。

```
bbox_props = dict(boxstyle = "rarrow,pad=0.3", fc = "cyan", ec = "b", lw = 2)
t = ax.text(0, 0, "Direction", ha = "center", va = "center", rotation = 45,
size = 15, bbox = bbox_props)
```

　　与文本相关联的 patch 对象可以通过下面的方法进行访问：

```
bb = t.get_bbox_patch()
```

　　返回值'bb'是一个 FancyBboxPatch 实例，而 patch 的属性，如'facecolor'、'edgewidth'等都可以被访问和修改。如果想更改外框的形状，可以用 set_boxstyle 方法：

```
bb.set_boxstyle('rarrow', pad = 0.6)
```

　　其中的参数是外框样式的名称以及其他以关键字参数方式给定的外框属性，可用的外框样式如下：

类	名称	属性
Circle	'circle'	pad=0.3
DArrow	'darrow'	pad=0.3
LArrow	'larrow'	pad=0.3
RArrow	'rarrow'	pad=0.3
Round	'round'	pad=0.3, rounding_size=None
Round4	'round4'	pad=0.3, rounding_size=None
Roundtooth	'roundtooth'	pad=0.3, tooth_size=None
Sawtooth	'sawtooth'	pad=0.3, tooth_size=None
Square	'square'	pad=0.3

下面是这些外框样式的示例：

```
import matplotlib.pyplot as plt
import matplotlib.transforms as mtransforms
import matplotlib.patches as mpatch
from matplotlib.patches import FancyBboxPatch

styles = mpatch.BoxStyle.get_styles()
spacing = 1.2

figheight = spacing * np.floor(len(styles) / 2 + 1) * 1.1
fig = plt.figure(figsize = (5.4, figheight / 1.5))
fontsize = 0.3 * 72

for i, stylename in enumerate(sorted(styles)):
    xs = 0.25 + i % 2 * 0.5
    ys = 1 - (np.floor(i / 2 + 1) - 0.2) * spacing / 
                                    figheight
    fig.text(xs, ys,
            stylename, ha = "center", va = "center",
            size = fontsize, transform = fig.transFigure,
            bbox = dict(boxstyle = stylename, fc = "w", ec = "k"))

plt.show()
```

以下是样例输出：

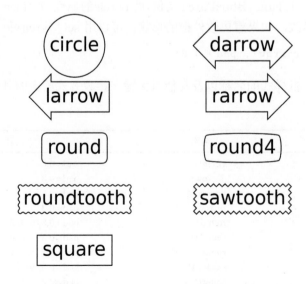

1.3.3.3　注释的指示箭头

pyplot 模块中的 annotate() 函数或 Axes 类的 annotate 方法都是用来绘制一个连接图中两点的箭头。

```
ax.annotate("Annotation", xy = (x1, y1), xycoords = 'data',
            xytext = (x2, y2), textcoords = 'offset points')
```

上面这行代码用一段指定在 textcoords 坐标系统中的文本对 xycoords 坐标系统中位于 xy 位置的点进行注释。通常，被注释点是在数据坐标中指定，注释文本用 offset points 指定。具体的坐标系统可以参考前面关于基本注释用法中的坐标系统，除那里所列的坐标系统之外，还有两个专门用于 textcoords 的'offset points'和'offset pixels'。

通过指定 arrowprops 参数可以绘制连接两个点（xy 和 xytext）的箭头。如果只想画箭头而不需要注释文本，只需要把 annotate() 函数的第一个参数设置为空字符串即可：

```
ax.annotate("", xy = (0.2, 0.2), xycoords = 'data',
            xytext = (0.8, 0.8), textcoords = 'data',
            arrowprops = dict(arrowstyle = "->",
            connectionstyle = "arc3"))
```

以下是样例输出：

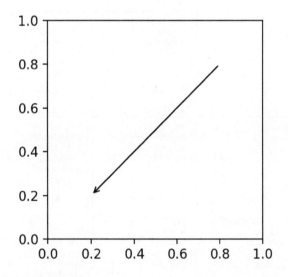

绘制箭头的过程包括以下几步：

1) 创建两点间的连接路径，这一步由 connectionstyle 关键字参数来控制。

2) 如果给定了 Patch 对象（如 patchA 和 patchB），则会对路径进行剪切以避开它们。

3) 根据指定的像素总量（patchA 和 patchB）对路径进一步进行紧缩。

4) 将路径转换为由 arrowstyle 关键字参数控制的箭头 Patch。

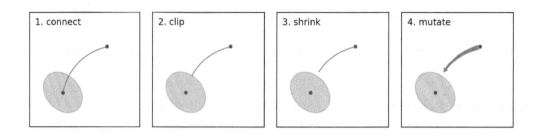

两点之间连接路径的创建由 connectionstyle 关键字来控制，可以使用以下样式：

名称	属性
angle	angleA=90, angleB=0, rad=0.0
angle3	angleA=90, angleB=0
arc	angleA=0, angleB=0, armA=None, armB=None, rad=0.0
arc3	rad=0.0
bar	armA=0.0, armB=0.0, fraction=0.3, angle=None

注意，"angle3"和"arc3 中"的"3"表示得到的路径是一个二次样条曲线（三个控制点）的线段。正如下面将要讨论的，某些箭头样式的选项只能在连接路径为二次样条曲线时使用。下图在一定程度上演示了每种连接样式在不同参数设置下的行为：

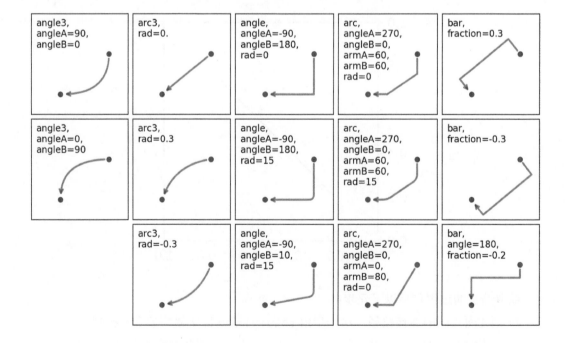

经过剪切和紧缩之后的连接路径会再根据给定的 arrowstyle 关键字更改为一个箭头 Patch：

名称	属性
-	None
->	head_length=0.4, head_width=0.2
-[	widthB=1.0, lengthB=0.2, angleB=None
|-|	widthA=1.0, widthB=1.0
-| >	head_length=0.4, head_width=0.2
<-	head_length=0.4, head_width=0.2
<->	head_length=0.4, head_width=0.2
< |-	head_length=0.4, head_width=0.2
< |-| >	head_length=0.4, head_width=0.2
fancy	head_length=0.4, head_width=0.4, tail_width=0.4
simple	head_length=0.5, head_width=0.5, tail_width=0.2
wedge	tail_width=0.3, shrink_factor=0.5

下图是对这些"FancyArrow"样式的展示：

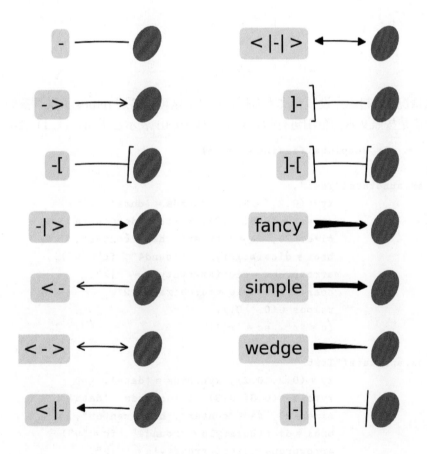

像"fancy"、"simple"和"wedge"这几个箭头样式只适用于那些用二次样条线段生成的连接样式，对于这些箭头样式必须要用"angle3"或"arc3"来定义连接样式。

如果给定了注释字符串，则"patchA"（参见前面"绘制箭头的过程"）默认会被设置到文本的"bbox patch"：

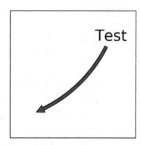

同 text 命令的使用方法类似，可以通过 bbox 参数在文本的周围绘制一个外框：

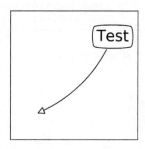

　　默认情况下，起始点设置在文本范围的中心。这可以通过 relpos 关键词参数进行调整。relpos 的值是按照文本的范围进行规范化的，即 (0, 0) 表示左下角，(1, 1) 表示右上角。

```python
fig, ax = plt.subplots(figsize = (3, 3))

ann = ax.annotate("Test",
                  xy = (0.2, 0.2), xycoords = 'data',
                  xytext = (0.8, 0.8), textcoords = 'data',
                  size = 20, va = "center", ha = "center",
                  bbox = dict(boxstyle = "round4", fc = "w"),
                  arrowprops = dict(arrowstyle = "-|>",
                  connectionstyle = "arc3,rad=0.2",
                  relpos = (0., 0.),
                  fc = "r", ec = 'r'))

ann = ax.annotate("Test",
                  xy = (0.2, 0.2), xycoords = 'data',
                  xytext = (0.8, 0.8), textcoords = 'data',
                  size = 20, va = "center", ha = "center",
                  bbox = dict(boxstyle = "round4", fc = "w"),
                  arrowprops = dict(arrowstyle = "-|>",
                  connectionstyle = "arc3,rad=-0.2",
                  relpos = (1., 0.),
                  fc = "b", ec = 'b'))

plt.show()
```

以下是样例输出：

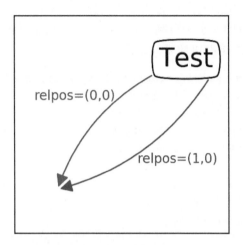

1.3.3.4　在 Axes 中指定的锚点放置 Artist 对象

有一些 Artist 类可以在 Axes 中指定的锚点放置 Artist 对象，这方面最常见的例子就是图例，但这里要讲的是那些更为普遍的情况，这类 Artist 可以用 OffsetBox 类创建（matplotlib.offsetbox），还有少数预定义在 mpl_toolkits.axes_grid1.anchored_artists 中。

```python
from matplotlib.offsetbox import AnchoredText
fig, ax = plt.subplots(figsize = (3, 3))
at = AnchoredText("Figure 1a", prop = dict(size = 15),
                  frameon = True, loc = 'upper left')
at.patch.set_boxstyle("round,pad=0.,rounding_size=0.2")
ax.add_artist(at)
plt.show()
```

以下是样例输出：

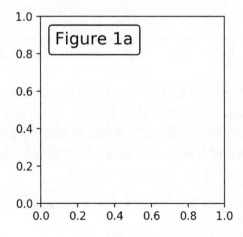

其中，loc 参数的使用与 legend 命令中的 loc 参数一样。

　　可以使用 AnchoredDrawingArea 定义一个以像素为计算单位的绘图区域，在该区域内可以添加任何以像素单位定义大小的 Artist 对象。添加到绘图区域的 Artist 对象的绘制范围并不受绘图区域本身的大小所限制，只与绘图区域初始位置相关，而且它们不会设置坐标转换（会被覆盖），其维度以像素为单位。

```
from mpl_toolkits.axes_grid1.anchored_artists import AnchoredDrawingArea
from matplotlib.patches import Circle
fig, ax = plt.subplots(figsize = (3, 3))
ada = AnchoredDrawingArea(40, 20, 0, 0,
loc = 'upper right', pad = 0., frameon = False)
p1 = Circle((10, 10), 10, fc = "b")
ada.drawing_area.add_artist(p1)
p2 = Circle((30, 10), 5, fc = "r")
ada.drawing_area.add_artist(p2)
ax.add_artist(ada)
plt.show()
```

　　以下是样例输出：

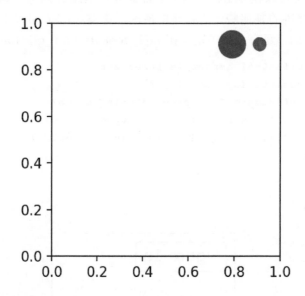

　　有时希望 Artist 对象使用数据坐标或其他画布像素之外的坐标进行绘制，这可以用 AnchoredAuxTransformBox 类来实现。这与使用 AnchoredDrawingArea 类似，不同之处是 Artist 对象的范围是根据指定的变换进行绘制时确定的。下面例子中的椭圆在数据坐标中有对应于 0.1 和 0.4 的宽度与高度，当 Axes 的视图限制范围改变时，将自动缩放。注意，前面例子中的两个圆形不会随 Axes 的改变而变形。

```
from mpl_toolkits.axes_grid1.anchored_artists import
AnchoredAuxTransformBox
fig, ax = plt.subplots(figsize = (3, 3))
box = AnchoredAuxTransformBox(ax.transData, loc = 'upper left')
```

```
el = Ellipse((0,0), width = 0.1, height = 0.4, angle = 30)   # 数据坐标
box.drawing_area.add_artist(el)
ax.add_artist(box)
plt.show()
```

以下是样例输出：

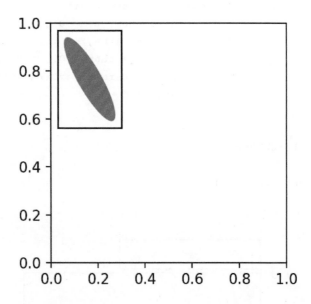

与绘制图例一样，可以设置 bbox_to_anchor 参数。使用 HPacker 和 VPacker 就可以像在图例中排列条目一样来排列 Artist 对象，而事实上，Matplotlib 中的 Legend 就是这样创建的。与 Legend 不同的是，默认情况下 bbox_transform 被设置为 IdentityTransform。

以下是样例输出：

```
from matplotlib.patches import Ellipse
import matplotlib.pyplot as plt
from matplotlib.offsetbox import (AnchoredOffsetbox,
                                  DrawingArea,
                                  HPacker,TextArea)

fig, ax = plt.subplots(figsize = (3, 3))

box1 = TextArea(" Test : ", textprops = dict(color = "k"))

box2 = DrawingArea(60, 20, 0, 0)
el1 = Ellipse((10, 10), width = 16, height = 5, angle = 30, fc = "r")
el2 = Ellipse((30, 10), width = 16, height = 5, angle = 170, fc = "g")
el3 = Ellipse((50, 10), width = 16, height = 5, angle = 230, fc = "b")
box2.add_artist(el1)
box2.add_artist(el2)
```

```
box2.add_artist(el3)

box  =  HPacker(children = [box1, box2],
                align = "center",
                pad = 0, sep = 5)

anchored_box  =  AnchoredOffsetbox(loc = 'lower left',
                                   child = box, pad = 0.,
                                   frameon = True,
                                   bbox_to_anchor = (0., 1.02),
                                   bbox_transform = ax.transAxes,
                                   borderpad = 0.,
                                   )

ax.add_artist(anchored_box)

fig.subplots_adjust(top = 0.8)
plt.show()
```

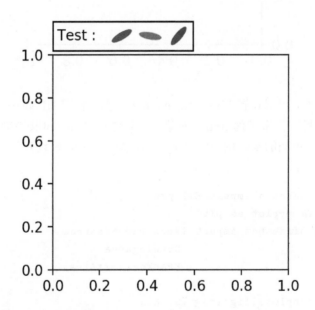

1.3.3.5　灵活使用注释的参考坐标

对于高阶用户来说，他们并不满足于基本注释中关于几种坐标系统的简单用法，下面列举一些控制注释文本和被注释点参考坐标的选项。

(1) 使用 Transform 实例

看下面两条命令，它们运行的结果是一样的：

```
ax.annotate("Test", xy = (0.5, 0.5), xycoords = ax.transAxes)
ax.annotate("Test", xy = (0.5, 0.5), xycoords = "axes fraction")
```

这表明使用 ax.transAxes 这个 Transform 实例与指定"axes fraction"坐标系统的效果是一致的。根据这个思路，就可以用一个 Axes 中的文本对另一个 Axes 中的点进行注释：

```
fig, axs = plt.subplots(1,2,figsize = (6,2.5))
axs[0].plot(0.5, 0.5, 'ro', ms = 8)
axs[1].annotate("Test", size = 16, color = 'blue',
                xy = (0.5, 0.5), xycoords = axs[0].transData,
                xytext = (0.5, 0.5), textcoords = axs[1].transData,
                arrowprops = dict(arrowstyle = "->", shrinkB = 5))
plt.show()
```

以下是样例输出：

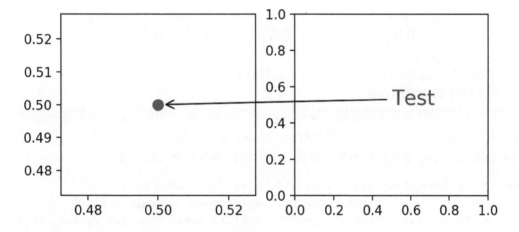

(2) 使用 Artist 实例

即 xy 或 xytext 的值被解释为以 Artist 对象的 bbox 为参考坐标，可以通过 get_window_extent 来获取该 bbox。

```
fig, ax = plt.subplots(figsize = (4,3))
an1 = ax.annotate("Test 1", xy = (0.5, 0.5), xycoords = "data",
                  va = "center", ha = "center",
                  bbox = dict(boxstyle = "round", fc = "w"))
an2 = ax.annotate("Test 2", xy = (1, 0.5), xycoords = an1,
                  xytext = (30,0), textcoords = "offset points",
                  va = "center", ha = "left",
                  bbox = dict(boxstyle = "round", fc = "w"),
                  arrowprops = dict(arrowstyle = "->"))
plt.show()
```

以下是样例输出：

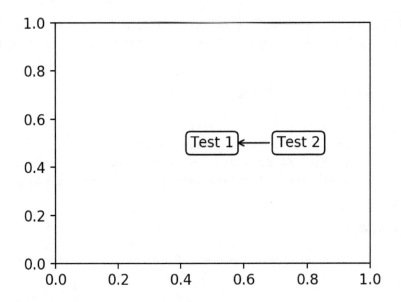

要注意保证绘制"an2"时"an1"已经被创建。

(3) 使用可调用的对象

这个可调用对象是可以返回 BboxBase 或 Transform 实例的对象。如果返回的是一个变换，则与情况"1"相同；如果返回的是 bbox，则与情况"2"相同。这个可调用对象应该可以接受一个渲染器实例为独立参数。下面两行命令的效果是一致的：

```
an2 = ax.annotate("Test 2", xy = (1, 0.5), xycoords = an1,
                  xytext = (30,0), textcoords = "offset points")
an2 = ax.annotate("Test 2", xy = (1, 0.5),xycoords = an1.get_window_extent,
                  xytext = (30,0), textcoords = "offset points")
```

(4) 为 x 和 y 分别指定不同的参考坐标

可以使用一个二元的 tuple 来指定 xycoords 或 textcoords 的值，tuple 中的两个元素用来分别指定 x 和 y 的参考坐标：

```
fig, ax = plt.subplots(figsize = (4, 2.5))
an1 = ax.annotate("Test 1", xy = (0.5, 0.5), xycoords = "data",
                  va = "center", ha = "center",
                  bbox = dict(boxstyle = "round", fc = "w"))

an2 = ax.annotate("Test 2", xy = (0.5, 1.), xycoords = an1,
                  xytext = (0.5, 1.1), textcoords = (an1,"axes fraction"),
                  va = "bottom", ha = "center",
                  bbox = dict(boxstyle = "round", fc = "w"),
                  arrowprops = dict(arrowstyle = "->"))

fig.subplots_adjust(top = 0.83)
plt.show()
```

以下是样例输出：

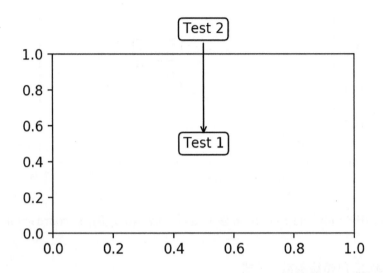

"an2" 的注释文本的 x 坐标是以 "an1" 的 bbox 归一化坐标为参考的，而 y 坐标是在 Axes 坐标系统中；"an2" 指向的被注释点的坐标则完全以 "an1" 的 bbox 归一化坐标为参考。

(5) 使用 OffsetFrom 类

有时希望注释具有一些"偏移量"，这个偏移的计算不是参考被注释点，而是参考其他自定义的点。OffsetFrom 类就是针对这种情况的一个辅助类：

```
from matplotlib.text import OffsetFrom

fig, ax = plt.subplots(figsize = (4, 2.5))
ax.plot(0.1, 0.1, 'ro')
ax.axis([0, 1, 0, 1])
an1 = ax.annotate("Test 1", xy = (0.6, 0.6), xycoords = "data",
                  va = "center", ha = "center",
                  bbox = dict(boxstyle = "round", fc = "w"))

offset_from = OffsetFrom(an1, (0.5, 0))
an2 = ax.annotate("Test 2", xy = (0.1, 0.1), xycoords = "data",
                  xytext = (0,  - 10), textcoords = offset_from,
                  va = "top", ha = "center",
                  bbox = dict(boxstyle = "round", fc = "w"),
                  arrowprops = dict(arrowstyle = "->"))
plt.show()
```

以下是样例输出：

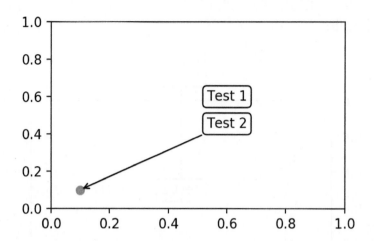

注意，例子中"an2"的 xytext 偏移量是以"xy=(0.5, 0), xycoords=an1"为参考点计算的。

1.3.4 用 LaTeX 风格绘制数学公式

1.3.4.1 绘制数学表达式

在 Matplotlib 的任何文本字符串中，可以使用 TeX 子集标记来绘制数学表达式。Matplotlib 提供了自己的 TeX 表达式解析器、布局引擎和字体，故不需要另外安装 TeX 支持，而且其布局引擎可以直接适应 TeX 中的布局算法，所以输出的数学表达式的质量非常好。

任何文本元素都可以使用数学文本的方式，要使用原始字符串（raw string，在字符串的引号前加上字母"r"）并用美元符号 ($) 包围要表达的数学文本，就像在 TeX 中一样，而且常规文本和数学文本可以在同一个字符串混合使用。数学文本可以使用"DejaVu Sans"（默认）、"DejaVu Serif"、"Computer Modern"字体（来自 LaTeX 或 TeX）、"STIX"字体（与"Times"字体相融合），或用户提供的"Unicode"字体。另外，可以使用自定义变量 mathtext_fontset 选择数学文本的字体。

先看一个简单例子：

```python
from matplotlib import pyplot as plt
fig = plt.figure(figsize = (4, 1.2))
# 普通文本
fig.text(0.1, 0.6, 'plain text:  alpha > beta', size = 18)
# 数学文本
fig.text(0.1, 0.25, r'math text:  $\alpha > \beta$', size = 18)
plt.show()
```

以下是样例输出：

plain text: alpha > beta

math text: $\alpha > \beta$

如前面所述，数学文本应该放在一对美元符号（"$"）之间。为了便于显示美元货币值，如"100.00"，当整个字符串中有一个美元符号时，它将作为美元符号逐字显示。而在普通 TeX 中，非数学文本中的美元符号必须用转义的方法（"$"）。

一对美元符号（"$"）内部文本的形式是类似于 TeX 语法的，而且下面这些特殊字符具有特殊含义，它们的行为会根据 rcParams 中 text.usetex 标志的设置而有所不同：

$$\# \quad \$ \quad \% \quad \& \quad \sim \quad \_ \quad \char`\^ \quad \backslash \quad \{ \quad \} \quad \backslash(\quad \backslash) \quad \backslash[\quad \backslash]$$

下面从以下几个方面来看 Matplotlib 中的数学表达式的绘制方法。

(1) 下标与上标

分别用'_'和'^'符号来产生数学表达式中的下标和上标：

```
fig  =  plt.figure(figsize = (1, 0.5))
fig.text(0.5, 0.5, r'$\alpha_i > \beta_i$',
        size = 16, ha = 'center', va = 'center')
plt.show()
```

以下是样例输出：

$$\alpha_i > \beta_i$$

有一些符号会自动将它们的上/下标放在操作符的上/下面，如要写出 x_i 从 0 到 ∞ 的和：

```
fig  =  plt.figure(figsize = (1, 0.8))
fig.text(0.5, 0.5, r'$\sum_{i=0}^\infty x_i$',
            size = 16, ha = 'center', va = 'center')
plt.show()
```

以下是样例输出：

$$\sum_{i=0}^{\infty} x_i$$

(2) 分数、二项式和叠式数字

分数、二项式和叠式数字可以分别用'\frac{}{}'、'\binom{}{}'和'\genfrac{}{}{}{}{}{}'命令来创建：

```
fig  =  plt.figure(figsize = (1.5, 0.6))
fig.text(0.2, 0.5, r'$\frac{3}{4}$',
         size = 16, ha = 'center', va = 'center')
fig.text(0.5, 0.5, r'$\binom{3}{4}$',
         size = 16, ha = 'center', va = 'center')
fig.text(0.8, 0.5, r'$\genfrac{}{}{0}{}{3}{4}$',
         size = 16, ha = 'center', va = 'center')
plt.show()
```

以下是样例输出：

$$\frac{3}{4} \quad \binom{3}{4} \quad \frac{3}{4}$$

分数可以任意嵌套：

```
fig  =  plt.figure(figsize = (1.5, 0.6))
fig.text(0.5, 0.5, r'$\frac{5 - \frac{1}{x}}{4}$',
         size = 16, ha = 'center', va = 'center')
plt.show()
```

以下是样例输出：

$$\frac{5 - \frac{1}{x}}{4}$$

要注意在分数周围放置括号时，用普通的方式书写会产生过小的括号：

```
fig  =  plt.figure(figsize = (1.5, 0.6))
fig.text(0.5, 0.5, r'$(\frac{5 -      \frac{1}{x}}{4})$',
         size = 16, ha = 'center', va = 'center')
plt.show()
```

以下是样例输出：

$$(\frac{5 - \frac{1}{x}}{4})$$

在括号符号前加上"\left"和"\right"可以让解析器知道这些括号是要包含整个对象的：

```
fig  =  plt.figure(figsize = (1.5, 0.6))
fig.text(0.5, 0.5,
```

```
r'$\left(\frac{5 - \frac{1}{x}}{4}\right)$',
size = 16, ha = 'center', va = 'center')
plt.show()
```

以下是样例输出：

$$\left(\frac{5 - \frac{1}{x}}{4}\right)$$

(3) 方根符号

可以使用 "\sqrt[]{}" 命令生成根号。例如：

```
fig  =  plt.figure(figsize = (1.5, 0.5))
fig.text(0.5, 0.5, r'$\sqrt{2}$',
        size = 16, ha = 'center', va = 'center')
plt.show()
```

以下是样例输出：

$$\sqrt{2}$$

求根基数放在方括号内提供 (可选，默认为空)。注意，基数必须是一个简单的表达式，不能包含布局命令，如分数或上/下标等：

```
fig  =  plt.figure(figsize = (1.5, 0.5))
fig.text(0.5, 0.5, r'$\sqrt[3]{x}$',
size = 16, ha = 'center', va = 'center')
plt.show()
```

以下是样例输出：

$$\sqrt[3]{x}$$

(4) 字体

数学符号的默认字体是斜体（可以通过修改 rcParams 的 mathtext.default 来设置新的默认字体，如 regular 可以让数学文本与非数学文本使用同样的字体）。要改变字体，可以用字体命令把文本括起来，如下面的例子将振幅 "A" 用手写字体来打印，而 "sin" 函数用（罗马 Roman）字体来打印：

```
fig  =  plt.figure(figsize = (2.5, 0.5))
fig.text(0.5, 0.5,
```

```
r'$s(t) = \mathcal{A}\mathrm{sin}(2 \omega t)$',
        size = 16, ha = 'center', va = 'center')
plt.show()
```

以下是样例输出：

$$s(t) = \mathcal{A}\sin(2\omega t)$$

在 Matplotlib 中，许多常用的以罗马字体排版的函数名都有快捷方式，不需要专门用字体命令来限定函数名，因此上面的表达式可以直接写成

```
fig = plt.figure(figsize = (2.5, 0.5))
fig.text(0.5, 0.5, r'$s(t) = \mathcal{A}\sin(2 \omega t)$',
        size = 16, ha = 'center', va = 'center')
plt.show()
```

以下是样例输出：

$$s(t) = \mathcal{A}\sin(2\omega t)$$

这里的"s"和"t"是变量，用斜体（默认）；"sin"是函数名，用罗马字体，而振幅"A"是用手写字体。注意在上面的例子中，手写字体的"A"被挤压非常靠近"sin"，可以使用空格命令在它们之间添加一个小空格：

```
fig = plt.figure(figsize = (2.5, 0.5))
fig.text(0.5, 0.5, r'$s(t) = \mathcal{A}\/\sin(2 \omega t)$',
        size = 16, ha = 'center', va = 'center')
plt.show()
```

以下是样例输出：

$$s(t) = \mathcal{A}\,\sin(2\omega t)$$

所有可用的字体选择如下所示：

\mathrm{Roman}

Roman

\mathit{Italic}

Italic

\mathtt{Typewriter}

$$\texttt{Typewriter}$$

\mathcal{CALLIGRAPHY}

$$\mathcal{CALLIGRAPHY}$$

对于 STIX 字体，其可用的字体选择如下所示：

\mathbb{blackboard}

$$\mathbb{blackboard}$$

\mathrm{\mathbb{blackboard}}

$$\mathbb{blackboard}$$

\mathfrak{Fraktur}

$$\mathfrak{Fraktur}$$

\mathsf{sansserif}

$$\mathsf{sansserif}$$

\mathrm{\mathsf{sansserif}}

$$\mathsf{sansserif}$$

还有三个全局字体集可供选择，它们是通过 matplotlibrc 中的 mathtext.fontset 参数来设置的。

cm: Computer Modern (TeX)

$$\mathcal{R} \prod_{i=\alpha_{i+1}}^{\infty} a_i \sin(2\pi f x_i)$$

stix: STIX (其设计 "Times" 字体相融合)

$$\mathcal{R} \prod_{i=a_{i+1}}^{\infty} a_i \sin(2\pi f x_i)$$

stixsans: STIX sans-serif

$$\mathcal{R} \prod_{i=\alpha_{i+1}}^{\infty} a_i sin(2\pi f x_i)$$

另外，可以用\mathdefault{···}或它的别名\mathregular{···}来指定数学文本之外的普通文本的字体。这种方法有诸多限制，可用的符号要少得多，但让数学表达式与图中的其他文本很好地融合还是很有必要的。

mathtext 还提供了一种为数学表达式使用自定义字体的方法。这种方法使用起来相对棘手一些，有耐心的用户可以进行尝试。将 rcParams 中的 mathtext.fontset 设置为'custom'，然后就可以设置以下参数来控制特定数学字符集选择哪个字体文件。

参数	对应的字体命令
mathtext.it	\mathit {} 或默认的 italic
mathtext.rm	\mathrm {} Roman
mathtext.tt	\mathtt {} Typewriter (monospace)
mathtext.bf	\mathbf {} bold italic
mathtext.cal	\mathcal {} calligraphic
mathtext.sf	\mathsf {} sans-serif

使用的字体应该有 Unicode 映射，以便查找任何非拉丁字符，如希腊字符。如果想使用一个不存在于自定义字体中的数学符号，可以设置 rcParams 中的 mathtext.fallback_to_cm 为"True"，这样，当 mathtext 系统在自定义字体中找不到要使用的特定字符时就会使用默认的"Computer Modern"字体。

注意，Unicode 中指定的数学符号已经随着时间的推移而发展，许多字体可能没有某些正确的符号供 mathtext 使用。

(5) 音调符号
音调符号命令可以在任何符号之上添加音调符号，其中有些符号有长短不同的形式。

命令	效果
\acute a 或 \'a	á
\bar a	ā
\breve a	ă
\ddot a 或 \''a	ä
\dot a 或 \.a	ȧ
\grave a 或 \`a	à
\hat a 或 \^a	â
\tilde a 或 \~a	ã

续表

命令	效果
\vec a	$\vec{a}$
\overline {xyz}	$\overline{xyz}$
\widehat {xyz}	$\widehat{xyz}$
\widetilde {xyz}	$\widetilde{xyz}$

在小写的"i"和"j"上添加音调符号时，如果想去掉原本字母上面的点，可以用'\imath'和'\jmath'来表示：

```
r"$\hat i\ \ \hat \imath$"
```

以下是样例输出：

$$\hat{\imath}\,\hat{\imath}$$

(6) 符号

Matplotlib 可以使用大量的 TeX 符号来书写数学表达式，下面分类列出常用的 TeX 符号命令。

以下为小写希腊字母：

符号	Tex 命令	符号	Tex 命令	符号	Tex 命令	符号	Tex 命令	符号	Tex 命令	符号	Tex 命令
α	\alpha	β	\beta	χ	\chi	δ	\delta	ϵ	\epsilon	η	\eta
γ	\gamma	ι	\iota	κ	\kappa	λ	\lambda	μ	\mu	ν	\nu
ω	\omega	ϕ	\phi	π	\pi	ψ	\psi	ρ	\rho	ν	\sigma
τ	\tau	θ	\theta	υ	\upsilon	ε	\varepsilon	$\varkappa$	\varkappa	φ	\varphi
ϖ	\varpi	ϱ	\varrho	ς	\varsigma	ϑ	\vartheta	ξ	\xi	ζ	\zeta

以下为大写希腊字母：

符号	Tex 命令	符号	Tex 命令	符号	Tex 命令	符号	Tex 命令	符号	Tex 命令
Δ	\Delta	Γ	\Gamma	Λ	\Lambda	Ω	\Omega	Φ	\Phi
Π	\Pi	Ψ	\Psi	Σ	\Sigma	Θ	\Theta	Υ	\Upsilon
Ξ	\Xi	$\mho$	\mho	∇	\nabla				

以下为希伯来字母：

符号	Tex 命令	符号	Tex 命令	符号	Tex 命令	符号	Tex 命令
$\aleph$	\aleph	$\beth$	\beth	$\daleth$	\daleth	$\gimel$	\gimel

以下为分隔符：

符号	Tex 命令	符号	Tex 命令	符号	Tex 命令	符号	Tex 命令	符号	Tex 命令
/	/	[	[	$\Downarrow$	\Downarrow	$\Uparrow$	\Uparrow	$\|$	\Vert
\	\backslash	$\downarrow$	\downarrow	)	\rangle		\rceil	$\rfloor$	\rfloor
$\llcorner$	\llcorner	$\lrcorner$	\lrcorner	)	\rangle		\rceil	$\rfloor$	\rfloor
$\ulcorner$	\ulcorner	$\uparrow$	\uparrow	$\urcorner$	\urcorner		\vert	{	\{
$\|$	|	}	\}	]					

以下为一些大写符号：

符号	Tex 命令	符号	Tex 命令	符号	Tex 命令	符号	Tex 命令	符号	Tex 命令
∩	\bigcap	∪	\bigcup	⊙	\bigodot	⊕	\bigoplus	⊗	\bigotimes
⊎	\biguplus	⋁	\bigvee	⋀	\bigwedge	∐	\coprod	∫	\int
∮	\oint	∏	\prod	∑	\sum				

以下为标准函数名：

符号	Tex 命令	符号	Tex 命令	符号	Tex 命令	符号	Tex 命令	符号	Tex 命令
Pr	\Pr	arccos	\arccos	arcsin	\arcsin	arctan	\arctan	arg	\arg
cos	\cos	cosh	\cosh	cot	\cot	coth	\coth	csc	\csc
deg	\deg	det	\det	dim	\dim	exp	\exp	gcd	\gcd
hom	\hom	inf	\inf	ker	\ker	lg	\lg	lim	\lim
liminf	\liminf	limsup	\limsup	ln	\ln	log	\log	max	\max
min	\min	sec	\sec	sin	\sin	sinh	\sinh	sup	\sup
tan	\tan	tanh	\tanh						

注意，因软件环境以及打印环境的差异，上述符号中可能会有个别符号与实际操作的显示结果有差别。

如果某个特定符号没有名称（STIX 字体中许多比较模糊的符号都是这样），也可以使用 Unicode 字符：

```
plt.text(0.5, 0.5, '$\u23ce$')
```

下面用一个例子来展示在图中绘制数学表达式的特点：

```
import numpy as np
import matplotlib.pyplot as plt
t = np.linspace(0.0, 2.0 * np.pi, 100)
s = np.sin(2 * t)

plt.plot(t,s)
plt.title(r'$\mathcal{A}\mathrm{sin}(2 \omega t)$',
          fontsize = 20)
plt.text(4, - 0.6, r'$\sum_{i=0}^\infty x_i$',
          fontsize = 20, ha = 'center')
plt.text(2.3, 0.6, r'$\alpha_i > \beta_i$',
          fontsize = 20, ha = 'center')
plt.xlabel(r'time (s), $\Delta t=0.06$')
plt.ylabel('volts (mV)')
plt.show()
```

以下是样例输出：

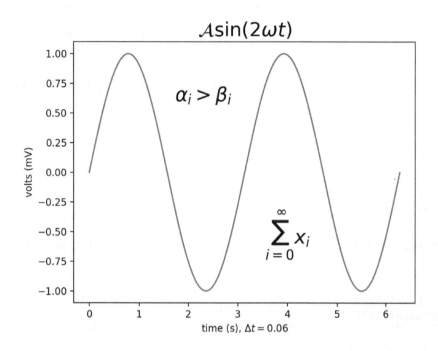

1.3.4.2　XeLaTeX/LuaLaTeX 排版

这部分内容主要讨论如何在 Matplotlib 中使用 pgf 后端进行文本排版。

使用 pgf 后端，Matplotlib 可以将图形导出为 pgf 绘图命令，这些命令可以用 pdfLa-TeX、XeLaTeX 或 LuaLaTeX 来处理。XeLaTeX 和 LuaLaTeX 完全支持 Unicode，且可以使用安装在操作系统中的任何字体并利用 OpenType、AAT 和 Graphite 的高级排版功能。由 plt.savefig('figure.pgf') 方法创建的 pgf 图片可以作为原始命令嵌入到 LaTeX 文档中。Figure 也可以直接被编译并保存到由 plt.savefig('figure.pdf') 方法创建的 PDF 文档中，这需要用 matplotlib.use('pgf') 将后端切换，或用下面的方法将后端注册为可以处理 PDF 输出：

```
from matplotlib.backends.backend_pgf import FigureCanvasPgf
matplotlib.backend_bases.register_backend('pdf', FigureCanvasPgf)
```

第二种方法允许用户继续使用常规的交互式后端，并从图形用户界面保存 pdfLaTeX、XeLaTeX 或 LuaLaTeX 编译的 PDF 文件。

Matplotlib 的 pgf 支持需要安装包括 TikZ/PGF 工具包 (如 TeXLive) 的比较新的 LaTeX，最好安装 XeLaTeX 或 LuaLaTeX。如果系统安装了 pdftocairo 或 ghostscript，也可以选择将 Figure 保存到 PNG 图像中。注意，上述所有应用程序的可执行文件的路径必须添加到系统路径（$PATH）中。

控制 pgf 后端行为的 rc 参数有以下几个：

参数	说明
pgf.preamble	LaTeX 前导序文中包含的行
pgf.rcfonts	使用 fontspec 包在 rcParams 中设置字体
pgf.texsystem	'xelatex'（默认），'lualatex' 或'pdflatex' 之一

注意，TeX 定义了一些特殊字符（如 # $ % & ~ _ ^ \ { } 等），它们要被正确地进行转义。为了方便，有些字符（_ ^ %）会在数学环境之外自动转义。

(1) 多页 PDF 文件

pgf 后端可以使用 PdfPages 来支持多页的 pdf 文件。

```python
from matplotlib.backends.backend_pgf import PdfPages
import matplotlib.pyplot as plt

with PdfPages('multipage.pdf', metadata = {'author': 'Me'}) as pdf:

    fig1, ax1 = plt.subplots()
    ax1.plot([1, 5, 3], 'r-')
    pdf.savefig(fig1)

    fig2, ax2 = plt.subplots()
    ax2.plot([1, 5, 3], 'b-')
    pdf.savefig(fig2)
```

(2) 指定字体

用于获取文本元素大小或将 Figure 编译为 PDF 时的字体通常在 Matplotlib 的 rc-Parameter 中定义。还可以通过清除 font.serif、font.sans-serif 或 font.monospace 列表来使用 LaTeX 默认的"Computer Modern"字体。注意，这些字体的字形覆盖范围非常有限。如果想保持"Computer Modern"字体的外观，需要扩展 Unicode 支持，可考虑安装"Computer Modern Unicode"字体，如 CMU Serif、CMU Sans Serif 等。

当保存到".pgf"文件时，Matplotlib 用于图形布局的字体配置包含在文本文件的文件头。

```python
"""
=========
Pgf Fonts
=========

"""

import matplotlib.pyplot as plt
plt.rcParams.update({
    "font.family": "DejaVu Sans",
    # 使用 latex 默认的 serif 字体
    "font.serif": [],
```

```
    # 使用指定的 sans-serif 字体
    "font.sans-serif": ["DejaVu Sans"],
})

plt.figure(figsize = (4.5, 2.5))
plt.plot(range(5))
plt.text(0.5, 3., "serif")
plt.text(0.5, 2., "monospace", family = "monospace")
plt.text(2.5, 2., "sans-serif", family = "sans-serif")
plt.text(2.5, 1., "comic sans", family = "Comic Sans MS")
plt.xlabel("µ is not $\\mu$")
plt.tight_layout(.5)
```

以下是样例输出：

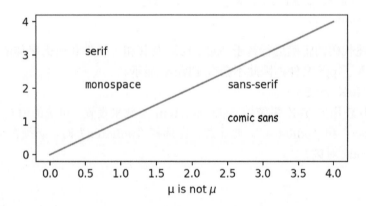

(3) 自定义 preamble

通过在 preamble 中添加自己的命令来实现自定义。若想配置数学字体（如使用 unicode-math）或加载其他包，可以用 pgf.preamble 参数来实现。另外，如果想自己配置字体而不是使用 rcParameter 中指定的字体，要确保禁用 pgf.rcfonts。

```
"""
============
Pgf Preamble
============

"""

import matplotlib as mpl
mpl.use("pgf")
import matplotlib.pyplot as plt
plt.rcParams.update({
    "font.family": "DejaVu Sans",
```

```
    "text.usetex": True,
    "pgf.rcfonts": False,
    "pgf.preamble": [
        "\\usepackage{units}",
        "\\usepackage{metalogo}",
        "\\usepackage{unicode-math}",
        r"\setmathfont{xits-math.otf}",
        r"\setmainfont{DejaVu Serif}",
    ]
})

plt.figure(figsize = (4.5, 2.5))
plt.plot(range(5))
plt.xlabel("unicode text:  ,  , €, ü, \\unitfrac[10]{°}{µm}")
plt.ylabel("\\XeLaTeX")
plt.legend(["unicode math: $ = _i^∞  _i^2$"])
plt.tight_layout(.5)
```

注意，上述代码的正确运行基于 XeLaTeX 及其相关插件和所需字体的正确安装，运行的结果是写入了 pgf 文件，因此不会有 Figure 显示。

(4) 选择 TeX 系统

Matplotlib 使用的 TeX 系统由 pgf.texsystem 参数来设置，可选的值有 "xelatex"（默认值）、"lualatex" 和 "pdflatex"。要注意，在选择 "pdflatex" 时，必须在 preamble 中配置字体和 Unicode 对策。

```
"""
=============
Pgf Texsystem
=============

"""

import matplotlib.pyplot as plt
plt.rcParams.update({
    "pgf.texsystem": "pdflatex",
    "pgf.preamble": [
        r"\usepackage[utf8x]{inputenc}",
        r"\usepackage[T1]{fontenc}",
        r"\usepackage{cmbright}",
    ]
})

plt.figure(figsize = (4.5, 2.5))
plt.plot(range(5))
plt.text(0.5, 3., "serif", family = "serif")
```

```
plt.text(0.5, 2., "monospace", family = "monospace")
plt.text(2.5, 2., "sans-serif", family = "sans-serif")
plt.xlabel(r"$ is not $\mu$")
plt.tight_layout(.5)
```

以下是样例输出：

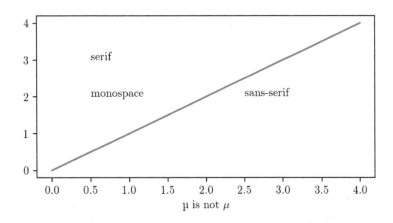

1.3.4.3　用 LaTeX 进行文本渲染

Matplotlib 可以使用 LaTeX 管理所有文本布局，且适用于 "Agg"、"PS" 和 "PDF" 后端，可以通过在 rc 设置中设置 text.usetex: True 来激活 LaTeX 选项。使用 Matplotlib 的 LaTeX 支持处理文本的速度比 Matplotlib 的 mathtext 慢，但是会更加灵活，因为可以使用多种不同的 LaTeX 包（包括字体包、数学包等）。

Matplotlib 的 LaTeX 支持需要安装 LaTeX、dvipng(可能包含在 LaTeX 安装中) 和 Ghostscript(需要 GPL Ghostscript 9.0 或更高版本)，而且这些外部依赖项的可执行程序都必须加到系统路径中。

关于 TeX 的选项有很多，可以用 rc 设置来进行修改和选择。下面是 matplotlibrc 文件的部分范例：

```
font.family        : serif
font.serif         : Times, Palatino, New Century Schoolbook, Bookman,
    Computer Modern Roman
font.sans-serif    : Helvetica, Avant Garde, Computer Modern Sans serif
font.cursive       : Zapf Chancery
font.monospace     : Courier, Computer Modern Typewriter

text.usetex        : true
```

每个 font.family 中的第一个有效字体是将要加载的字体，如果没有指定字体，则默认使用计算机现代字体；所有其他字体都是 Adobe 字体。"Times" 和 "Palatino" 都有自己的数学字体，而其他 Adobe serif 字体则使用了 "Computer Modern" 的数学字体。

在不编辑 matplotlibrc 的情况下，使用 LaTeX 并选择 Helvetica 作为默认字体，可以参照下面的做法：

```
from matplotlib import rc
rc('font',**{'family':'sans-serif','sans-serif':['Helvetica']})
# 对于 Palatino 和其他 serif 字体，则为
# rc('font',**'family':'serif','serif':['Palatino'])
rc('text', usetex = True)
```

以下示例综合展示了在 Matplotlib 中 TeX 的用法和'usetex'对 Unicode 的支持：

```
import numpy as np
import matplotlib
matplotlib.rcParams['text.usetex'] = True
import matplotlib.pyplot as plt


t = np.linspace(0.0, 1.0, 100)
s = np.cos(4 * np.pi * t) + 2

fig, ax = plt.subplots(figsize = (6, 4), tight_layout = True)
ax.plot(t, s)

ax.set_xlabel(r'\textbf{time (s)}')
ax.set_ylabel('\\textit{Velocity (\N{DEGREE SIGN}/sec)}', fontsize = 16)
ax.set_title(r'\TeX\ is Number $\displaystyle\sum_{n=1}^\infty'
             r'\frac{-e^{i\pi}}{2^n}$!', fontsize = 16, color = 'r')
plt.show()
```

以下是样例输出：

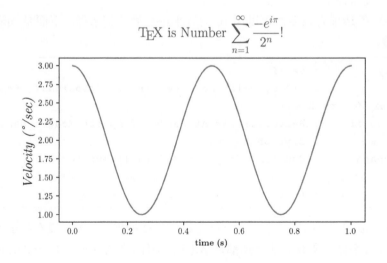

1.4　扩　　展

1.4.1　用 axes_grid 套件控制图的布局

1.4.1.1　axes_grid1

axes_grid1 是一组帮助类，用于在 Matplotlib 轻松显示多个图像。在 Matplotlib 中，Axes 的位置和大小是在规范化的 Figure 坐标中指定的，这对于显示需要给定长宽比的图像可能不是很理想。例如，如果想让一个 Colorbar 的高度总是跟与之匹配的图像的高度相匹配，那么 axes_grid1 将会提供帮助。ImageGrid、RGB Axes 和 AxesDivider 都是用来处理多个 Axes 位置调整的辅助类，它们提供了一个在绘图时调整多轴位置的框架。ParasiteAxes 类提供了与 twinx（或 twiny）相类似的特性，通过它可以在同一个 Axes 中绘制不同的数据（如不同的 y 值比例）。AnchoredArtists 类包含了被放置于特定锚点位置的自定义 Artist，如图例（Legend）。

(1) ImageGrid

ImageGrid 是一个创建 Axes 网格的类。在 Matplotlib 中，由于 Axes 的位置和大小是在规范化的 Figure 坐标中指定的，想要显示具有固定边距和间距的相同大小的图像并不太方便，在这种情况下可以使用 ImageGrid 来解决。下面的例子使用 ImageGrid 来对齐图像：

```python
import matplotlib.pyplot as plt
from mpl_toolkits.axes_grid1 import ImageGrid
import numpy as np

im1 = np.arange(100).reshape((10, 10))
im2 = im1.T
im3 = np.flipud(im1)
im4 = np.fliplr(im2)

fig = plt.figure(figsize = (4., 4.))
grid = ImageGrid(fig, 111,  # 与subplot(111)类似
                 nrows_ncols = (2, 2),  # 创建2×2的Axes网格
                 axes_pad = 0.1,  # 各Axes的间距，单位为英寸
                 )

for ax, im in zip(grid, [im1, im2, im3, im4]):
    # 遍历网格，返回Axes序列的元素
    ax.imshow(im)

plt.show()
```

以下是样例输出：

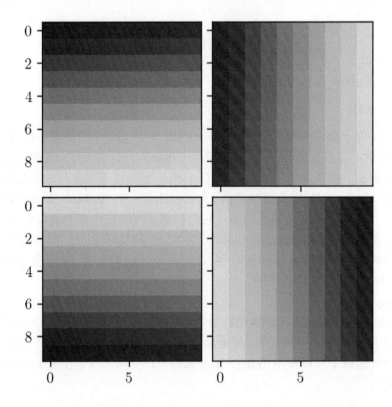

注意:

1) 每个 Axes 的位置是在绘图时确定的 (参见 AxesDivide),这样整个网格的大小就适配于给定的矩形。在本例中,即使更改了 Figure 的大小,Axes 之间的间距也是固定的。

2) 同一列中的 Axes 具有相同的宽度 (Figure 坐标),同样,同一行中的 Axes 具有相同的高度。同一行 (列) 中的 Axes 的宽度 (高度) 是根据它们的视图限制 (xlim 或 ylim) 缩放的。

3) xaxis 在同一列中的 Axes 之间共享,类似地,yaxis 在同一行中的 Axes 之间共享。因此,通过绘图命令或在交互式后端使用鼠标更改一个 Axes 的属性 (视图限制、刻度位置等) 将影响所有其他共享 Axes。

ImageGrid 根据给定的数量创建多个 Axes 实例,这个数量由 'ngrid' 或 'ncols * nrows'(当 ngrid 为 None 时)指定。这些 Axes 实例可以通过类似于序列的接口来访问,如 'grid[0]' 就是网格中的第一个 Axes,具体的序列顺序参见下面关于 ImageGrid 的参数。

参数	默认值	描述
fig		
rect		
nrows_ncols		行和列的数目,如 (2,2)
ngrids	None	总的网格数目,当为 None 时,总数为 nrows×ncols
direction	"row"	Axes 网格序号递增方向。[row, column]
axes_pad	0.02	各 Axes 的间距,以英寸为单位
add_all	True	值为 True 时,添加所有 Axes 到 Figure
share_all	False	值为 True 时,共享所有 Axes 的 xaxis 和 yaxis

续表

参数	默认值	描述
aspect	True	是否保持 Axes 宽高比
label_mode	"L"	指定刻度标签显示的位置。"1"，只显示左下角位置 Axes 的刻度标签；"L"，显示最左列和最底行 Axes 的刻度标签；"all"，显示所有 Axes 的刻度标签
cbar_mode	None	colorbar 显示方式，[None，"single"，"each"]
cbar_location	"right"	colorbar 位置，["right"，"top"]
cbar_pad	None	图像 Axes 与 colorbar 的间距
cbar_size	"5%"	colorbar 的大小
axes_class	None	

其中，rect 指定网格的位置，可以像在 Axes 中指定 rect 一样指定要使用的矩形（如 [0.1, 0.1, 0.8, 0.8]），或者像指定子图布局一样来指定位置（如 "121"）。direction 表示 Axes 网格中序号递增的方向，如果为 "row" 则将横向排列，如果为 "column" 则将纵向排列。aspect 默认值为 False，网格中 Axes 的宽度和高度是独立缩放的；如果设为 True，则根据它们的数据范围对它们进行缩放（与 mpl 中的 aspect 参数类似）。

可以通过 'cbar_mode' 参数来设置创建一个或多个 colorbar，并通过 'cbar_location' 和 'cbar_pad' 参数指定 colorbar 的位置及与相应图形 Axes 的间距。当 'cbar_mode' 为 'each' 时，表示为每一个图形 Axes 配置一个 colorbar；为 'single' 时，表示为整个 Axes 网格配置一个 colorbar。colorbar 的位置可以通过设置 'cbar_location' 为 'right' 或 'top' 来将其放置在右侧或顶部。每个 colorbar 都被保存为 cbar_axes 属性。

下面的示例展示了如何使用 ImageGrid：

```python
import matplotlib.pyplot as plt
from mpl_toolkits.axes_grid1 import ImageGrid

def set_demo_image():
    import numpy as np
    x, y = np.meshgrid(np.linspace(-1,1,15),
                       np.linspace(-1,1,15))
    z = (x + y) * np.exp(-5 * (x**2 + y**2)) * 6.01-0.152
    return z, (-3, 4, -4, 3)

def demo_simple_grid(fig):
    """
    A grid of 2x2 images with 0.05 inch pad between images and only
    the lower-left axes is labeled.
    """
    grid = ImageGrid(fig, 221,   # 与subplot(221)类似
                     nrows_ncols = (2, 2),
                     axes_pad = 0.05,
                     label_mode = "1",
                     )
```

```
    Z, extent = set_demo_image()
    for ax in grid:
        im = ax.imshow(Z, extent = extent, interpolation = "nearest")

    # 因 share_all=False, 下面操作只对第一列和第二行的 Axes 起作用
    grid.axes_llc.set_xticks([-2, 0, 2])
    grid.axes_llc.set_yticks([-2, 0, 2])

def demo_grid_with_single_cbar(fig):
    """
    A grid of 2x2 images with a single colorbar
    """
    grid = ImageGrid(fig, 222,   # 与 subplot(222)类似
                     nrows_ncols = (2, 2),
                     axes_pad = 0.0,
                     share_all = True,
                     label_mode = "L",
                     cbar_location = "top",
                     cbar_mode = "single",
                     )

    Z, extent = set_demo_image()
    for ax in grid:
        im = ax.imshow(Z, extent = extent, interpolation = "nearest")
    grid.cbar_axes[0].colorbar(im)

    for cax in grid.cbar_axes:
        cax.toggle_label(False)

    # 因 share_all=True, 下面的操作对所有 Axes 有效
    grid.axes_llc.set_xticks([-2, 0, 2])
    grid.axes_llc.set_yticks([-2, 0, 2])

def demo_grid_with_each_cbar(fig):
    """
    A grid of 2x2 images. Each image has its own colorbar.
    """
    grid = ImageGrid(fig, 223,   # 类似 subplot(223)
                     nrows_ncols = (2, 2),
                     axes_pad = 0.1,
                     label_mode = "1",
                     share_all = True,
                     cbar_location = "top",
                     cbar_mode = "each",
                     cbar_size = "7%",
```

```
                        cbar_pad = "2%",
                        )
    Z, extent = set_demo_image()
    for ax, cax in zip(grid, grid.cbar_axes):
        im = ax.imshow(Z, extent = extent, interpolation = "nearest")
        cax.colorbar(im)
        cax.toggle_label(False)

    # 因share_all=True，下面操作对所有Axes有效
    grid.axes_llc.set_xticks([-2, 0, 2])
    grid.axes_llc.set_yticks([-2, 0, 2])

def demo_grid_with_each_cbar_labelled(fig):
    """
    A grid of 2x2 images. Each image has its own colorbar.
    """
    grid = ImageGrid(fig, 224,  # 类似subplot(224)
                        nrows_ncols = (2, 2),
                        axes_pad = (0.45, 0.15),
                        label_mode = "1",
                        share_all = True,
                        cbar_location = "right",
                        cbar_mode = "each",
                        cbar_size = "7%",
                        cbar_pad = "2%",
                        )
    Z, extent = set_demo_image()

    # 对网格中各colorbar使用不同的范围
    limits = ((0, 1), (-2, 2), (-1.7, 1.4), (-1.5, 1))
    for ax, cax, vlim in zip(grid, grid.cbar_axes, limits):
        im = ax.imshow(Z, extent = extent, interpolation = "nearest",
                        vmin = vlim[0], vmax = vlim[1])
        cax.colorbar(im)
        cax.set_yticks((vlim[0], vlim[1]))

    # 因share_all=True，下面操作对所有Axes有效
    grid.axes_llc.set_xticks([-2, 0, 2])
    grid.axes_llc.set_yticks([-2, 0, 2])

fig = plt.figure(figsize = (6, 6))
fig.subplots_adjust(left = 0.07, right = 0.93,
                        bottom = 0.07, top = 0.93)

demo_simple_grid(fig)
```

```
demo_grid_with_single_cbar(fig)
demo_grid_with_each_cbar(fig)
demo_grid_with_each_cbar_labelled(fig)

plt.show()
```

以下是样例输出：

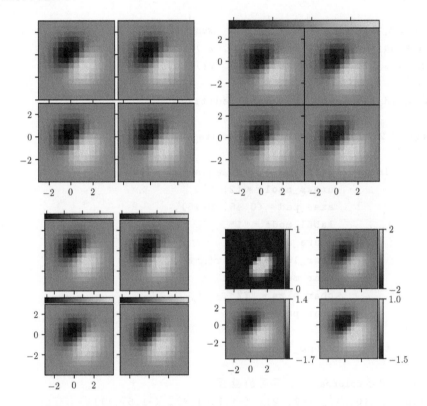

(2) AxesDivider 类

ImageGrid 类和 RGBAxes 类在后台使用 AxesDivider 类，它的作用是在绘图时计算 Axes 的位置。对于大多数用户来说，并不需要直接使用 AxesDivider 类。axes_divider 模块提供了一个辅助函数 make_axes_locatable，它可以对一个现有的 axis 实例创建分隔器：

```
ax = subplot(1,1,1)
divider = make_axes_locatable(ax)
```

make_axes_locatable 会返回一个从定位器派生的 AxesLocator 类的实例，它提供了 append_axes 方法，该方法可以在原始 Axes 的指定位置（"top"、"right"、"bottom" 和 "left"）创建一个新 Axes。

```
import matplotlib.pyplot as plt
from mpl_toolkits.axes_grid1 import make_axes_locatable
import numpy as np
```

```
ax = plt.subplot(111)
im = ax.imshow(np.arange(100).reshape((10, 10)))

# 在ax右侧创建新的Axes实例cax，其宽度为ax的5%，与ax的间距固定为0.05in
divider = make_axes_locatable(ax)
cax = divider.append_axes("right", size = "5%", pad = 0.05)

plt.colorbar(im, cax = cax)
```

以下是样例输出：

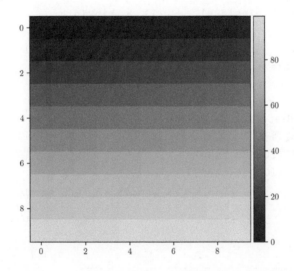

用该方法创建的 colorbar，其高度或宽度会与主图像 Axes 同步。

下面的例子给出了用 make_axes_locatable 方法来创建侧面带有直方图的散点图。

```
import numpy as np
import matplotlib.pyplot as plt
from mpl_toolkits.axes_grid1 import make_axes_locatable

# 随机数据
x = np.random.randn(1000)
y = np.random.randn(1000)

fig, axScatter = plt.subplots(figsize = (5.5, 5.5))

# 绘制散点图
axScatter.scatter(x, y)
axScatter.set_aspect(1.)

# 在当前Axes的右侧和顶部创建新的Axes，append_axes的第二个参数分别为
# 顶部水平放置的新Axes的高度和右侧垂直放置的新Axes的宽度，单位为英寸
```

```
divider = make_axes_locatable(axScatter)
axHistx = divider.append_axes("top", 1.2, pad = 0.1, sharex = axScatter)
axHisty = divider.append_axes("right", 1.2, pad = 0.1, sharey = axScatter)

# 设置某些标签文本不可见
axHistx.xaxis.set_tick_params(labelbottom = False)
axHisty.yaxis.set_tick_params(labelleft = False)

# 手动设置适合的范围
binwidth = 0.25
xymax = max(np.max(np.abs(x)), np.max(np.abs(y)))
lim = (int(xymax / binwidth) + 1) * binwidth

bins = np.arange( - lim, lim + binwidth, binwidth)
axHistx.hist(x, bins = bins)
axHisty.hist(y, bins = bins, orientation = 'horizontal')

# axHistx的x轴和axHisty的y轴都与axScatter共享,
# 这样就不需要手动调整它们的xlim和ylim
axHistx.set_yticks([0, 50, 100])
axHisty.set_xticks([0, 50, 100])

plt.show()
```

以下是样例输出:

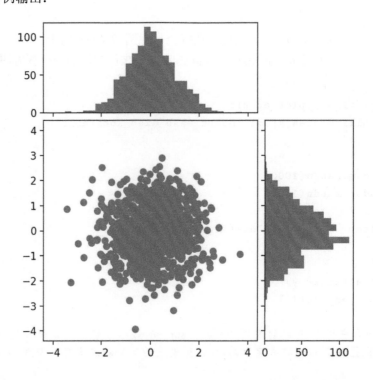

在本例中，使用 AxesDivider 类创建右侧和顶部的直方图，比使用 plt.axes() 方法具有一定的优势。例如，即使 x 轴或 y 轴相应地进行了共享，仍可以设置散点图的宽高比。

(3) ParasiteAxes

ParasiteAxes（可称为寄生 Axes）是一个位置与其宿主 Axes 相同的 Axes，其位置在绘制时被调整，因此即使宿主 Axes 改变了位置（如绘制的图像），它仍然有效。

多数情况下会先创建一个宿主 Axes，它可以提供一些可用来创建寄生 Axes 的方法，即 twinx、twiny（与 pyplot 的 twinx 和 twiny 函数类似）和 twin。twin 方法可以接受任何映射宿主 Axes 的数据坐标与寄生 Axes 坐标的变换。寄生 Axes 的 draw 方法不会被调用，是由宿主 Axes 收集所有寄生 Axes 中的 Artist 对象并进行绘制，如同它们是属于宿主 Axes 一样，也就是说，寄生 Axes 中的 Artist 会与宿主 Axes 中的 Artist 合并，然后根据它们的 zorder 进行绘制。宿主 Axes 与寄生 Axes 之间的关系改变了一些 Axes 对象的行为，如用于绘制线条的色彩循环也会在宿主 Axes 和寄生 Axes 之间进行共享。而且，宿主 Axes 中的 legend 命令会创建包含寄生 Axes 中的线条的图例。创建宿主 Axes 可以用 host_subplot 或 host_axes 命令。

例 1　twinx

```python
from mpl_toolkits.axes_grid1 import host_subplot
import matplotlib.pyplot as plt

host = host_subplot(111)

par = host.twinx()

host.set_xlabel("Distance", size = 14)
host.set_ylabel("Density", size = 14)
par.set_ylabel("Temperature", size = 14)

p1, = host.plot([0, 1, 2], [0, 1, 2], label = "Density")
p2, = par.plot([0, 1, 2], [0, 3, 2], label = "Temperature")

leg = plt.legend()

host.yaxis.get_label().set_color(p1.get_color())
leg.texts[0].set_color(p1.get_color())

par.yaxis.get_label().set_color(p2.get_color())
leg.texts[1].set_color(p2.get_color())

plt.show()
```

以下是样例输出：

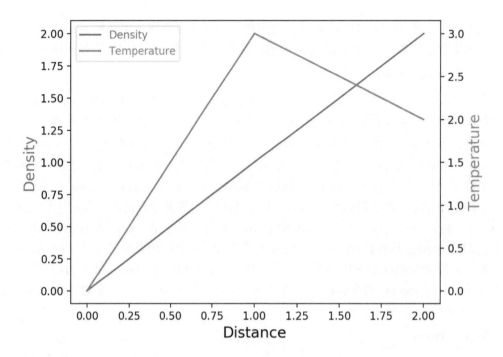

例 2   twin

如果不指定 transform 参数，twin 就会假设寄生 Axes 具有与宿主 Axes 相同的数据变换。这个特性非常有用，如可以用这个方法令图像 Axes 顶部（或右侧）的坐标轴具有与底部（或左侧）坐标轴不同的刻度线、刻度标签或格式。

```python
import matplotlib.pyplot as plt
from mpl_toolkits.axes_grid1 import host_subplot
import numpy as np

ax  = host_subplot(111)
xx  = np.arange(0, 2 * np.pi, 0.01)
ax.plot(xx, np.sin(xx))

ax2  =  ax.twin()   # ax2\lstset{escapeinside = }负责"top"轴和"right"轴
ax2.set_xticks([0., .5 * np.pi, np.pi, 1.5 * np.pi, 2 * np.pi])
ax2.set_xticklabels(["$0$", r"$\frac{1}{2}\pi$",
                     r"$\pi$", r"$\frac{3}{2}\pi$", r"$2\pi$"])

ax2.axis["right"].major_ticklabels.set_visible(False)
ax2.axis["top"].major_ticklabels.set_visible(True)

plt.show()
```

以下是样例输出：

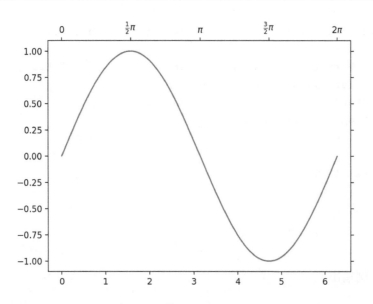

例 3　更复杂的 twin

注意，如果更改宿主 Axes 中的 x 范围，则寄生 Axes 的 x 范围也将相应地改变。

```
import matplotlib.transforms as mtransforms
import matplotlib.pyplot as plt
from mpl_toolkits.axes_grid1.parasite_axes import SubplotHost

obs = [["01_S1", 3.88, 0.14, 1970, 63],
       ["01_S4", 5.6, 0.82, 1622, 150],
       ["02_S1", 2.4, 0.54, 1570, 40],
       ["03_S1", 4.1, 0.62, 2380, 170]]


fig = plt.figure()

ax_kms = SubplotHost(fig, 1, 1, 1, aspect = 1.)

# 自行角("/a)与线速度(km/s)在距离=2.3kpc(千秒差距)时的换算
pm_to_kms = 1. / 206265. * 2300 * 3.085e18 / 3.15e7 / 1.e5

aux_trans = mtransforms.Affine2D().scale(pm_to_kms, 1.)
ax_pm = ax_kms.twin(aux_trans)
ax_pm.set_viewlim_mode("transform")

fig.add_subplot(ax_kms)

for n, ds, dse, w, we in obs:
    time = ((2007 + (10. + 4 / 30.) / 12) - 1988.5)
    v = ds / time * pm_to_kms
    ve = dse / time * pm_to_kms
```

```
    ax_kms.errorbar([v], [w], xerr = [ve], yerr = [we], color = "k")

ax_kms.axis["bottom"].set_label("Linear velocity at 2.3 kpc [km/s]")
ax_kms.axis["left"].set_label("FWHM [km/s]")
ax_pm.axis["top"].set_label(r"Proper Motion [$''$/yr]")
ax_pm.axis["top"].label.set_visible(True)
ax_pm.axis["right"].major_ticklabels.set_visible(False)

ax_kms.set_xlim(950, 3700)
ax_kms.set_ylim(950, 3100)
# ax_pms的xlim和ylim会被自动调整

plt.show()
```

以下是样例输出：

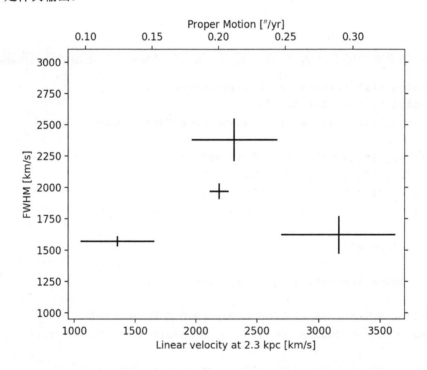

(4) AnchoredArtists

AnchoredArtists 是一个 Artist 对象的集合，它们的位置是由 bbox 指定的，如 Legend。AnchoredArtists 派生自 mpl 中的 offsetBox，Artist 对象需要在画布坐标中进行绘制。下面例子演示了如何使用在 offsetbox 和 Matplotlib 的 axes_grid1 套件中找到的锚定帮助类 (anchored helper classes)，注意其中的椭圆具有数据坐标中的宽度和高度。

```
import matplotlib.pyplot as plt

def draw_text(ax):
```

```
    """
    Draw two text-boxes, anchored by different corners to the upper-left
    corner of the figure.
    """
    from matplotlib.offsetbox import AnchoredText
    at = AnchoredText("Figure 1a",
                      loc = 'upper left', prop=dict(size=8), frameon = True,
                      )
    at.patch.set_boxstyle("round,pad=0.,rounding_size=0.2")
    ax.add_artist(at)

    at2 = AnchoredText("Figure 1(b)",
                       loc = 'lower left', prop=dict(size=8), frameon = True,
                       bbox_to_anchor = (0., 1.),
                       bbox_transform = ax.transAxes
                       )
    at2.patch.set_boxstyle("round,pad=0.,rounding_size=0.2")
    ax.add_artist(at2)

def draw_circle(ax):
    """
    Draw a circle in axis coordinates
    """
    from mpl_toolkits.axes_grid1.anchored_artists import
                                            AnchoredDrawingArea
    from matplotlib.patches import Circle
    ada = AnchoredDrawingArea(20, 20, 0, 0,
                              loc='upper right', pad=0., frameon=False)
    p = Circle((10, 10), 10)
    ada.da.add_artist(p)
    ax.add_artist(ada)

def draw_ellipse(ax):
    """
    Draw an ellipse of width=0.1, height=0.15 in data coordinates
    """
    from mpl_toolkits.axes_grid1.anchored_artists import AnchoredEllipse
    ae = AnchoredEllipse(ax.transData, width=0.1, height=0.15, angle=0.,
                         loc = 'lower left', pad = 0.5, borderpad = 0.4,
                         frameon = True)

    ax.add_artist(ae)

def draw_sizebar(ax):
    """
```

```
    Draw a horizontal bar with length of 0.1 in data coordinates,
    with a fixed label underneath.
    """
    from mpl_toolkits.axes_grid1.anchored_artists import AnchoredSizeBar
    asb = AnchoredSizeBar(ax.transData,
                          0.1,
                          r"1$^{\prime}$",
                          loc = 'lower center',
                          pad = 0.1, borderpad = 0.5, sep = 5,
                          frameon = False)
    ax.add_artist(asb)

ax = plt.gca()
ax.set_aspect(1.)

draw_text(ax)
draw_circle(ax)
draw_ellipse(ax)
draw_sizebar(ax)

plt.show()
```

以下是样例输出：

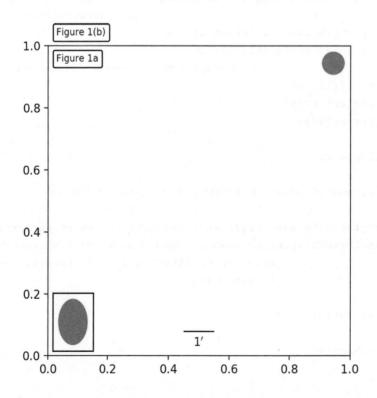

（5）InsetLocator

mpl_toolkits.axes_grid1.inset_locator 提供了辅助类和函数来实现将类似于插页的嵌入式 (Inset)Axes 放置在父轴 (parent axes) 中的锚定位置，类似于 AnchoredArtists。

使用 mpl_toolkits.axes_grid1.inset_locator.inset_axes() 可以在父轴中设置一个固定大小或与父轴比例固定的嵌入式 Axes。例如，下面这行代码创建了一个宽度为父轴的 30%、高度为 1in 的嵌入式 Axes：

```
inset_axes = inset_axes(parent_axes,
                        width = "30%",# width = 30% of parent_bbox
                        height = 1., # height : 1 inch
                        loc = 'lower left')
```

还可以用 zoomed_inset_axes 创建一个根据父轴的一定大小比例确定的嵌入式 Axes，其数据比例是父轴乘以某个因子。例如，下面的代码创建了一个嵌入式 Axes，其数据比例为父轴的 0.5 倍：

```
inset_axes = zoomed_inset_axes(ax,
                               0.5, # zoom = 0.5
                               loc = 'upper right')
```

用 inset_locator 的 inset_axes 可以轻松地在一个 Axes（父轴）的某个角落放置嵌入式的 Axes，就像绘制 Legend 一样，可以指定宽度、高度以及可选的位置参数（loc）。默认情况下，会在父轴轴线偏移一些距离的位置进行绘制嵌入式 Axes，这个偏移量由 borderpad 参数来控制。请看下面的示例：

```
import matplotlib.pyplot as plt
from mpl_toolkits.axes_grid1.inset_locator import inset_axes

fig, (ax, ax2) = plt.subplots(1, 2, figsize = [5.5, 2.8])

# 创建宽度为1.3in，高度为0.9in的Inset Axes，默认位置为右上角
axins = inset_axes(ax, width = 1.3, height = 0.9)

# 在左下角(loc=3)创建宽度和高度分别为父轴的30%和40%的Inset Axes
axins2 = inset_axes(ax, width = "30%", height = "40%", loc = 3)

# 在第二个子图中用混合指定的方式创建Inset Axes
# 宽度为父轴的30%，高度为1in，位置为左上角(loc=2)
axins3 = inset_axes(ax2, width = "30%", height = 1., loc = 2)

# 在右下角(loc=4)创建一个Inset Axes，指定borderpad=1，
# 即其与父轴轴线的距离为1个字体大小，即10个点（默认字体尺寸为10pt）
axins4 = inset_axes(ax2, width = "20%", height = "20%", loc = 4, borderpad = 1)

# 关闭显示Inset Axes的刻度标签
```

```
for axi in [axins, axins2, axins3, axins4]:
    axi.tick_params(labelleft = False, labelbottom = False)

plt.show()
```

以下是样例输出：

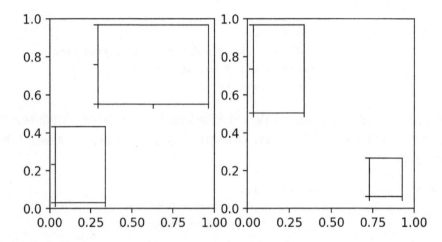

可以通过参数 bbox_to_anchor 和 bbox_transfrom 对 Inset Axes 的位置与大小进行更精细的控制，甚至可以将 Inset 定位到完全任意的位置。bbox_to_anchor 是根据 bbox_transform 所指定的坐标系统中设置边界框（bbox），这两个参数的具体用法可以参考 1.3.3.4 节的"在 Axes 中指定的锚点放置 Artist 对象"相关内容。

可以通过 zoomed_inset_axes() 实现用 Inset Axes 作为父轴中某部分的局部放大图，而且 mpl_toolkits.axes_grid1.inset_locator 还提供了一个辅助函数 mark_inset() 来标记 Inset Axes 区域的原始位置。下面的例子展示了如何通过 zoomed_inset_axes() 创建一个放大的嵌入式 Axes。在第一个子图中，用一个 AnchoredSizeBar 来显示缩放的效果；在第二个子图中，用 mark_inset() 创建一个兴趣区域与 Inset Axes 的链接。

```
import matplotlib.pyplot as plt
import numpy as np
from mpl_toolkits.axes_grid1.inset_locator import zoomed_inset_axes,
                                   mark_inset
from mpl_toolkits.axes_grid1.anchored_artists import AnchoredSizeBar

def get_demo_image():
    import numpy as np
    x,y = np.meshgrid(np.linspace(-1,1,15),
                      np.linspace(-1,1,15))
    z = (x + y) * np.exp(-5 * (x**2 + y**2)) * 6.01 - 0.152
# z is a numpy array of 15×15
    return z, (-3, 4, -4, 3)
```

```
fig, (ax, ax2) = plt.subplots(ncols = 2, figsize = [6, 3])

# 第一个子图
ax.set_aspect(1)
axins = zoomed_inset_axes(ax, zoom = 0.5, loc = 'upper right')
# 修改Inset Axes的刻度值
axins.yaxis.get_major_locator().set_params(nbins = 7)
axins.xaxis.get_major_locator().set_params(nbins = 7)

plt.setp(axins.get_xticklabels(), visible = False)
plt.setp(axins.get_yticklabels(), visible = False)

def add_sizebar(ax, size):
    asb = AnchoredSizeBar(ax.transData,
                          size,
                          str(size),
                          loc = 8,
                          pad = 0.1, borderpad = 0.5, sep = 5,
                          frameon = False)
    ax.add_artist(asb)

add_sizebar(ax, 0.5)
add_sizebar(axins, 0.5)

# 第二个子图
Z, extent = get_demo_image()
Z2 = np.zeros([150, 150], dtype = "d")
ny, nx = Z.shape
Z2[30:30 + ny, 30:30 + nx] = Z
# extent = [-3, 4, -4, 3]
ax2.imshow(Z2, extent = extent, interpolation = "nearest",
origin = "lower")

axins2 = zoomed_inset_axes(ax2, 6, loc = 1)  # zoom = 6
axins2.imshow(Z2, extent = extent, interpolation = "nearest",
origin = "lower")

# 原图像的子区域
x1, x2, y1, y2 = -1.6, -0.9, -2.6, -1.9
axins2.set_xlim(x1, x2)
axins2.set_ylim(y1, y2)
# 修改Inset Axes的刻度值
axins2.yaxis.get_major_locator().set_params(nbins = 7)
axins2.xaxis.get_major_locator().set_params(nbins = 7)
```

```
plt.setp(axins2.get_xticklabels(), visible = False)
plt.setp(axins2.get_yticklabels(), visible = False)

# 在父轴中绘制一个Inset Axes所展示区域的bbox,
# 并且绘制bbox与Inset Axes区域连线
mark_inset(ax2, axins2, loc1 = 2, loc2 = 4, fc = "none", ec = "0.5")

plt.show()
```

以下是样例输出：

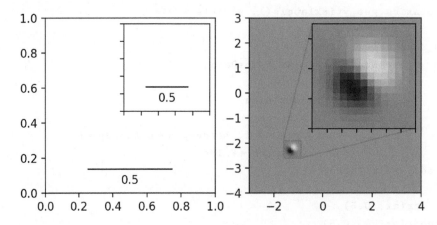

(6) RGB Axes

RGB Axes 是一个辅助类，可以方便地显示 RGB 合成图。像 ImageGrid 一样，Axes 的位置也被调整，使它们所占的区域适配于给定的矩形范围，而且每个 Axes 的 x 轴和 y 轴都是共享的。

```
import matplotlib.pyplot as plt
from mpl_toolkits.axes_grid1.axes_rgb import RGBAxes

def get_demo_image():
    import numpy as np
    x,y = np.meshgrid(np.linspace(-1,1,15),
    np.linspace(-1,1,15))
    z = (x + y) * np.exp(-5 * (x**2 + y**2)) * 6.01-0.152
    # z is a numpy array of 15x15
    return z, (-3, 4, -4, 3)

def get_rgb():
    Z, extent = get_demo_image()

    Z[Z < 0] = 0.
    Z = Z  /  Z.max()
```

```
    R = Z[:13, :13]
    G = Z[2:, 2:]
    B = Z[:13, 2:]

    return R, G, B

fig = plt.figure()
ax = RGBAxes(fig, [0.1, 0.1, 0.8, 0.8])

r, g, b = get_rgb()
kwargs = dict(origin = "lower", interpolation = "nearest")
ax.imshow_rgb(r, g, b, **kwargs)

ax.RGB.set_xlim(2., 11.5)
ax.RGB.set_ylim(2.9, 12.4)

plt.show()
```

以下是样例输出：

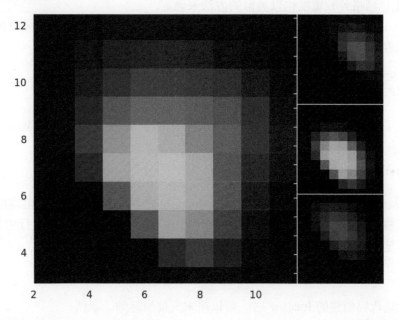

1.4.1.2　AxesDivider

　　axes_divider　模块提供了一些辅助类用于在绘图时调整一组图像的　Axes　位置。axes_size 提供了一个用于确定每个 Axes 的大小的单元类，如可以为某个 Axes 指定固定的大小；Divider 用来计算 Axes 位置的类，它把给定的矩形区域划分为多个区域。通过设置一组用来划分区域的水平和垂直尺寸列表来初始化 Divider，然后使用 new_locator()，它返回一个用于设置 Axes 的 axes_locator 的可调用对象。

　　先来看如何通过指定网格（水平和垂直网格）来初始化 Divider。

```
rect  =  [0.2, 0.2, 0.6, 0.6]
horiz = [h0, h1, h2, h3]
vert = [v0, v1, v2]
divider  =  Divider(fig, rect, horiz, vert)
```

上面代码中，rect 是将要被划分的区域（box）的边界，$h0, \cdots, h3$、$v0, \cdots, v2$ 是 axes_size 中类的实例。它们有 get_size 方法，可以返回一个包含两个浮点数的 tuple，其中第一个数是相对尺寸，第二个数是绝对尺寸。例如，下面这样一个网格：

$v0$			
$v1$			
$v2, h0$	$h1$	$h2$	$h3$

其中，$v0 = (0, 2)$，$v1 = (2, 0)$，$v2 = (3, 0)$。对于上面的网格，$v0$、$v1$、$v2$ 取值的含义是，$v0$ 行的高度总保持为 2in（axes_divider 内设的单位是英寸），而 $v1$ 行和 $v2$ 行的高度比为 2:3。例如，如果网格的总高度为 6in，则 $v1$ 行和 $v2$ 行分别占 $(6-2)$in 的 $2/(2+3)$ 和 $3/(2+3)$。网格各列宽度也以类似的方法来确定。

mpl_toolkits.axes_grid1.axes_size 中包含了几个可用于设置水平和垂直配置的类，如对于垂直配置，可以这样设置：

```
from mpl_toolkits.axes_grid1.axes_size import Fixed, Scaled
vert  =  [Fixed(2), Scaled(2), Scaled(3)]
```

在建立了 Divider 对象之后，就可以创建一个用于 Axes 对象的 Locator 实例：

```
locator  =  divider.new_locator(nx = 0, ny = 1)
ax.set_axes_locator(locator)
```

new_locator 方法的返回值是一个 AxesLocator 类的实例，它是一个可调用的对象，会返回指定网格单元的位置和大小。在上面的代码中，返回的是第一列第二行的位置和大小。

可以创建一个跨越多个单元格的 Locator：

```
locator  =  divider.new_locator(nx = 0, nx1 = 2, ny = 1)
```

调用上述代码创建的 locator 时，可以用来定位坐标轴。示例：

```
import mpl_toolkits.axes_grid1.axes_size as Size
from mpl_toolkits.axes_grid1 import Divider
import matplotlib.pyplot as plt

fig  =  plt.figure(figsize = (5.5, 4.))

# 因为要使用set_axes_locator, 因此rect参数将会被忽略
rect  =  (0.1, 0.1, 0.8, 0.8)
```

```
ax = [fig.add_axes(rect, label = "%d" % i) for i in range(4)]

horiz = [Size.Scaled(1.5), Size.Fixed(.5), Size.Scaled(1.),
Size.Scaled(.5)]

vert = [Size.Scaled(1.), Size.Fixed(.5), Size.Scaled(1.5)]

# 将 Axes 矩形区域划分为大小为 horiz×vert 的网格
divider = Divider(fig, rect, horiz, vert, aspect = False)

ax[0].set_axes_locator(divider.new_locator(nx = 0, ny = 0))
ax[1].set_axes_locator(divider.new_locator(nx = 0, ny = 2))
ax[2].set_axes_locator(divider.new_locator(nx = 2, ny = 2))
ax[3].set_axes_locator(divider.new_locator(nx = 2, nx1 = 4, ny = 0))

for ax1 in ax:
    ax1.tick_params(labelbottom = False, labelleft = False)

plt.show()
```

以下是样例输出：

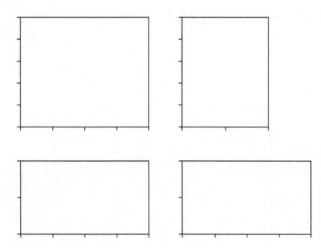

也可以通过 AxesX 和 AxesY 方法，根据各 Axes 的 x 或 y 方向的数据范围限制来调整每个 Axes 的大小：

```
import mpl_toolkits.axes_grid1.axes_size as Size
from mpl_toolkits.axes_grid1 import Divider
import matplotlib.pyplot as plt

fig = plt.figure(figsize = (5.5, 4))

rect = (0.1, 0.1, 0.8, 0.8)
```

```
ax = [fig.add_axes(rect, label = "%d" % i) for i in range(4)]

horiz = [Size.AxesX(ax[0]), Size.Fixed(.5), Size.AxesX(ax[1])]
vert = [Size.AxesY(ax[0]), Size.Fixed(.5), Size.AxesY(ax[2])]

divider = Divider(fig, rect, horiz, vert, aspect = False)

ax[0].set_axes_locator(divider.new_locator(nx = 0, ny = 0))
ax[1].set_axes_locator(divider.new_locator(nx = 2, ny = 0))
ax[2].set_axes_locator(divider.new_locator(nx = 0, ny = 2))
ax[3].set_axes_locator(divider.new_locator(nx = 2, ny = 2))

ax[0].set_xlim(0, 2)
ax[1].set_xlim(0, 1)

ax[0].set_ylim(0, 1)
ax[2].set_ylim(0, 2)

divider.set_aspect(1.)

for ax1 in ax:
    ax1.tick_params(labelbottom = False, labelleft = False)

plt.show()
```

以下是样例输出：

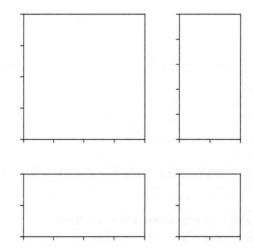

1.4.2 用 axisartist 套件精细操作坐标轴

注意：axisartist 使用了自定义 Axes 类（派生于 mpl 原始 Axes 类），有些用于原生 Axes 类的命令（大部分与 tick 相关）会不起作用。

　　axisartist 包含一个用于支持曲线网格 (如天文学中的世界坐标系统) 的自定义 Axes
类，不像 mpl 的原生 Axes 类使用 Axes.xaxis 和 Axes.yaxis 来绘制刻度线、刻度标签等，
axisartist 使用了一个特殊的 Artist，即 axisartist 可以处理曲线坐标系中的刻度线、刻度
标签等元素。

　　下面的代码演示了如何将浮动的极坐标曲线放在一个矩形框中。这个例子中使用 Grid-
HelperCurveLinear 通过在网格上应用变换来自定义网格和刻度标签，具体细节可以参考
"曲线网格"示例。

```python
import numpy as np
import matplotlib.pyplot as plt
import mpl_toolkits.axisartist.angle_helper as angle_helper
from matplotlib.projections import PolarAxes
from matplotlib.transforms import Affine2D
from mpl_toolkits.axisartist import SubplotHost
from mpl_toolkits.axisartist import GridHelperCurveLinear

def curvelinear_test(fig):
    """Polar projection, but in a rectangular box.
    """
    # 创建一个极坐标变换。PolarAxes.PolarTransform使用弧度，但本例
    # 要设置的坐标系中角度的单位为度
    tr = Affine2D().scale(np.pi / 180., 1.) + PolarAxes.
PolarTransform()

    # 极坐标投影涉及周期，在坐标上也有限制，需要一种特殊的方法来找到
    # 坐标的最小值和最大值
    extreme_finder = angle_helper.ExtremeFinderCycle(20,
        20,
        lon_cycle = 360,
        lat_cycle = None,
        lon_minmax = None,
        lat_minmax = (0,
        np.inf),
        )
    # 找到适合坐标的网格值（度、分、秒）
    grid_locator1 = angle_helper.LocatorDMS(12)

    # 使用适当的Formatter。请注意，可接受的Locator和Formatter类
    # 与Matplotlib中的相应类稍有不同，后者目前还不能直接在这里使用
    tick_formatter1 = angle_helper.FormatterDMS()

    grid_helper = GridHelperCurveLinear(tr,
        extreme_finder = extreme_finder,
        grid_locator1 = grid_locator1,
```

```
        tick_formatter1 = tick_formatter1
        )

    ax1 = SubplotHost(fig, 1, 1, 1, grid_helper = grid_helper)

    fig.add_subplot(ax1)

    # 创建浮动坐标轴

    # 浮动坐标轴的第一个坐标（theta）指定为60°
    ax1.axis["lat"] = axis = ax1.new_floating_axis(0, 60)
    axis.label.set_text(r"$\theta = 60^{\circ}$")
    axis.label.set_visible(True)

    # 浮动坐标轴的第二个坐标（r）指定为6
    ax1.axis["lon"] = axis = ax1.new_floating_axis(1, 6)
    axis.label.set_text(r"$r = 6$")

    ax1.set_aspect(1.)
    ax1.set_xlim(-5, 12)
    ax1.set_ylim(-5, 10)

    ax1.grid(True)
fig = plt.figure(figsize = (5, 5))
curvelinear_test(fig)
plt.show()
```

以下是样例输出：

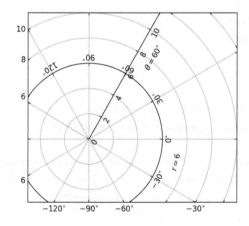

由于使用了特殊的 Artist，一些用于 Axes.xaxis 和 Axes.yaxis 上的 Matplotlib 命令可能会无法工作。

1.4.2.1　AxisArtist 的基本使用方法

axisartist 模块提供了一个定制的 Axes 类 (目前这是一个实验性的类)，其中每个轴 (左、右、底、顶) 都有一个单独的相关 Artist，负责绘制轴线、刻度线、刻度标签和轴标签，还可以创建自己的坐标轴，它可以穿过 Axes 坐标系的固定位置，也可以穿过数据坐标系中的固定位置，这样，当坐标的范围改变时，创建的坐标轴会随之浮动。

默认情况下，该 Axes 类的 xaxis 和 yaxis 是不可见的，并且另外还有 4 个 artist 负责绘制左、右、底和顶 4 个位置的坐标轴，它们可以通过 ax.axis[''left'']、ax.axis[''right'']、ax.axis[''bottom''] 和 ax.axis[''top''] 来访问。也就是说，ax.axis 是一个包含 artist 的字典，并且 ax.axis 仍然是一个可调用的方法，它的行为与 Matplotlib 中原始的 Axes.axis 方法一样。

利用 axisartist 创建一个 Axes：

```
import mpl_toolkits.axisartist as AA
fig = plt.figure()
ax = AA.Axes(fig, [0.1, 0.1, 0.8, 0.8])
fig.add_axes(ax)
```

或创建一个子图：

```
ax = AA.Subplot(fig, 111)
fig.add_subplot(ax)
```

可以隐藏右边和顶部的坐标轴：

```
ax.axis["right"].set_visible(False)
ax.axis["top"].set_visible(False)
```

也可以添加一个水平轴，如在 $y = 0$（数据坐标系）处设置一个水平轴：

```
ax.axis["y=0"] = ax.new_floating_axis(nth_coord = 0, value = 0)
```

或设置一个带有偏移量的固定轴：

```
# 在原Axes右侧创建一个有一定偏移量的y轴
ax.axis["right2"] = ax.new_fixed_axis(loc = "right",
offset = (20, 0))
```

下面通过几个例子来展示 axisartist 模块的应用。

(1) 使用 ParasiteAxes 的 axisartist

axes_grid1 套件中的大多数命令都可以使用 axes_class 关键字参数，这些命令创建给定类的 Axes。例如，可以用 axisartist.Axes 创建一个 host_subplot：

```
import mpl_toolkits.axisartist as AA
from mpl_toolkits.axes_grid1 import host_subplot

host = host_subplot(111, axes_class = AA.Axes)
```

下面的例子用 axisartist 和 ParasiteAxes 展示如何在一个图上绘制多个不同的值。注意，在这个例子中，par1 和 par2 都调用 twinx，即它们都直接与 x 轴绑定，这两个轴的行为可以相互分离，即可以分别取不同的值。

```python
from mpl_toolkits.axes_grid1 import host_subplot
import mpl_toolkits.axisartist as AA
import matplotlib.pyplot as plt

host = host_subplot(111, axes_class = AA.Axes)
plt.subplots_adjust(right = 0.75)

par1 = host.twinx()
par2 = host.twinx()

offset = 60
new_fixed_axis = par2.get_grid_helper().new_fixed_axis
par2.axis["right"] = new_fixed_axis(loc = "right",
axes = par2,
offset = (offset, 0))

par1.axis["right"].toggle(all = True)
par2.axis["right"].toggle(all = True)

host.set_xlim(0, 2)
host.set_ylim(0, 2)

host.set_xlabel("Distance")
host.set_ylabel("Density")
par1.set_ylabel("Temperature")
par2.set_ylabel("Velocity")

p1, = host.plot([0, 1, 2], [0, 1, 2], label = "Density")
p2, = par1.plot([0, 1, 2], [0, 3, 2], label = "Temperature")
p3, = par2.plot([0, 1, 2], [50, 30, 15], label = "Velocity")

par1.set_ylim(0, 4)
par2.set_ylim(1, 65)

host.legend()

host.axis["left"].label.set_color(p1.get_color())
par1.axis["right"].label.set_color(p2.get_color())
par2.axis["right"].label.set_color(p3.get_color())

plt.show()
```

以下是样例输出：

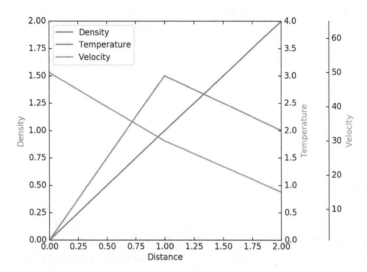

上面这种方法使用了 mpl_toolkits.axes_grid1.parasite_axes 的 host_subplot 和 mpl_toolkits.axisartist.axislines.Axes，实现绘制该图的另一种方法是使用 parasite_axes 的 HostAxes 和 ParasiteAxes：

```python
from mpl_toolkits.axisartist.parasite_axes import HostAxes, ParasiteAxes
import matplotlib.pyplot as plt


fig = plt.figure()

host = HostAxes(fig, [0.15, 0.1, 0.65, 0.8])
par1 = ParasiteAxes(host, sharex = host)
par2 = ParasiteAxes(host, sharex = host)
host.parasites.append(par1)
host.parasites.append(par2)

host.set_ylabel("Density")
host.set_xlabel("Distance")

host.axis["right"].set_visible(False)
par1.axis["right"].set_visible(True)
par1.set_ylabel("Temperature")

par1.axis["right"].major_ticklabels.set_visible(True)
par1.axis["right"].label.set_visible(True)

par2.set_ylabel("Velocity")
offset = (60, 0)
```

```
new_axisline = par2.get_grid_helper().new_fixed_axis
par2.axis["right2"] = new_axisline(loc = "right", axes = par2, offset =
                                    offset)

fig.add_axes(host)

host.set_xlim(0, 2)
host.set_ylim(0, 2)

host.set_xlabel("Distance")
host.set_ylabel("Density")
par1.set_ylabel("Temperature")

p1, = host.plot([0, 1, 2], [0, 1, 2], label = "Density")
p2, = par1.plot([0, 1, 2], [0, 3, 2], label = "Temperature")
p3, = par2.plot([0, 1, 2], [50, 30, 15], label = "Velocity")

par1.set_ylim(0, 4)
par2.set_ylim(1, 65)

host.legend()

host.axis["left"].label.set_color(p1.get_color())
par1.axis["right"].label.set_color(p2.get_color())
par2.axis["right2"].label.set_color(p3.get_color())

plt.show()
```

(2) 曲线网格

AxisArtist 模块支持曲线网格和刻度，这是该模块的重要功能，也是创建该模块的主要动机之一。该例演示如何使用 GridHelperCurveLinear 通过应用于网格上的变换来定义定制的网格及标记线，这可以创建一个在矩形框中的极坐标投影。

```
import numpy as np

import matplotlib.pyplot as plt
from matplotlib.projections import PolarAxes
from matplotlib.transforms import Affine2D

from mpl_toolkits.axisartist import (
angle_helper, Subplot, SubplotHost, ParasiteAxesAuxTrans)
from mpl_toolkits.axisartist.grid_helper_curvelinear import (
                                    GridHelperCurveLinear)

fig = plt.figure(figsize = (6, 5.4))
```

```
# PolarAxes.PolarTransform使用弧度，但这里需要坐标系单位为度
tr = Affine2D().scale(np.pi / 180, 1)  +  PolarAxes.PolarTransform()
# 极坐标投影涉及周期，在坐标上也有限制，需要一种特殊的方法来找到
# 坐标的最小值和最大值
extreme_finder = angle_helper.ExtremeFinderCycle(
nx = 20, ny = 20,  # 各方向上的取样点的数量
lon_cycle = 360, lat_cycle = None,
lon_minmax = None, lat_minmax = (0, np.inf),
)
# 找到适合坐标的网格值（度、分、秒）
grid_locator1 = angle_helper.LocatorDMS(12)
# 使用适当的Formatter。请注意，可接受的Locator和Formatter类
# 与Matplotlib中的相应类稍有不同，后者目前还不能直接在这里使用
tick_formatter1 = angle_helper.FormatterDMS()

grid_helper = GridHelperCurveLinear(
tr, extreme_finder = extreme_finder,
grid_locator1 = grid_locator1, tick_formatter1 = tick_formatter1)
ax1 = SubplotHost(fig, 1, 1, 1, grid_helper = grid_helper)

# 设置右侧和上部坐标轴的刻度标签不可见
ax1.axis["right"].major_ticklabels.set_visible(True)
ax1.axis["top"].major_ticklabels.set_visible(True)
# 设置右侧坐标轴显示第一个坐标（angle）的刻度标签
ax1.axis["right"].get_helper().nth_coord_ticks = 0
# 设置左侧坐标轴显示第二个坐标（radius）的刻度标签
ax1.axis["bottom"].get_helper().nth_coord_ticks = 1

fig.add_subplot(ax1)

ax1.set_aspect(1)
ax1.set_xlim(-5, 12)
ax1.set_ylim(-5, 10)

ax1.grid(True, zorder = 0)

# 由指定变换创建ParasiteAxes
ax2 = ParasiteAxesAuxTrans(ax1, tr, "equal")
# 注意：ax2.transData == tr + ax1.transData
# 任何在ax2中绘制的内容都会与ax1中的刻度相匹配
ax1.parasites.append(ax2)
ax2.plot(np.linspace(0, 30, 51), np.linspace(10, 10, 51),
linewidth = 5, color = 'r')
```

```
plt.show()
```

以下是样例输出：

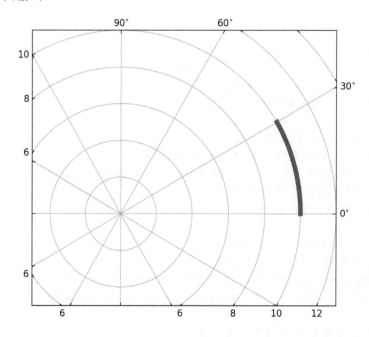

(3) 浮动 Axes

AxisArtist 还支持浮动（Floating）Axes，而其外部的 Axes 定义为浮动 Axis（注意 Axes
和 Axis 的区别）。下面的例子展示了 floating_axes 模块的特点：① 用变形的绘图方式绘制
scatter 和 bar；② 用 GridHelperCurveLinear 旋转绘图并添加边框；③ 用 FloatingSubplot
和 GridHelperCurveLinear 创建子图；④ 通过向 GridHelperCurveLinear 增加更多特性来
创建扇形图。

首先加载所需工具包：

```
from matplotlib.transforms import Affine2D
import mpl_toolkits.axisartist.floating_axes as floating_axes
import numpy as np
import mpl_toolkits.axisartist.angle_helper as angle_helper
from matplotlib.projections import PolarAxes
from mpl_toolkits.axisartist.grid_finder import (
FixedLocator, MaxNLocator, DictFormatter)
import matplotlib.pyplot as plt
```

定义一个相对简单的旋转坐标轴：

```
def setup_axes1(fig, rect):
    tr = Affine2D().scale(2, 1).rotate_deg(30)

    grid_helper = floating_axes.GridHelperCurveLinear(
```

```
    tr, extremes = (` - `0.5, 3.5, 0, 4),
        grid_locator1 = MaxNLocator(nbins = 4),
        grid_locator2 = MaxNLocator(nbins = 4))

    ax1 = floating_axes.FloatingSubplot(fig, rect,
    grid_helper = grid_helper)
    fig.add_subplot(ax1)

    aux_ax = ax1.get_aux_axes(tr)

    return ax1, aux_ax
```

用自定义的 Locator 和 Formatter 定义扇形的坐标轴：

```
def setup_axes2(fig, rect):
    tr = PolarAxes.PolarTransform()

    pi = np.pi
    angle_ticks = [(0, r"$0$"),
                        (.25 * pi, r"$\frac{1}{4}\pi$"),
                        (.5 * pi, r"$\frac{1}{2}\pi$")]
    grid_locator1 = FixedLocator([v for v, s in angle_ticks])
    tick_formatter1 = DictFormatter(dict(angle_ticks))

    grid_locator2 = MaxNLocator(2)

    grid_helper = floating_axes.GridHelperCurveLinear(
    tr, extremes = (.5 * pi, 0, 2, 1),
    grid_locator1 = grid_locator1,
    grid_locator2 = grid_locator2,
    tick_formatter1 = tick_formatter1,
    tick_formatter2 = None)

    ax1 = floating_axes.FloatingSubplot(fig, rect,
    grid_helper = grid_helper)
    fig.add_subplot(ax1)

    # 创建一个ParasiteAxes
    aux_ax = ax1.get_aux_axes(tr)

    # 让aux_ax具有一个ax中的剪切路径
    aux_ax.patch = ax1.patch
    # 但这样做会有一个副作用，这个patch会被绘制两次，并且可能会被绘制于其他
    # Artist的上面，因此用降低其zorder值的方法来阻止该情况
    ax1.patch.zorder = 0.9
```

```
    return ax1, aux_ax
```

调整 axis_direction，创建新的扇形坐标：

```
def setup_axes3(fig, rect):
    # 将坐标轴稍微旋转一下
    tr_rotate = Affine2D().translate(-95, 0)

    # 转换弧度与度
    tr_scale = Affine2D().scale(np.pi / 180., 1.)

    tr = tr_rotate + tr_scale + PolarAxes.PolarTransform()

    grid_locator1 = angle_helper.LocatorHMS(4)
    tick_formatter1 = angle_helper.FormatterHMS()

    grid_locator2 = MaxNLocator(3)

    # 设置theta的数值范围，以度为单位
    ra0, ra1 = 8. * 15, 14. * 15
    # 设置径向的数值范围
    cz0, cz1 = 0, 14000
    grid_helper = floating_axes.GridHelperCurveLinear(
    tr, extremes = (ra0, ra1, cz0, cz1),
    grid_locator1 = grid_locator1,
    grid_locator2 = grid_locator2,
    tick_formatter1 = tick_formatter1,
    tick_formatter2 = None)

    ax1 = floating_axes.FloatingSubplot(fig, rect,
                       grid_helper = grid_helper)
    fig.add_subplot(ax1)

    # 调整axis
    ax1.axis["left"].set_axis_direction("bottom")
    ax1.axis["right"].set_axis_direction("top")

    ax1.axis["bottom"].set_visible(False)
    ax1.axis["top"].set_axis_direction("bottom")
    ax1.axis["top"].toggle(ticklabels = True, label = True)
    ax1.axis["top"].major_ticklabels.set_axis_direction("top")
    ax1.axis["top"].label.set_axis_direction("top")

    ax1.axis["left"].label.set_text(r"cz [km$^{-1}$]")
```

```
ax1.axis["top"].label.set_text(r"$\alpha_{1950}$")

# 创建ParasiteAxes，其transData在（RA，cz）空间
aux_ax = ax1.get_aux_axes(tr)

# 让aux_ax具有一个ax中的剪切路径，并降低其zorder值
aux_ax.patch = ax1.patch
ax1.patch.zorder = 0.9

return ax1, aux_ax
```

开始绘图：

```
fig = plt.figure(figsize=(8, 4))
fig.subplots_adjust(wspace=0.3, left=0.05, right=0.95)

ax1, aux_ax1 = setup_axes1(fig, 131)
aux_ax1.bar([0, 1, 2, 3], [3, 2, 1, 3])

ax2, aux_ax2 = setup_axes2(fig, 132)
theta = np.random.rand(10) * .5 * np.pi
radius = np.random.rand(10) + 1.
aux_ax2.scatter(theta, radius)

ax3, aux_ax3 = setup_axes3(fig, 133)
theta = (8 + np.random.rand(10) * (14 - 8)) * 15.  # in degrees
radius = np.random.rand(10) * 14000.
aux_ax3.scatter(theta, radius)

plt.show()
```

以下是样例输出：

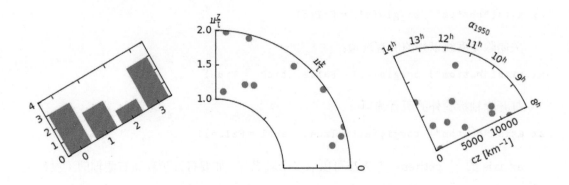

1.4.2.2　AxisArtist 的更多细节

可以把 AxisArtist 看作一个具有下列属性的 Artist 容器,而这些属性可以绘制刻度线、标签等:

```
-    line
-    major_ticks, major_ticklabels
-    minor_ticks, minor_ticklabels
-    offsetText
-    label
```

- line

　　由 Line2D 类派生,负责绘制轴线(spine)。

- major_ticks, minor_ticks

　　由 Line2D 类派生,注意刻度线"tick"属于"marker"。

- major_ticklabels, minor_ticklabels

　　由 Text 派生,注意,它不是 Text Artist 列表,只是一个单独的 Artist,类似于集合。

- axislabel

　　由 Text 派生。

(1) 默认的 AxisArtists

默认情况下,定义了下列 Axis Artist:

```
ax.axis["left"], ax.axis["bottom"],
ax.axis["right"], ax.axis["top"]
```

并且顶部和右侧轴的 ticklabel 和 axislabel 是设置为不可见的。

如果想改变底部 x 轴 major_ticklabels 的颜色属性:

```
ax.axis["bottom"].major_ticklabels.set_visible(False)
```

AxisArtist 提供了一个辅助方法来控制刻度线、刻度标签和轴标签的可见性。例如,使 ticklabel 不可见:

```
ax.axis["bottom"].toggle(ticklabels = False)
```

使所有的刻度线、刻度标签和轴标签不可见:

```
ax.axis["bottom"].toggle(all = False)
```

关闭除刻度线以外的所有选项:

```
ax.axis["bottom"].toggle(all = False, ticks = True)
```

打开除轴标签外的所有选项:

```
ax.axis["bottom"].toggle(all = True, label = False))
```

ax.axis 的 ___getitem___ 方法可以取多个轴名称,如要打开顶部和右侧轴的刻度标签:

```
ax.axis["top","right"].toggle(ticklabels = True))
```

注意，ax.axis[“top”，“right”] 会返回一个简单的代理对象，该对象将上面的代码转换为类似下面的内容：

```
for n in ["top","right"]:
    ax.axis[n].toggle(ticklabels = True))
```

因此，for 循环中的任何返回值都会被忽略，如同列表的索引“:”表示所有项，下面的命令会改变所有轴上刻度线的颜色：

```
ax.axis[:].major_ticks.set_color("r")
```

改变刻度位置或刻度标签的方法，与 mpl 的原始 Axes 方法一样：

```
ax.set_xticks([1,2,3])
```

改变刻度线的长度用 axis.major_ticks.set_ticksize。

改变刻度线的方向用 axis.major_ticks.set_tick_out 方法（默认情况下刻度线方向与刻度标签的方向相反）。

改变刻度线与刻度标签之间的距离用 axis.major_ticklabels.set_pad 方法。

改变刻度标签与轴标签之间的距离用 axis.label.set_pad 方法。

(2) 刻度标签的旋转和对齐

这与原始的 mpl 也有很大不同，可能会引起困惑。当想要旋转刻度标签时，首先考虑使用“set_axis_direction”方法：

```
ax1.axis["left"].major_ticklabels.set_axis_direction("top")
ax1.axis["right"].label.set_axis_direction("left")
```

请看示例：

```
import matplotlib.pyplot as plt
import mpl_toolkits.axisartist as axisartist

fig = plt.figure(figsize = (4, 2.5))
ax1 = fig.add_subplot(axisartist.Subplot(fig, "111"))
fig.subplots_adjust(right = 0.8)

ax1.axis["left"].major_ticklabels.set_axis_direction("top")
ax1.axis["left"].label.set_text("Label")

ax1.axis["right"].label.set_visible(True)
ax1.axis["right"].label.set_text("Label")
ax1.axis["right"].label.set_axis_direction("left")

plt.show()
```

以下是样例输出：

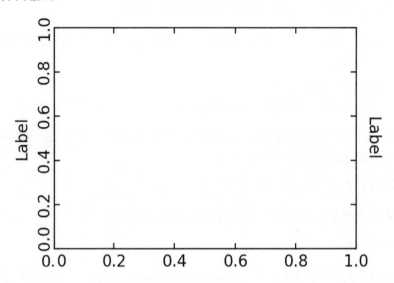

set_axis_direction 的参数是 [''left'', ''right'', ''bottom'', ''top''] 之一。

下面列出关于"方向"的一些基本概念。

1) 有一个基本概念"参考方向"，它是轴线随坐标增加的方向。例如，左侧轴的参考方向为从下向上。方向、文本的角度，刻度、标签的对齐是根据参考方向确定的。可以参考下面的例子理解参考方向的概念：

```python
import matplotlib.pyplot as plt
import mpl_toolkits.axisartist as axisartist

fig = plt.figure(figsize = (3, 2.5))
fig.subplots_adjust(top = 0.8)

ax = axisartist.Subplot(fig, "111")
fig.add_axes(ax)

ax.set_ylim(-0.1, 1.5)
ax.set_yticks([0, 1])
ax.axis[:].set_visible(False)

ax.axis["x"] = ax.new_floating_axis(1, 0.5)
ax.axis["x"].set_axisline_style("->", size = 1.5)
ax.axis["x"].set_axis_direction("left")

plt.show()
```

以下是样例输出：

2) ticklabel_direction 是参考方向的右边 (+) 或左边 (−)，如：

```
import matplotlib.pyplot as plt
import mpl_toolkits.axisartist as axisartist
```

```
import matplotlib.pyplot as plt
import mpl_toolkits.axisartist as axisartist

def setup_axes(fig, rect):
    ax = axisartist.Subplot(fig, rect)
    fig.add_axes(ax)

    ax.set_ylim(-0.1, 1.5)
    ax.set_yticks([0, 1])
    ax.axis[:].set_visible(False)

    ax.axis["x"] = ax.new_floating_axis(1, 0.5)
    ax.axis["x"].set_axisline_style("->", size = 1.5)

    return ax

fig = plt.figure(figsize = (6, 2.5))
fig.subplots_adjust(bottom = 0.2, top = 0.8)

ax1 = setup_axes(fig, "121")
ax1.axis["x"].set_ticklabel_direction("+")
ax1.annotate('ticklabel direction="+"', (0.5, 0),
    xycoords = "axes fraction",
    xytext = (0, -10), textcoords = "offset points",
    va = "top", ha = "center")

ax2 = setup_axes(fig, "122")
ax2.axis["x"].set_ticklabel_direction("-")
ax2.annotate('ticklabel direction="−"', (0.5, 0),
```

```
    xycoords = "axes fraction",
    xytext = (0, -10), textcoords = "offset points",
    va = "top", ha = "center")

plt.show()
```

以下是样例输出：

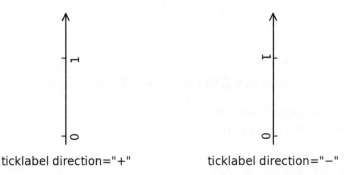

　　ticklabel direction="+"　　　　　　　　ticklabel direction="−"

3) label_direction 也是如此：

```
import matplotlib.pyplot as plt
import mpl_toolkits.axisartist as axisartist

def setup_axes(fig, rect):
    ax = axisartist.Subplot(fig, rect)
    fig.add_axes(ax)

    ax.set_ylim(-0.1, 1.5)
    ax.set_yticks([0, 1])
    ax.axis[:].set_visible(False)

    ax.axis["x"] = ax.new_floating_axis(1, 0.5)
    ax.axis["x"].set_axisline_style("->", size = 1.5)

    return ax

fig = plt.figure(figsize = (6, 2.5))
fig.subplots_adjust(bottom = 0.2, top = 0.8)

ax1 = setup_axes(fig, "121")
ax1.axis["x"].label.set_text("Label")
ax1.axis["x"].toggle(ticklabels = False)
ax1.axis["x"].set_axislabel_direction("+")
ax1.annotate('label direction="$+$"', (0.5, 0),
    xycoords = "axes fraction",
```

```
        xytext = (0, -10), textcoords = "offset points",
        va = "top", ha = "center")

ax2 = setup_axes(fig, "122")
ax2.axis["x"].label.set_text("Label")
ax2.axis["x"].toggle(ticklabels = False)
ax2.axis["x"].set_axislabel_direction("-")
ax2.annotate('label direction="$-$"', (0.5, 0),
        xycoords = "axes fraction",
        xytext = (0, -10), textcoords = "offset points",
        va = "top", ha = "center")

plt.show()
```

以下是样例输出：

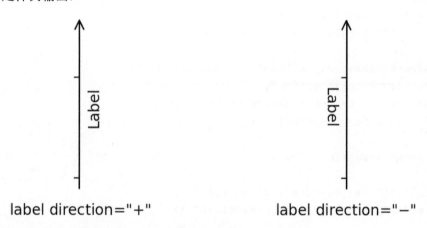

4) 默认情况下，刻度线被绘制到刻度标签的相反方向。

5) 刻度标签和轴标签的文本旋转分别根据 ticklabel_direction 和 label_direction 来确定，ticklabel 和 label 的旋转是被锚定的。

```
import matplotlib.pyplot as plt
import mpl_toolkits.axisartist as axisartist

def setup_axes(fig, rect):
    ax = axisartist.Subplot(fig, rect)
    fig.add_axes(ax)

    ax.set_ylim(-0.1, 1.5)
    ax.set_yticks([0, 1])
    ax.axis[:].set_visible(False)

    ax.axis["x1"] = ax.new_floating_axis(1, 0.3)
    ax.axis["x1"].set_axisline_style("->", size = 1.5)
```

```
    ax.axis["x2"]  =  ax.new_floating_axis(1, 0.7)
    ax.axis["x2"].set_axisline_style("->", size = 1.5)

    return ax

fig  =  plt.figure(figsize = (6, 2.5))
fig.subplots_adjust(bottom = 0.2, top = 0.8)

ax1  =  setup_axes(fig, "121")

ax1.axis["x1"].label.set_text("rotation=0")
ax1.axis["x1"].toggle(ticklabels = False)

ax1.axis["x2"].label.set_text("rotation=10")
ax1.axis["x2"].label.set_rotation(10)
ax1.axis["x2"].toggle(ticklabels = False)

ax1.annotate('label direction="+"', (0.5, 0),
    xycoords = "axes fraction",
    xytext = (0, -10), textcoords = "offset points",
    va = "top", ha = "center")

ax2  =  setup_axes(fig, "122")

ax2.axis["x1"].set_axislabel_direction("-")
ax2.axis["x2"].set_axislabel_direction("-")

ax2.axis["x1"].label.set_text("rotation=0")
ax2.axis["x1"].toggle(ticklabels = False)

ax2.axis["x2"].label.set_text("rotation=10")
ax2.axis["x2"].label.set_rotation(10)
ax2.axis["x2"].toggle(ticklabels = False)

ax2.annotate('label direction="−"', (0.5, 0),
    xycoords = "axes fraction",
    xytext = (0, -10), textcoords = "offset points",
    va = "top", ha = "center")

plt.show()
```

以下是样例输出:

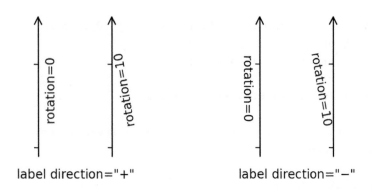

　　另外，还有一个"axis_direction"的概念，下表是每个"bottom"、"left"、"top"和
"right"轴对于上述属性的默认设置。

Artist	属性	left	bottom	right	top
axislabel	direction	'−'	'+'	'+'	'−'
axislabel	rotation	180	0	0	180
axislabel	va	center	top	center	bottom
axislabel	ha	right	center	right	center
ticklabel	direction	'−'	'+'	'+'	'−'
ticklabel	rotation	90	0	−90	180
ticklabel	ha	right	center	right	center
ticklabel	va	center	baseline	center	baseline

　　而且，set_axis_direction（"top"）表示调整文本的旋转等属性以适应"top"轴的设
置，"axis direct"的概念在曲线轴中展示得更清楚：

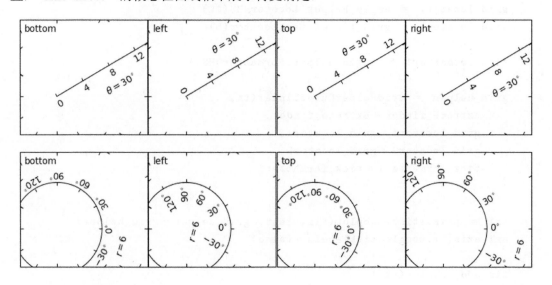

　　绘制上述图像的代码如下：

```
import numpy as np
import matplotlib.pyplot as plt
import mpl_toolkits.axisartist.angle_helper as angle_helper
```

```python
import mpl_toolkits.axisartist.grid_finder as grid_finder
from matplotlib.projections import PolarAxes
from matplotlib.transforms import Affine2D

import mpl_toolkits.axisartist as axisartist

from mpl_toolkits.axisartist.grid_helper_curvelinear import \
GridHelperCurveLinear

def setup_axes(fig, rect):
    """
    polar projection, but in a rectangular box.
    """
    # 细节可以参考前面"曲线网格"的例子
    tr = Affine2D().scale(np.pi / 180., 1.)  +  PolarAxes.
    PolarTransform()

    extreme_finder = angle_helper.ExtremeFinderCycle(20, 20,
        lon_cycle = 360,
        lat_cycle = None,
        lon_minmax = None,
        lat_minmax = (0, np.inf),
    )

    grid_locator1 = angle_helper.LocatorDMS(12)
    grid_locator2 = grid_finder.MaxNLocator(5)

    tick_formatter1 = angle_helper.FormatterDMS()

    grid_helper = GridHelperCurveLinear(tr,
        extreme_finder = extreme_finder,
        grid_locator1 = grid_locator1,
        grid_locator2 = grid_locator2,
        tick_formatter1 = tick_formatter1
    )

    ax1 = axisartist.Subplot(fig, rect, grid_helper = grid_helper)
    ax1.axis[:].toggle(ticklabels = False)

    fig.add_subplot(ax1)

    ax1.set_aspect(1.)
    ax1.set_xlim(-5, 12)
    ax1.set_ylim(-5, 10)
```

```
    return ax1

def add_floating_axis1(ax1):
    ax1.axis["lat"] = axis = ax1.new_floating_axis(0, 30)
    axis.label.set_text(r"$\theta = 30^{\circ}$")
    axis.label.set_visible(True)


def add_floating_axis2(ax1):
    ax1.axis["lon"] = axis = ax1.new_floating_axis(1, 6)
    axis.label.set_text(r"$r = 6$")
    axis.label.set_visible(True)

    return axis

fig = plt.figure(figsize = (8, 4))
fig.subplots_adjust(left = 0.01, right = 0.99, bottom = 0.01, top = 0.99,
        wspace = 0.01, hspace = 0.01)

for i, d in enumerate(["bottom", "left", "top", "right"]):
    ax1 = setup_axes(fig, rect = 241 +  + i)
    axis = add_floating_axis1(ax1)
    axis.set_axis_direction(d)
    ax1.annotate(d, (0, 1), (5, -5),
        xycoords = "axes fraction", textcoords = "offset points",
        va = "top", ha = "left")

for i, d in enumerate(["bottom", "left", "top", "right"]):
    ax1 = setup_axes(fig, rect = 245 +  + i)
    axis = add_floating_axis2(ax1)
    axis.set_axis_direction(d)
    ax1.annotate(d, (0, 1), (5, -5),
    xycoords = "axes fraction", textcoords = "offset points",
        va = "top", ha = "left")

plt.show()
```

　　axis_direction 可以在 AxisArtist 级别或其子 Artist（即 ticks、ticklabels 和 axis-label 等）级别进行调整：

```
ax1.axis["left"].set_axis_direction("top")
```

　　例如，将所有与"left"轴关联的 artist 的 axis_direction 更改：

```
ax1.axis["left"].major_ticklabels.set_axis_direction("top")
```

该命令只更改了 major_ticklabels 的 axis_direction。注意，AxisArtist 级别的 set_axis_direction 会更改 ticklabel_direction 和 label_direction，而更改 ticks、ticklabels 和 axis-label 的 axis_direction 不会影响它们。

如果想要设置刻度向外而刻度标签向内，使用 invert_ticklabel_direction 方法：

```
ax.axis[:].invert_ticklabel_direction()
```

另一个相关的方法是 set_tick_out，它使刻度向外。

```
ax.axis[:].major_ticks.set_tick_out(True)
```

可以通过下面关于 invert_ticklabel_direction 和 set_tick_out 的示例查看这两种方法的区别：

```python
import matplotlib.pyplot as plt
import mpl_toolkits.axisartist as axisartist

def setup_axes(fig, rect):
    ax = axisartist.Subplot(fig, rect)
    fig.add_subplot(ax)

    ax.set_yticks([0.2, 0.8])
    ax.set_xticks([0.2, 0.8])

    return ax

fig = plt.figure(figsize = (5, 2))
fig.subplots_adjust(wspace = 0.4, bottom = 0.3)

ax1 = setup_axes(fig, "121")
ax1.set_xlabel("X-label")
ax1.set_ylabel("Y-label")

ax1.axis[:].invert_ticklabel_direction()

ax2 = setup_axes(fig, "122")
ax2.set_xlabel("X-label")
ax2.set_ylabel("Y-label")

ax2.axis[:].major_ticks.set_tick_out(True)

plt.show()
```

以下是样例输出：

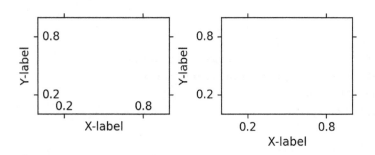

综上所述可以总结出：

坐标轴元素	相关方法
AxisArtist	set_axis_direction : "left"、"right"、"bottom" 或 "top"
	set_ticklabel_direction : "+" 或 "−"
	set_axislabel_direction : "+" 或 "−"
	invert_ticklabel_direction
Tick	set_tick_out : True 或 False
	set_ticksize : 以 "point" 为单位的尺寸
TickLabel(包括 major 和minor ticklabel)	set_axis_direction : "left"、"right"、"bottom" 或 "top"
	set_rotation : 相对于参考方向的角度
	set_ha 和 set_va : 参见下面内容
AxisLabel	set_axis_direction : "left"、"right"、"bottom" 或 "top"
	set_rotation : 相对于参考方向的角度
	set_ha and set_va

(3) 调整刻度标签的对齐方式

TickLabel 的对齐是经过特殊处理的，参见下面的例子：

```python
import matplotlib.pyplot as plt
import mpl_toolkits.axisartist as axisartist

def setup_axes(fig, rect):
    ax = axisartist.Subplot(fig, rect)
    fig.add_subplot(ax)

    ax.set_yticks([0.2, 0.8])
    ax.set_yticklabels(["short", "loooong"])
    ax.set_xticks([0.2, 0.8])
    ax.set_xticklabels([r"$\frac{1}{2}\pi$", r"$\pi$"])

    return ax

fig = plt.figure(figsize = (3, 5))
fig.subplots_adjust(left = 0.5, hspace = 0.7)

ax = setup_axes(fig, 311)
ax.set_ylabel("ha=right")
ax.set_xlabel("va=baseline")
```

```
ax = setup_axes(fig, 312)
ax.axis["left"].major_ticklabels.set_ha("center")
ax.axis["bottom"].major_ticklabels.set_va("top")
ax.set_ylabel("ha=center")
ax.set_xlabel("va=top")

ax = setup_axes(fig, 313)
ax.axis["left"].major_ticklabels.set_ha("left")
ax.axis["bottom"].major_ticklabels.set_va("bottom")
ax.set_ylabel("ha=left")
ax.set_xlabel("va=bottom")

plt.show()
```

以下是样例输出：

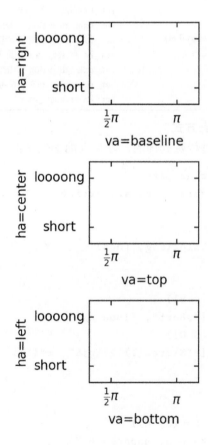

(4) 调整间距

调整刻度线与刻度标签之间的距离：

```
ax.axis["left"].label.set_pad(10)
```

具体示例如下：

```python
import numpy as np
import matplotlib.pyplot as plt
import mpl_toolkits.axisartist.angle_helper as angle_helper
import mpl_toolkits.axisartist.grid_finder as grid_finder
from matplotlib.projections import PolarAxes
from matplotlib.transforms import Affine2D

import mpl_toolkits.axisartist as axisartist

from mpl_toolkits.axisartist.grid_helper_curvelinear import \
    GridHelperCurveLinear

def setup_axes(fig, rect):
    """
    polar projection in a rectangular box.
    """

    tr = Affine2D().scale(np.pi / 180., 1.) + PolarAxes.PolarTransform()

    extreme_finder = angle_helper.ExtremeFinderCycle(20, 20,
        lon_cycle = 360,
        lat_cycle = None,
        lon_minmax = None,
        lat_minmax = (0, np.inf),
    )

    grid_locator1 = angle_helper.LocatorDMS(12)
    grid_locator2 = grid_finder.MaxNLocator(5)

    tick_formatter1 = angle_helper.FormatterDMS()

    grid_helper = GridHelperCurveLinear(tr,
        extreme_finder = extreme_finder,
        grid_locator1 = grid_locator1,
        grid_locator2 = grid_locator2,
        tick_formatter1 = tick_formatter1
    )

    ax1 = axisartist.Subplot(fig, rect, grid_helper = grid_helper)
    ax1.axis[:].set_visible(False)

    fig.add_subplot(ax1)
```

```python
    ax1.set_aspect(1.)
    ax1.set_xlim(-5, 12)
    ax1.set_ylim(-5, 10)

    return ax1

def add_floating_axis1(ax1):
    ax1.axis["lat"] = axis = ax1.new_floating_axis(0, 30)
    axis.label.set_text(r"$\theta = 30^{\circ}$")
    axis.label.set_visible(True)

    return axis


def add_floating_axis2(ax1):
    ax1.axis["lon"] = axis = ax1.new_floating_axis(1, 6)
    axis.label.set_text(r"$r = 6$")
    axis.label.set_visible(True)

    return axis

fig = plt.figure(figsize = (9, 3.))
fig.subplots_adjust(left = 0.01, right = 0.99, bottom = 0.01, top = 0.99,
    wspace = 0.01, hspace = 0.01)

def ann(ax1, d):
    if plt.rcParams["text.usetex"]:
        d = d.replace("_", r"\_")

    ax1.annotate(d, (0.5, 1), (5, -5),
        xycoords = "axes fraction", textcoords = "offset points",
        va = "top", ha = "center")

ax1 = setup_axes(fig, rect = 141)
axis = add_floating_axis1(ax1)
ann(ax1, r"default")

ax1 = setup_axes(fig, rect = 142)
axis = add_floating_axis1(ax1)
axis.major_ticklabels.set_pad(10)
ann(ax1, r"ticklabels.set_pad(10)")

ax1 = setup_axes(fig, rect = 143)
axis = add_floating_axis1(ax1)
axis.label.set_pad(20)
```

```
ann(ax1, r"label.set_pad(20)")

ax1 = setup_axes(fig, rect = 144)
axis = add_floating_axis1(ax1)
axis.major_ticks.set_tick_out(True)
ann(ax1, "ticks.set_tick_out(True)")

plt.show()
```

以下是样例输出：

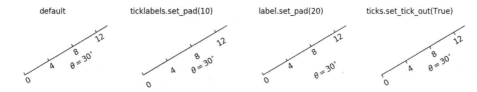

(5) GridHelper

要实际定义曲线坐标，必须使用自己的网格辅助类。这里提供了一个通用版本的网格辅助类，这个类可以满足大多数情况下需要。用户可以提供两个函数来定义从曲线坐标到图像坐标（直角坐标）的转换（及其逆转换）。注意，虽然为曲线坐标绘制了刻度和网格，但 Axes 本身的数据转换（ax.transData）仍然是直角坐标 (图像坐标).

```
import numpy as np
import matplotlib.pyplot as plt
from mpl_toolkits.axisartist.grid_helper_curvelinear \
import GridHelperCurveLinear
from mpl_toolkits.axisartist import Subplot

# 从曲线坐标到直角坐标
def tr(x, y):
    x, y = np.asarray(x), np.asarray(y)
    return x, y - x

# 从直角坐标到曲线坐标
def inv_tr(x,y):
    x, y = np.asarray(x), np.asarray(y)
    return x, y + x

grid_helper = GridHelperCurveLinear((tr, inv_tr))

fig = plt.figure()
ax1 = Subplot(fig, 1, 1, 1, grid_helper = grid_helper)

fig.add_subplot(ax1)
```

```
ax1.grid('on')

plt.show()
```

以下是样例输出：

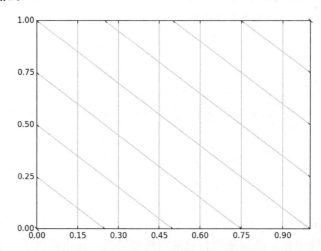

也可以使用 Matplotlib 的变换实例（但必须定义一个逆变换）。通常，曲线坐标系中的坐标范围可能是一个有限的范围，或者是循环的。在这些情况下，需要一个可定制化更强的网格辅助类。

```
import mpl_toolkits.axisartist.angle_helper as angle_helper

# 弧度到度的转换
tr = Affine2D().scale(np.pi / 180., 1.)  +  PolarAxes.PolarTransform()

# extreme finder: 查找坐标范围
# 20, 20: 沿x、y方向的采样点个数
# 第一个坐标longitude（极坐标中是theta）有一个360°的周期
# 第二个坐标latitude（极坐标中是radius）的最小值为0
extreme_finder = angle_helper.ExtremeFinderCycle(20, 20,
lon_cycle = 360,
lat_cycle = None,
lon_minmax = None,
lat_minmax = (0, np.inf),
)


# 找到适合坐标(度、分、秒)的网格值，参数是网格的近似数目
grid_locator1 = angle_helper.LocatorDMS(12)

# 使用适当的formatter。注意，可接受的Locator和Formatter类与mpl的稍微不同
# 目前还不能在这里直接使用mpl的Locator和Formatter
```

```
tick_formatter1 = angle_helper.FormatterDMS()

grid_helper = GridHelperCurveLinear(tr,
extreme_finder = extreme_finder,
grid_locator1 = grid_locator1,
tick_formatter1 = tick_formatter1
)
```

同样，Axes 的 transData 仍然是一个直角坐标（图像坐标）。可以手动进行两个坐标之间的变换，也可以使用 ParasiteAxes 作为方便途径。

```
fig = plt.figure()

ax1 = SubplotHost(fig, 1, 1, 1, grid_helper = grid_helper)
fig.add_subplot(ax1)

ax1.set_aspect(1)
ax1.set_xlim( - 5, 12)
ax1.set_ylim( - 5, 10)
ax1.grid(True, zorder = 0)

# 具有给定变换的寄生Axes
ax2 = ParasiteAxesAuxTrans(ax1, tr, "equal")
# 注意: ax2.transData == tr + ax1.transData
# 在ax2中绘制的任何对象都会匹配ax1中的刻度和网格
ax1.parasites.append(ax2)
ax2.plot(np.linspace(0, 30, 51), np.linspace(10, 10, 51),
linewidth = 5, color = 'r')

plt.show()
```

以下是样例输出：

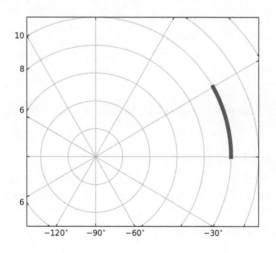

(6) 浮动轴（FloatingAxis）

浮动轴是数据坐标固定的轴（Axis），即它的位置不是固定于 Axes 坐标中，而是随着 Axes 数据范围的变化而变化。可以使用 new_floating_axis 方法创建浮动轴，但用户的职责是将生成的 AxisArtist 适当地添加到 Axes 中。推荐的方法是将其添加为 Axes 的 Axis 属性：

```
# 浮动轴的第一个（索引从0开始）坐标（theta）固定在60:
ax1.axis["lat"] = axis = ax1.new_floating_axis(0, 60)
axis.label.set_text(r"$\theta = 60^{\circ}$")
axis.label.set_visible(True)
```

具体细节参考本节前面中第一个关于浮动轴的例子。

1.4.3　用 mplot3d 套件绘制三维图

创建一个 Axes3D 对象与创建其他 Axes 对象类似，只是需要使用 projection='3d'关键字。创建一个新的 matplotlib.figure.Figure 并添加一个类型为 Axes3D 的新 Axes 的代码：

```
import matplotlib.pyplot as plt
from mpl_toolkits.mplot3d import Axes3D
fig = plt.figure()
ax = fig.add_subplot(111, projection = '3d')
```

以下是样例输出：

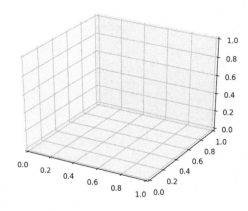

注意，在旧版本的 Matplotlib（1.0.0 以前的版本）中，可以使用"ax=Axes3D(fig)"来创建 3D Axes。

1.4.3.1　线图（Line plots）

```
Axes3D.plot(self, xs, ys,  * args, zdir = 'z', **kwargs)
```

可以绘制 2D 或 3D 数据。参数如下：

参数	描述
xs	一位数组类的序列，顶点的 x 坐标
ys	一维数组类的序列，顶点的 y 坐标
zs	顶点的 z 坐标；可以是标量，对应所有点；或是一维数组类的序列，数与点一一对应
zdir	'x'、'y'、'z'，在绘制 2D 数据时，当作 z 方向的轴 ('x'、'y' 或'z')；默认为 "z"
**kwargs	其他可传递给 plot 的参数

示例：

```python
from mpl_toolkits.mplot3d import Axes3D
import numpy as np
import matplotlib.pyplot as plt


fig = plt.figure()
ax = fig.gca(projection = '3d')

# 构建数据
theta = np.linspace(-4 * np.pi, 4 * np.pi, 250)
z = np.linspace(-2, 2, 250)
r = z**2 + 1
x = r * np.sin(theta)
y = r * np.cos(theta)

ax.plot(x, y, z, label = 'spiral curve', linewidth = 3, color = 'b')
ax.set_xlabel('X')
ax.set_ylabel('Y')
ax.set_zlabel('Z')
ax.legend()

plt.show()
```

以下是样例输出：

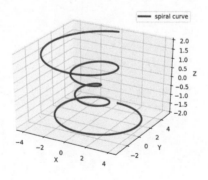

1.4.3.2 散点图（Scatter plots）

```python
Axes3D.scatter(self, xs, ys, zs = 0, zdir = 'z', s = 20, c = None, depthshade
                                = True, * args, **kwargs)
```

绘制散点图。参数如下：

参数	描述
xs, ys	数组（或类似结构），表示数据位置
zs	可选，默认值为 0，指定数据在 z 方向的位置。可以是与 xs 和 ys 形状一样的数组（或类似结构）；也可以是一个浮点数，表示将所有数据点放置于同一平面
zdir	$'x'$、$'y'$、$'z'$、$'-x'$、$'-y'$、$'-z'$，默认值为"z"，指定 zs 的轴方向
s	标量或数组类结构，可选，默认值为 20，用来指定记号的尺寸（"点"的平方）
c	颜色值，或一个序列，或者颜色值的序列，可选。用来指定记号的颜色
depthshade	布尔值，可选，默认为 True。是否用色彩的渐变来显示散点的深度
**kwargs	其他可传递给 Line3DCollection 的参数

示例：

```
from mpl_toolkits.mplot3d import Axes3D
import matplotlib.pyplot as plt
import numpy as np


fig = plt.figure()
ax = fig.add_subplot(111, projection = '3d')


xs =   20  + 12  *  np.random.rand(100)
ys =   50  + 35  *  np.random.rand(100)
zs = -20  + 50  *  np.random.rand(100)
ax.scatter(xs, ys, zs, s = 64, c = 'g', marker = '^')


ax.set_xlabel('X')
ax.set_ylabel('Y')
ax.set_zlabel('Z')


plt.show()
```

以下是样例输出：

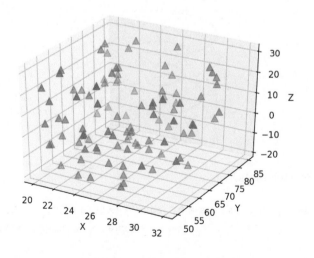

1.4.3.3   线框架图（Wireframe plots）

```
Axes3D.plot_wireframe(self, X, Y, Z,  * args, **kwargs)
```

绘制 3D 的线条框架图。参数如下：

参数	描述
X, Y, Z	2D 数组，数据的值
rcount, ccount	整数，可选，默认值为 50，指定每个方向使用的最大样本量
rstride, cstride	指定每个方向的采样步长。该参数与 rcount/ccount 是互斥的。如果只设置了一个 rstride 或 cstride，那么另一个默认为 1
**kwargs	其他可传递给 Line3DCollection 的参数

示例：

```
import numpy as np
from mpl_toolkits.mplot3d import axes3d
import matplotlib.pyplot as plt

fig = plt.figure()
ax = fig.add_subplot(111, projection = '3d')

x,y = np.meshgrid(np.linspace(-1,1,150), np.linspace(-1,1,150))
z = (x + y) * np.exp(-5 * (x**2 + y**2)) * 6.01 - 0.152

ax.plot_wireframe(x, y, z, rstride = 10, cstride = 10)

plt.show()
```

以下是样例输出：

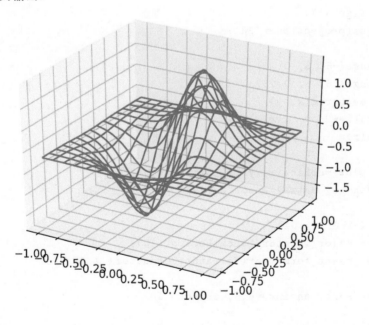

1.4.3.4　曲面图（Surface plots）

```
Axes3D.plot_surface(self, X, Y, Z,  * args, norm = None, vmin = None, vmax
                                   = None, lightsource = None, **kwargs)
```

绘制 3D 曲面图。默认情况下会用具有阴影渐变的单一颜色来绘制曲面，但可以通过cmap 参数来指定颜色映射。参数如下：

参数	描述
X, Y, Z	2D 数组，数据的值
rcount, ccount	整数，可选，默认值为 50，指定每个方向使用的最大样本量
rstride, cstride	指定每个方向的采样步长。该参数与 rcount/ccount 是互斥的。如果只设置了一个 rstride 或 cstride，那么另一个默认为 1
color	指定曲面的颜色
cmap	指定曲面的色彩映射
facecolors	颜色数组，可以指定构成曲面的每一个单独小片的颜色
norm	色彩映射的标准化
vmin, vmax	指定标准化上下限的边界值
shade	布尔值，默认为 True，是否为 facecolor 用渐变以展示其深度。当 cmap 被指定时，shade 不可用
lightsource	当 shade 为 True 时使用指定光源
**kwargs	其他可传递给 Poly3DCollection 的参数

示例：

```
from mpl_toolkits.mplot3d import Axes3D
import matplotlib.pyplot as plt
from matplotlib import cm
from matplotlib.ticker import LinearLocator, FormatStrFormatter
import numpy as np

fig = plt.figure()
ax = fig.gca(projection = '3d')

x = np.arange(-5, 5, 0.25)
y = np.arange(-5, 5, 0.25)
x, y = np.meshgrid(x, y)
r = np.sqrt(x**2 + y**2)
z = np.sin(r)

surf = ax.plot_surface(x, y, z, cmap = cm.jet,
    linewidth = 0, antialiased = False)

ax.set_zlim(-1.01, 1.01)
ax.zaxis.set_major_locator(LinearLocator(10))
ax.zaxis.set_major_formatter(FormatStrFormatter('%.02f'))

fig.colorbar(surf, shrink = 0.5, aspect = 10)
```

```
plt.show()
```

以下是样例输出：

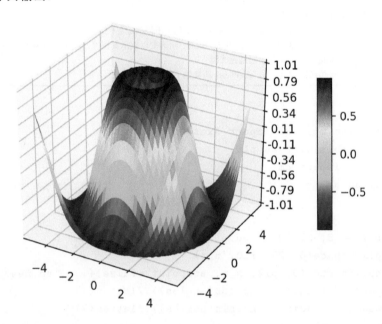

1.4.3.5　三角曲面图（Tri-Surface plots）

```
Axes3D.plot_trisurf(self,  * args, color = None, norm = None, vmin = None,
                           vmax = None, lightsource = None, **
                           kwargs)
```

利用三角法绘制曲面图。可以通过以下两种方法来指定三角网格的生成。

第一种：

```
plot_trisurf(triangulation, ...)
```

其中，triangulation 是一个 Triangulation 对象。

第二种：

```
plot_trisurf(X, Y, ...)
plot_trisurf(X, Y, triangles, ...)
plot_trisurf(X, Y, triangles = triangles, ...)
```

在这种情况下，一个 Triangulation 对象会被创建。关于 Triangulation 的解释，请参考相关材料。

相关参数：

参数	描述
X, Y, Z	1D 数组，数据的值
color	指定曲面的颜色
cmap	指定曲面的色彩映射
facecolors	颜色数组，可以指定构成曲面的每一个单独小片的颜色
norm	色彩映射的标准化
vmin, vmax	标量，可选，默认值为 None，指定标准化上下限的边界值
shade	布尔值，默认为 True，是否为 facecolor 用渐变以展示其深度。当 cmap 被指定时，shade 不可用
lightsource	当 shade 为 True 时使用指定光源
**kwargs	其他可传递给 Poly3DCollection 的参数

示例：

```python
from mpl_toolkits.mplot3d import Axes3D
import matplotlib.pyplot as plt
from matplotlib import cm
import numpy as np

# 构造数据
n_r, n_a, pi2 = 8, 36, 2 * np.pi
radii = np.linspace(0.125, 1.0, n_r)
angles = np.linspace(0, pi2, n_a, endpoint = False)[..., np.newaxis]
x = np.append(0, (radii * np.cos(angles)).flatten())
y = np.append(0, (radii * np.sin(angles)).flatten())
z = np.sin(-x * y)

fig = plt.figure()
ax = fig.gca(projection = '3d')

ax.plot_trisurf(x, y, z, linewidth = 1, cmap = cm.cool)

plt.show()
```

以下是样例输出：

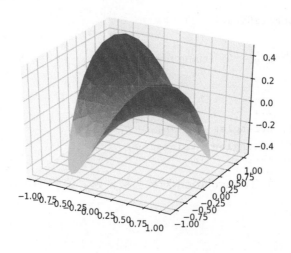

1.4.3.6　等值线图（Contour plots）

```
Axes3D.contour(self, X, Y, Z,  * args, extend3d = False, stride = 5, zdir =
                                'z', offset = None, **kwargs)
```

绘制 3D 等值线图。参数如下：

参数	描述
X, Y, Z	数组，输入数据
extend3d	布尔值，默认为 False，是否在 3D 中扩展
stride	整数，指定扩展等值线的步长
zdir	默认值为'z'，指定 z 轴方向
offset	标量，如果指定，在垂直于 zdir 的平面上绘制等值线在此平面的投影
*args, **kwargs	其他可传递给 contour 的参数

示例：

```
from mpl_toolkits.mplot3d import axes3d
import matplotlib.pyplot as plt
from matplotlib import cm
import numpy as np

fig = plt.figure()
ax = fig.gca(projection = '3d')
x,y = np.meshgrid(np.linspace(-1,1,150), np.linspace(-1,1,150))
z = (x + y) * np.exp(-5 * (x**2 + y**2)) * 6.01 - 0.152

cset = ax.contour(x, y, z, 13, cmap = cm.jet)

ax.clabel(cset, fontsize = 9, inline = 1)

plt.show()
```

以下是样例输出：

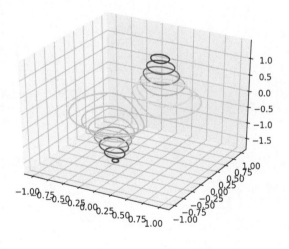

1.4.3.7 填充等值线图（Filled contour plots）

```
Axes3D.contourf(self, X, Y, Z,  * args, zdir='z', offset=None, **kwargs)
```

绘制 3D 填充等值线。参数如下：

参数	描述
X, Y, Z	数组，输入数据
zdir	默认值为'z'，指定 z 轴方向
offset	标量，如果指定，在垂直于 zdir 的平面上绘制等值线在此平面的投影
*args, **kwargs	其他可传递给 contourf 的参数

示例：

```python
from mpl_toolkits.mplot3d import axes3d
import matplotlib.pyplot as plt
from matplotlib import cm
import numpy as np

fig = plt.figure()
ax = fig.gca(projection = '3d')
x,y = np.meshgrid(np.linspace(-1,1,150), np.linspace(-1,1,150))
z = (x + y) * np.exp(-5 * (x**2 + y**2)) * 6.01 - 0.152

cset = ax.contourf(x, y, z, 13, cmap = cm.jet)

ax.clabel(cset, fontsize = 9, inline = 1)

plt.show()
```

以下是样例输出：

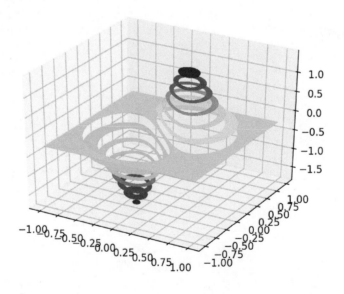

1.4.3.8 多边形图（Polygon plots）

```
Axes3D.add_collection3d(self, col, zs = 0, zdir = 'z')
```

通过给 2D 的集合类型增加 z 坐标信息，在 3D 坐标系中添加对象集合。支持的对象集合包括 PolyCollection、LineCollection 和 PatchCollection。

```python
from mpl_toolkits.mplot3d import Axes3D
from matplotlib.collections import PolyCollection
import matplotlib.pyplot as plt
from matplotlib import colors as mcolors
import numpy as np

def polygon_under_graph(xlist, ylist):
    # 创建填充(xlist, ylist)线图下方空间的多边形顶点列表，假设xs是升序的
    return [(xlist[0], 0.),  * zip(xlist, ylist), (xlist[-1], 0.)]

fig = plt.figure()
ax = fig.gca(projection = '3d')

verts = []
xs = np.linspace(0., 10., 26)

# 第i个多边形会被放置于y=zs[i]平面
zs = range(4)

for i in zs:
    ys = np.random.rand(len(xs))
    verts.append(polygon_under_graph(xs, ys))

poly = PolyCollection(verts,
    facecolors = ['r', 'g', 'b', 'y'], alpha = .6)
ax.add_collection3d(poly, zs = zs, zdir = 'y')

ax.set_xlabel('X')
ax.set_ylabel('Y')
ax.set_zlabel('Z')
ax.set_xlim(0, 10)
ax.set_ylim(-1, 4)
ax.set_zlim(0, 1)

plt.show()
```

以下是样例输出：

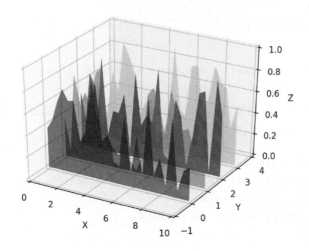

1.4.3.9\u3000条形图（Bar plots）

```
Axes3D.bar(self, left, height, zs = 0, zdir = 'z',  * args, **kwargs)
```

添加 2D 条形图。参数如下：

参数	描述
left	1D 数组（或类似序列），条形左侧的 x 坐标序列
height	1D 数组（或类似序列），条形的高度序列
zs	标量或 1D 数组，各组 2D 条形图的 z 坐标。如果指定单一值，则为所有条形图共用
zdir	在绘制 2D 数据时，当作 z 方向的轴
**kwargs	其他可传递给 bar 的参数

示例：

```
from mpl_toolkits.mplot3d import Axes3D
import matplotlib.pyplot as plt
import numpy as np


fig = plt.figure()
ax = fig.add_subplot(111, projection = '3d')


colors = ['r', 'g', 'b', 'y']
yticks = [3, 2, 1, 0]
for c, k in zip(colors, yticks):
    # 为y=k '层' 产生随机数
    xs = np.arange(20)
    ys = np.random.rand(20)

    cs = [c]  *  len(xs)
    cs[0] = 'c'

    # 用xs和ys在y=k平面上以80%的透明度绘制条形图
```

```
        ax.bar(xs, ys, zs = k, zdir = 'y', color = cs, alpha = 0.8)

ax.set_xlabel('X')
ax.set_ylabel('Y')
ax.set_zlabel('Z')

ax.set_yticks(yticks)

plt.show()
```

以下是样例输出：

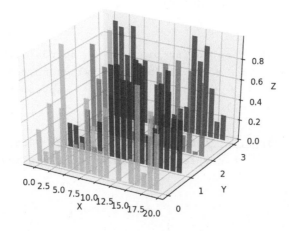

1.4.3.10　矢量箭头场（Quiver）

```
Axes3D.quiver(X, Y, Z, U, V, W,   / , length = 1, arrow_length_ratio = .3,
                                 pivot = 'tail', normalize = False, **
                                 kwargs)
```

绘制 3D 矢量箭头场图。参数如下：

参数	描述
X, Y, Z	数组，箭头位置的 (x, y, z) 坐标，默认是指箭尾位置
U, V, W	数组，矢量在 x、y 和 z 方向的分量
length	浮点数，指定各箭头的长度，默认为 1.0，其单位与 Axes 相同
arrow_length_ratio	浮点数，箭头尖端长度与整个箭头长度的比率，默认为 0.3
pivot	'tail'、'middle'、'tip'，箭头在网格点上的定位方法，默认是 "tail"
normalize	布尔值，为 True 时，所有箭头的长度都相等。默认为 False，箭头的长度取决于 u、v 和 w 的值
**kwargs	其他可传递给 LineCollection 的参数

这些参数可以是数组，也可以是标量，只要它们可以一起传播即可。参数也可以是有掩码的数组，如果任何参数数组中的一个元素被掩蔽，那么相应的 Quiver 数组中的元素将不会被绘制。

示例：

```python
from mpl_toolkits.mplot3d import Axes3D
import matplotlib.pyplot as plt
import numpy as np

fig = plt.figure()
ax = fig.gca(projection = '3d')

# 创建网格
x, y, z = np.meshgrid(np.arange(-0.8, 1, 0.2),
                      np.arange(-0.8, 1, 0.2),
                      np.arange(-0.8, 1, 0.8))

# 创建数据
u = np.sin(np.pi * x) * np.cos(np.pi * y) * np.cos(np.pi * z)
v = - np.cos(np.pi * x) * np.sin(np.pi * y) * np.cos(np.pi * z)
w = (np.sqrt(2.0 / 3.0) * np.cos(np.pi * x) * np.cos(np.pi * y) *
     np.sin(np.pi * z))

ax.quiver(x, y, z, u, v, w, length = 0.15, linewidth = 0.6,
          color = 'b', arrow_length_ratio = 0.4, normalize = True)

plt.show()
```

以下是样例输出：

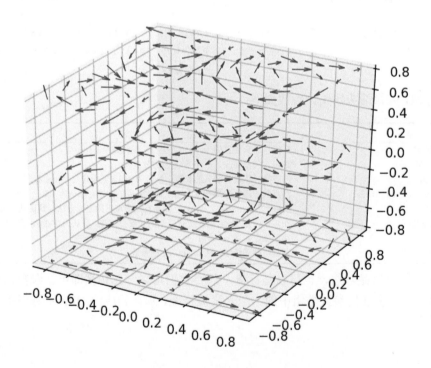

1.4.3.11　在 3D 坐标中绘制 2D 数据

可以在 3D 坐标中利用 ax.plot 的 zdir 关键字参数来指定绘制 2D 数据的坐标平面。
示例：

```python
from mpl_toolkits.mplot3d import Axes3D
import numpy as np
import matplotlib.pyplot as plt

fig = plt.figure()
ax = fig.gca(projection = '3d')

# 在x-y轴平面绘制一个sin曲线
x = np.linspace(0, 1, 100)
y = np.sin(x * 2 * np.pi) / 2 + 0.5
ax.plot(x, y, color = 'r', zs = 0, zdir = 'z', label = 'curve in (x,y)')

# 创建条形图数据
x = np.linspace(0.1, 0.9, 9)
y = np.sin(x * np.pi)
# 通过设置zdir='y'，并设置zs=0，将条形图绘制于x-z轴平面
ax.bar(x, y, color = 'b', width = 0.08, zs = 0, zdir = 'y',
    label = 'patchs in (x,z), zs=0', alpha = 0.7)
# 创建随机散点数据
x = np.random.sample(100)
y = np.random.sample(100)
# 通过设置zdir='y'，并设置zs=1，将这些点绘制于x-z轴平面
ax.scatter(x, y, s = 15, zs = 1, zdir = 'y', c = 'g', marker = 's',
    label = 'points in (x,z), zs=1')

# 绘制图例，并且设置各坐标轴的范围和标签
ax.legend()
ax.set_xlim(0, 1)
ax.set_ylim(0, 1)
ax.set_zlim(0, 1)
ax.set_xlabel('X')
ax.set_ylabel('Y')
ax.set_zlabel('Z')

# 设置3D坐标轴的视角，以便更容易观察散点图与sin曲线的位置
ax.view_init(elev = 20., azim = -25)

plt.show()
```

以下是样例输出：

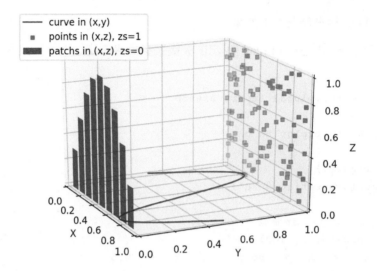

1.4.3.12 3D 坐标中的文字

```
Axes3D.text(self, x, y, z, s, zdir = None, **kwargs)
```

在 3D 坐标中添加文字，除 zdir 外，关键字参数会被传递给 Axes.text。zdir 用于指定要用于'z'方向的坐标轴。下面的例子展示了三种类型 zdir 值 [None，一个轴名称，如'x'，或一个代表方向的 tuple，如 $(1, 1, 0)$] 的文本样式，并展示了使用颜色关键字的文本函数和如何用 text2D 函数将文本放置于 3D 坐标中的固定位置。

```python
from mpl_toolkits.mplot3d import Axes3D
import matplotlib.pyplot as plt

fig = plt.figure()
ax = fig.gca(projection = '3d')

# 示例1: 不同的zdir方法
zdirs = (None, 'x', 'y', 'z', (1, 1, 0), (1, 1, 1))
xs = (1, 4, 4, 9, 4, 1)
ys = (2, 5, 8, 10, 1, 2)
zs = (10, 3, 8, 9, 1, 8)

for zdir, x, y, z in zip(zdirs, xs, ys, zs):
    label = '(%d, %d, %d), dir=%s' % (x, y, z, zdir)
    ax.text(x, y, z, label, zdir)

# 示例2: 指定颜色
ax.text(9, 0, 0, "Red", color = 'red')

# 示例3: text2D函数
# 指定位置(0,0)会将文本放置于左下角，而(1,1)则会将文本放置于右上角
```

```
ax.text2D(0.05, 0.95, "2D Text", transform = ax.transAxes)

# 调整显示区域和标签
ax.set_xlim(0, 10)
ax.set_ylim(0, 10)
ax.set_zlim(0, 10)
ax.set_xlabel('X axis')
ax.set_ylabel('Y axis')
ax.set_zlabel('Z axis')

plt.show()
```

以下是样例输出：

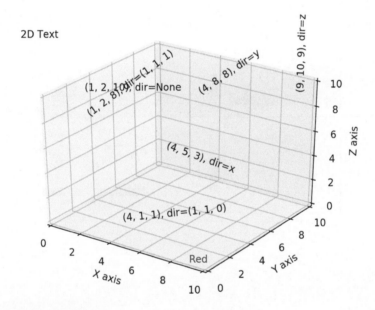

1.4.3.13　3D 坐标的子图布局

在一个 Figure 中进行多个 3D 坐标轴的布局与布置 2D 坐标轴子图是相同的，还可以在同一个 Figure 中同时使用 2D 和 3D 绘图。

```
import matplotlib.pyplot as plt
from matplotlib import cm
import numpy as np
from mpl_toolkits.mplot3d.axes3d import get_test_data
from mpl_toolkits.mplot3d import Axes3D

fig = plt.figure(figsize = plt.figaspect(0.5))

x, y, z = get_test_data(0.05)
zlv = np.linspace(-85,85,35)
```

```
# 第一个子图
ax1 = fig.add_subplot(1, 2, 1)
ct = ax1.contourf(x, y, z, levels = zlv, cmap = cm.coolwarm)
fig.colorbar(ct, shrink = 0.7, aspect = 15, ticks = zlv[1::8])

# 第二个子图
ax2 = fig.add_subplot(1, 2, 2, projection = '3d')
sf = ax2.plot_surface(x, y, z, rstride = 1, cstride = 1,
    vmin = zlv[0], vmax = zlv[-1], cmap = cm.bwr)
fig.colorbar(sf, shrink = 0.7, aspect = 15, orientation = 'horizontal')

plt.show()
```

以下是样例输出：

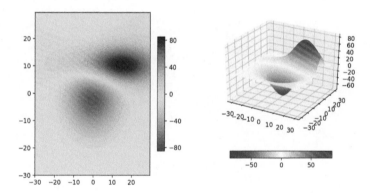

第 2 章　在地球上作图：Basemap

　　Basemap 工具包是 Matplotlib 中的一个用 Python 在地图上绘制 2D 数据的库，它与 MATLAB 及 IDL 中的地图绘制工具包类似，与 GrADS 软件的功能也很接近。另外，PyNGL 和 CDAT 这两个 Python 库也能提供类似的功能，只是侧重点有所不同。

2.1　Basemap 介绍与安装

2.1.1　简介

　　Basemap 是用 Python 以一种简单的方式创建地图的非常好用的工具。它是 Matplotlib 的一个扩展，因此它具有 mpl 创建数据可视化的所有功能，并且添加了地理投影和一些数据集，以便能够非常方便地直接通过该库来绘制海岸线、国家地理信息等。

　　Basemap 本身并不做任何绘图，只是提供了将坐标与多个不同地图投影之间进行变换（使用 C 语言的 PROJ.4 库）的工具，它会使用 Matplotlib 在转换后的坐标中绘制轮廓、图像、向量、直线或点。Basemap 库利用通用的地图工具或数据库提供了海岸线、河流和政治边界数据集以及相应的绘图方法，还在内部将 GEOS（Geometry Engine - Open Source）库用于把海岸线和政治边界特征裁剪到所需要的地图投影区域。

　　Basemap 面向地球科学工作者的需求，特别是海洋学家和气象学家。Jeff Whitaker 最初编写 Basemap 是为了帮助他在气候和天气预报的研究工作，因为那时 CDAT 是 Python 中用于在地图投影上绘制数据的唯一工具。多年来，随着其他学科（如生物学、地质学和地球物理学）的科学家的需求和贡献，Basemap 的能力也在不断发展。

2.1.2　下载与安装

　　源码下载地址：

```
https://github.com/matplotlib/basemap/releases/
https://pypi.org/project/basemap/
```

从源码安装 Basemap, 需要一些其他软件和 Python 库的支持, 如 Matplotlib、Numpy、pyproj、pyshp 以及 GEOS。另外, 一些扩展功能还可能需要 OWWSLib 和 Pillow 的支持。安装方法如下:

1) 安装 Matplotlib、Numpy、pyproj 和 pyshp 等 Python 库。

2) 下载 Basemap 源码压缩包, 解压文件并进入 Basemap 目录。

3) 安装 GEOS 库。该库源码已经包含在 Basemap 中, 其过程与安装一般的 Linux 软件类似:

```
./configure--prefix=$GEOS_DIR_YOU_WANT
make
make install
```

4) 回到解压的 Basemap 目录, 执行 "python setup.py install" 命令进行安装。

5) 通过运行 "from mpl_toolkits.basemap import Basemap" 测试安装是否成功; 进入 Basemap 的 examples 目录, 运行 "python simpletest.py" 可以进一步检测 Basemap 是否可以正常工作。

除下载源码进行安装外, 还可以用 pip 来安装:

```
pip install --user git+https://github.com/matplotlib/basemap.git
```

由于 Basemap 的安装需要一些依赖库, 除常见的 Numpy 等库外, 还有如 "PROJ.4" 和 "GEOS" 等不太常见的库, 推荐使用 Anaconda 通过 conda-forge 频道来进行安装。注意, 由于 Basemap 包的大小和其对非 Python 的外部依赖关系, Basemap 已不再上传到 PyPI 中。

2.2   基于地图的可视化

2.2.1   地图投影

为了在二维的地图上表示地球的曲面效果, 需要进行地图投影。Basemap 提供了许多地图投影, 每一个都有自己的优点和缺点, 它们都不可能做到完全不失真和变形。这些地图投影有的是全球投影, 有的只能展示全球的一部分。创建 Basemap 类实例时, 必须指定所需的地图投影以及该投影所要描述的地球表面部分的相关信息。有两种基本的方法来描述投影区域, 一种是提供矩形地图投影区域四个角的经纬度值, 另一种是提供地图投影区域中心的 lat/lon 值以及区域的宽度和高度。

类变量 supported_projection 是一个字典, 它包含了关于 Basemap 所支持的所有投影的信息。这个字典的 "键"(key) 是短名称 (在创建 Basemap 类实例时与投影关键字一起使用来定义投影), "值"(value) 是较长的、具描述性的名称。类变量 projection_params 也是一个字典, 它提供了一个参数列表, 可用于定义每个投影的属性。下面通过一些示例来展示如何设置使用 Basemap 中的各种投影。注意, 许多地图投影具有两种可取的特性之一: 等面积 (保留地物的面积) 或保角 (保留地物的形状)。没有一种地图投影可以同时拥有这两种特性, 两者之间有许多折中。

2.2.1.1   方位等距投影

在方位等距投影（Azimuthal Equidistant Projection）中，从地图中心到任何其他点的最短路径是一条直线。所以对于该投影中一个特定的点，其周围圆上的所有点在地球表面上的距离相等。创建该投影时要指定 lon_0、lat_0，该点是所产生的地图的中心点，如示例所绘地图中的红点所示。

```
from mpl_toolkits.basemap import Basemap
import numpy as np
import matplotlib.pyplot as plt
width = 28000000; lon_0 = 105; lat_0 = 40
m = Basemap(width = width,height = width,projection = 'aeqd',
lat_0 = lat_0,lon_0 = lon_0)
# 填充背景
m.drawmapboundary(fill_color = 'c')
# 绘制岸线，填充陆地
m.drawcoastlines(linewidth = 0.5);
m.fillcontinents(color = 'y',lake_color = 'c');
# 绘制20°间隔的网格
m.drawparallels(np.arange(-80,81,20));
m.drawmeridians(np.arange(-180,180,20));
# 在地图中心绘制红色圆点
xpt, ypt = m(lon_0, lat_0)
m.plot([xpt],[ypt],'ro')
# 绘制标题
plt.title('Azimuthal Equidistant Projection')
plt.show()
```

以下是样例输出：

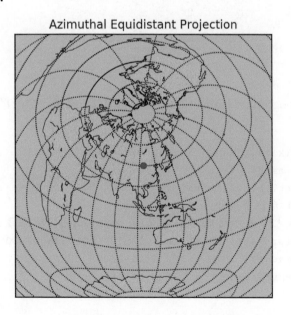

2.2.1.2 诺蒙尼日投影

在诺蒙尼日投影（Gnomonic Projection）中，大圆是直线。

```python
from mpl_toolkits.basemap import Basemap
import numpy as np
import matplotlib.pyplot as plt
m = Basemap(width = 15.e6,height = 15.e6,\
projection = 'gnom',lat_0 = 60.,lon_0 = 120.)
m.drawmapboundary(fill_color = 'c')
m.drawcoastlines()
m.fillcontinents(color = 'y',lake_color = 'c')
m.drawparallels(np.arange(10,90,20))
m.drawmeridians(np.arange(-180,180,30))
plt.title('Gnomonic Projection')
plt.show()
```

以下是样例输出：

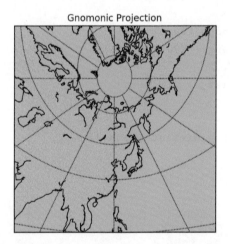

2.2.1.3 正射投影

正射投影（Orthographic Projection）显示的地球，就像一个卫星在无限高的轨道上看到的地球的样子。

```python
from mpl_toolkits.basemap import Basemap
import numpy as np
import matplotlib.pyplot as plt
# lon_0, lat_0 为投影的中心点
# resolution = 'l' 表示用低分辨率（low resolution）的岸线数据
m = Basemap(projection = 'ortho',lon_0 = 105,lat_0 = 30,resolution = 'l')
m.drawcoastlines()
m.fillcontinents(color = 'y',lake_color = 'c')
# 绘制经纬线
```

```
m.drawparallels(np.arange(-90.,100.,30.))
m.drawmeridians(np.arange(0.,370.,30.))
m.drawmapboundary(fill_color = 'c')
plt.title("Full Disk Orthographic Projection")
plt.show()
```

以下是样例输出：

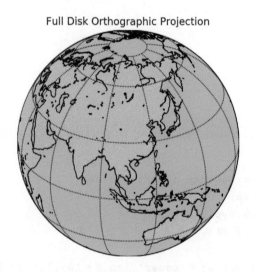

2.2.1.4　地球同步投影

　　地球同步投影（Geostationary Projection）显示的地球，就像一个地球同步卫星看到的地球的样子。

```
from mpl_toolkits.basemap import Basemap
import numpy as np
import matplotlib.pyplot as plt
# lon_0为投影的中心经度
# 可选参数 'satellite_height' 用于指定同步轨道的高度（默认为35 786km）
# rsphere=(6378137.00,6356752.3142)指定了WGS84投影椭球
m = Basemap(projection = 'geos',\
rsphere = (6378137.00,6356752.3142),\
lon_0 = 105,resolution = 'l')
m.drawcoastlines()
m.fillcontinents(color = 'y',lake_color = 'c')
m.drawparallels(np.arange(-90.,100.,30.))
m.drawmeridians(np.arange(0.,370.,30.))
m.drawmapboundary(fill_color = 'c')
plt.title("Full Disk Geostationary Projection")
plt.show()
```

以下是样例输出：

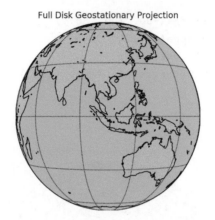

Full Disk Geostationary Projection

2.2.1.5 近侧透视投影

近侧透视投影（Near-Sided Perspective Projection）显示了在地球上空任意高度轨道上的卫星所看到的地球。

```
from mpl_toolkits.basemap import Basemap
import numpy as np
import matplotlib.pyplot as plt
# satellite_height 是相机（视角）所处的高度
h = 3000.
m = Basemap(projection = 'nsper',lon_0 = 105,lat_0 = 30,
satellite_height = h * 1000.,resolution = 'l')
m.drawcoastlines()
m.fillcontinents(color = 'y',lake_color = 'c')
m.drawparallels(np.arange(-90.,100.,30.))
m.drawmeridians(np.arange(0.,370.,30.))
m.drawmapboundary(fill_color = 'c')
plt.title("Full Disk Near-Sided Perspective Projection " +
"%d km above earth" % h, fontsize = 10)
plt.show()
```

以下是样例输出：

Full Disk Near-Sided Perspective Projection 3000 km above earth

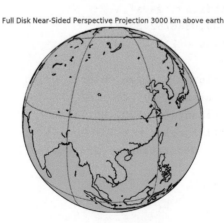

2.2.1.6　莫尔韦德投影

莫尔韦德投影（Mollweide Projection）是一种等面积的椭圆地球投影。

```python
from mpl_toolkits.basemap import Basemap
import numpy as np
import matplotlib.pyplot as plt
# lon_0为投影的中心经度
# resolution = 'c' 表示用粗分辨率（crude resolution）的岸线数据
m = Basemap(projection = 'moll',lon_0 = -180,resolution = 'c')
m.drawcoastlines()
m.fillcontinents(color = 'y',lake_color = 'c')
# 绘制经纬线
m.drawparallels(np.arange(-90.,100.,30.))
m.drawmeridians(np.arange(0.,370.,60.))
m.drawmapboundary(fill_color = 'c')
plt.title("Mollweide Projection")
plt.show()
```

以下是样例输出：

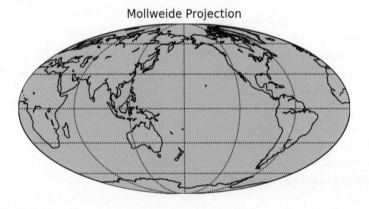

2.2.1.7　哈默投影

哈默投影（Hammer Projection）是另一种等面积椭圆地球投影。

```python
from mpl_toolkits.basemap import Basemap
import numpy as np
import matplotlib.pyplot as plt
m = Basemap(projection = 'hammer',lon_0 = -180,resolution = 'c')
m.drawcoastlines()
m.fillcontinents(color = 'y',lake_color = 'c')
m.drawparallels(np.arange(-90.,100.,30.))
m.drawmeridians(np.arange(0.,370.,60.))
m.drawmapboundary(fill_color = 'aqua')
plt.title("Hammer Projection")
plt.show()
```

以下是样例输出：

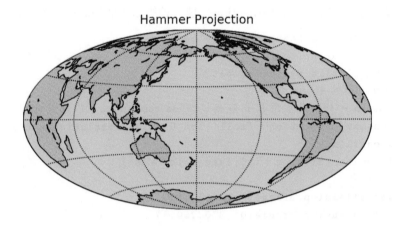

2.2.1.8　罗宾森投影

罗宾森投影（Robinson Projection）是一种全球投影，曾被国家地理学会（National Geographic Society）用于世界地图。

```python
from mpl_toolkits.basemap import Basemap
import numpy as np
import matplotlib.pyplot as plt
m = Basemap(projection = 'robin',lon_0 = -180,resolution = 'c')
m.drawcoastlines()
m.fillcontinents(color = 'y',lake_color = 'c')
m.drawparallels(np.arange(-90.,100.,30.))
m.drawmeridians(np.arange(0.,370.,60.))
m.drawmapboundary(fill_color = 'c')
plt.title("Robinson Projection")
plt.show()
```

以下是样例输出：

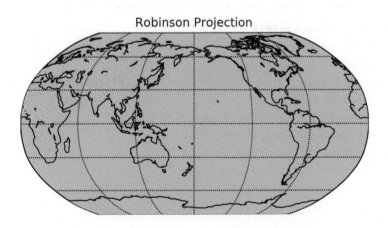

2.2.1.9　埃克特第四投影

埃克特第四投影（Eckert IV Projection）是一种等面积全球投影。

```
from mpl_toolkits.basemap import Basemap
import numpy as np
import matplotlib.pyplot as plt
m = Basemap(projection = 'eck4',lon_0 = -180,resolution = 'c')
m.drawcoastlines()
m.fillcontinents(color = 'y',lake_color = 'c')
m.drawparallels(np.arange(-90.,100.,30.))
m.drawmeridians(np.arange(0.,370.,60.))
m.drawmapboundary(fill_color = 'c')
plt.title("Eckert IV Projection")
plt.show()
```

以下是样例输出：

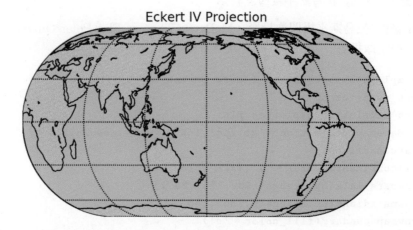

2.2.1.10　卡夫雷斯基第七投影

卡夫雷斯基第七投影（Kavrayskiy VII）类似于罗宾森投影，在苏联被广泛使用。

```
from mpl_toolkits.basemap import Basemap
import numpy as np
import matplotlib.pyplot as plt
m = Basemap(projection = 'kav7',lon_0 = -180,resolution = 'c')
m.drawcoastlines()
m.fillcontinents(color = 'y',lake_color = 'c')
m.drawparallels(np.arange(-90.,120.,30.))
m.drawmeridians(np.arange(0.,360.,60.))
m.drawmapboundary(fill_color = 'c')
plt.title("Kavrayskiy VII Projection")
plt.show()
```

以下是样例输出：

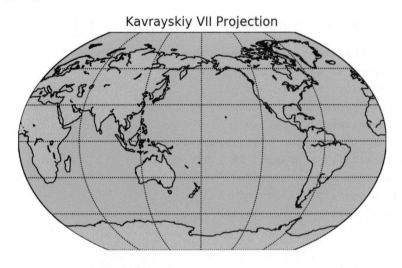

2.2.1.11　麦克布赖德–托马斯平极四次投影

麦克布赖德–托马斯平极四次投影（McBryde-Thomas Flat Polar Quartic Projection）是一种等面积全球投影。

```python
from mpl_toolkits.basemap import Basemap
import numpy as np
import matplotlib.pyplot as plt
m = Basemap(projection = 'mbtfpq',lon_0 = -180,resolution = 'c')
m.drawcoastlines()
m.fillcontinents(color = 'y',lake_color = 'c')
m.drawparallels(np.arange(-90.,120.,30.))
m.drawmeridians(np.arange(0.,360.,60.))
m.drawmapboundary(fill_color = 'c')
plt.title("McBryde-Thomas Flat Polar Quartic Projection")
plt.show()
```

以下是样例输出：

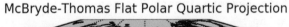

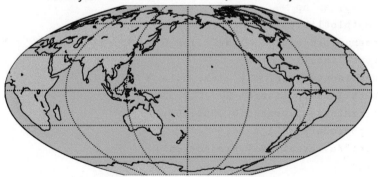

2.2.1.12 正弦投影

正弦投影（Sinusoidal Projection）是一种等面积全球投影，其中每条平行线的长度等于纬度的余弦值。

```python
from mpl_toolkits.basemap import Basemap
import numpy as np
import matplotlib.pyplot as plt
m = Basemap(projection = 'sinu',lon_0 = -180,resolution = 'c')
m.drawcoastlines()
m.fillcontinents(color = 'y',lake_color = 'c')
m.drawparallels(np.arange(-90.,120.,30.))
m.drawmeridians(np.arange(0.,420.,60.))
m.drawmapboundary(fill_color = 'c')
plt.title("Sinusoidal Projection")
plt.show()
```

以下是样例输出：

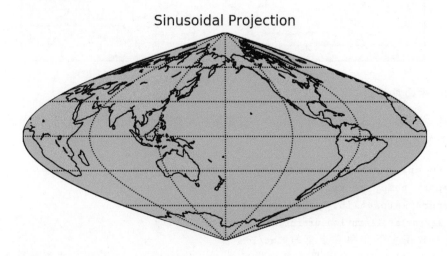

2.2.1.13 等距圆柱投影

等距圆柱投影（Equidistant Cylindrical Projection）是最简单的投影，以经纬度坐标来显示世界。

```python
from mpl_toolkits.basemap import Basemap
import numpy as np
import matplotlib.pyplot as plt
# llcrnrlat,llcrnrlon,urcrnrlat,urcrnrlon
# 是地图左下角和右上角的 lat/lon 值
m = Basemap(projection = 'cyl',llcrnrlat = -90,urcrnrlat = 90,\
llcrnrlon = 0,urcrnrlon = 360,resolution = 'c')
m.drawcoastlines()
m.fillcontinents(color = 'y',lake_color = 'c')
```

```
m.drawparallels(np.arange(-90.,100.,30.))
m.drawmeridians(np.arange(0.,370.,60.))
m.drawmapboundary(fill_color = 'c')
plt.title("Equidistant Cylindrical Projection")
plt.show()
```

以下是样例输出：

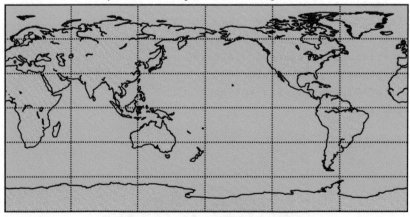

Equidistant Cylindrical Projection

2.2.1.14　卡西尼投影

卡西尼投影（Cassini Projection），首先旋转地球，使中心子午线成为"赤道"，然后应用正常等距圆柱投影。

```
from mpl_toolkits.basemap import Basemap
import numpy as np
import matplotlib.pyplot as plt
# llcrnrlat,llcrnrlon,urcrnrlat,urcrnrlon
# 是地图左下角和右上角的 lat/lon 值
# resolution='i' 表示用中等分辨率（intermediate resolution）的岸线数据
# lon_0, lat_0 为投影的中心经、纬度
m = Basemap(llcrnrlon = 152.63,llcrnrlat = 49.55,
urcrnrlon = 168.33,urcrnrlat = 59.55,
resolution = 'i',projection = 'cass',lon_0 = 159.5,lat_0 = 54.8)
# 也可以用下面指定width和height的方法来得到同样的地图
# m = Basemap(width=988700,height=1125200,\
#             resolution='i',projection='cass',lon_0=159.5,lat_0=54.8)
m.drawcoastlines()
m.fillcontinents(color = 'y',lake_color = 'c')
# 绘制经纬线
m.drawparallels(np.arange(48,61.,2.))
m.drawmeridians(np.arange(150.,170,2.))
m.drawmapboundary(fill_color = 'c')
```

```
plt.title("Cassini Projection")
plt.show()
```

以下是样例输出：

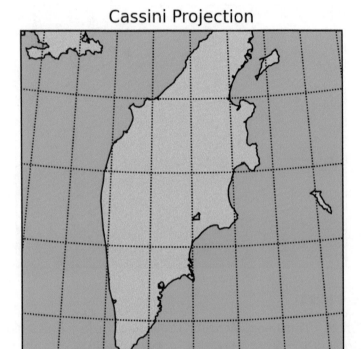

2.2.1.15　墨卡托投影

墨卡托投影（Mercator Projection）是一种圆柱形的保角投影，在高纬度地区有非常大的失真，而且不能完全到达极地地区。

```
from mpl_toolkits.basemap import Basemap
import numpy as np
import matplotlib.pyplot as plt
# lat_ts是真实标度的纬度
m = Basemap(projection = 'merc',llcrnrlat = -80,urcrnrlat = 80,\
llcrnrlon = 0,urcrnrlon = 360,lat_ts = 20,resolution = 'c')
m.drawcoastlines()
m.fillcontinents(color = 'y',lake_color = 'c')
m.drawparallels(np.arange(-90.,91.,30.))
m.drawmeridians(np.arange(0.,361.,60.))
m.drawmapboundary(fill_color = 'c')
plt.title("Mercator Projection")
```

```
plt.show()
```

以下是样例输出：

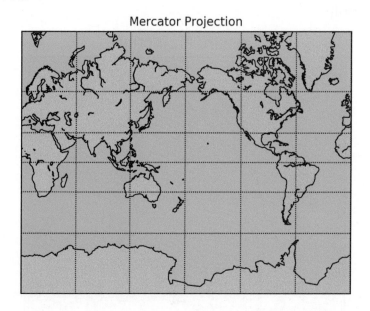

2.2.1.16 横轴墨卡托投影

横轴墨卡托投影（Transverse Mercator Projection）是墨卡托投影的横向。首先旋转地球，使中心子午线成为"赤道"，然后应用正常的墨卡托投影。

```
from mpl_toolkits.basemap import Basemap
import numpy as np
import matplotlib.pyplot as plt
m = Basemap(llcrnrlon = 152.63,llcrnrlat = 49.55,
urcrnrlon = 168.33,urcrnrlat = 59.55,
resolution = 'i',projection = 'tmerc',lon_0 = 159.5,lat_0 = 54.8)
# 也可以用下面指定width和height的方法来得到同样的地图
# m = Basemap(width=992500,height=1126400,\
#             resolution='i',projection='tmerc',lon_0=159.5,lat_0=54.8)
m.drawcoastlines()
m.fillcontinents(color = 'y',lake_color = 'c')
m.drawparallels(np.arange(48,61.,2.))
m.drawmeridians(np.arange(150.,170,2.))
m.drawmapboundary(fill_color = 'c')
plt.title("Transverse Mercator Projection")
plt.show()
```

以下是样例输出：

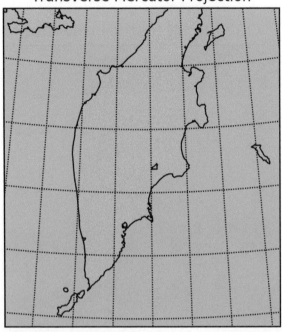

2.2.1.17　斜轴墨卡托投影

斜轴墨卡托投影（Oblique Mercator Projection）是墨卡托投影沿某一个方向的倾斜。该投影的中心线可以是任意大圆（通过指定两个点来定义），而不是常规墨卡托投影中的纬度或横轴墨卡托投影中的经度。

```python
from mpl_toolkits.basemap import Basemap
import numpy as np
import matplotlib.pyplot as plt
# width（xmax-xmin，km）是投影区域的宽度
# height（ymax-ymin，km）是投影区域的高度
# lat_1、lon_1和lat_2、lon_2是一对用来定义投影中心线的点
# 地图投影会自动旋转至真北方向，可以通过设置no_rot=True避免此行为
# area_thresh=1000 表示岸线特征面积小于1000km²的海岸线将不会被绘制
m = Basemap(height = 16700000,width = 12000000,\
resolution = 'l',area_thresh = 1000.,projection = 'omerc',\
lon_0 = 100,lat_0 = 15,lon_2 = 80,lat_2 = 65,lon_1 = 150,lat_1 = -55)
m.drawcoastlines()
m.fillcontinents(color = 'y',lake_color = 'c')
m.drawparallels(np.arange(-80.,81.,20.))
m.drawmeridians(np.arange(0.,361.,20.))
m.drawmapboundary(fill_color = 'c')
plt.title("Oblique Mercator Projection")
plt.show()
```

以下是样例输出：

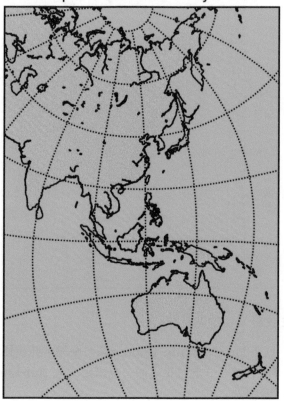

2.2.1.18 多圆锥投影

在切圆锥投影中，离标准纬线越远，变形就越大。如果有更多的标准纬线，则变形就会变小，多圆锥投影（Polyconic Projection）就是基于此思想建立的。

```python
from mpl_toolkits.basemap import Basemap
import numpy as np
import matplotlib.pyplot as plt
# 设置polyconic投影要指定区域四角的lat/lon和中心点
m = Basemap(llcrnrlon = -25.,llcrnrlat = -30,urcrnrlon = 90.,urcrnrlat =
                               50.,\
resolution = 'l',area_thresh = 1000.,projection = 'poly',\
lat_0 = 0.,lon_0 = 30.)
m.drawcoastlines()
m.fillcontinents(color = 'y',lake_color = 'c')
m.drawparallels(np.arange(-80.,81.,20.))
m.drawmeridians(np.arange(-180.,181.,20.))
m.drawmapboundary(fill_color = 'c')
plt.title("Polyconic Projection")
```

```
plt.show()
```

以下是样例输出：

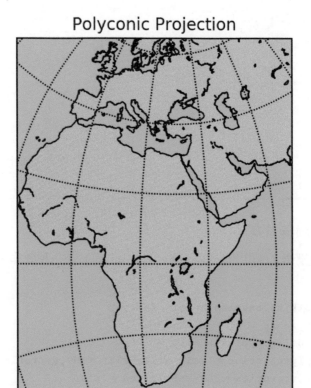

2.2.1.19　米勒圆柱投影

米勒圆柱投影（Miller Cylindrical Projection）是一种修正版的墨卡托投影，避免了极坐标奇点。该投影既不是等面积的，也不是保角的。

```
from mpl_toolkits.basemap import Basemap
import numpy as np
import matplotlib.pyplot as plt
m = Basemap(projection = 'mill',llcrnrlat = -90,urcrnrlat = 90,\
llcrnrlon = 0,urcrnrlon = 360,resolution = 'c')
m.drawcoastlines()
m.fillcontinents(color = 'y',lake_color = 'c')
m.drawparallels(np.arange(-90.,91.,30.))
m.drawmeridians(np.arange(0.,361.,60.))
m.drawmapboundary(fill_color = 'c')
plt.title("Miller Cylindrical Projection")
plt.show()
```

以下是样例输出：

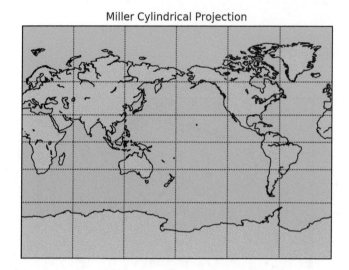

2.2.1.20　Gall 极射赤面投影

Gall 极射赤面投影（Gall Stereographic Projection）是一种既非等面积也非保角的立体圆柱投影。

```python
from mpl_toolkits.basemap import Basemap
import numpy as np
import matplotlib.pyplot as plt
m = Basemap(projection = 'gall',llcrnrlat = -90,urcrnrlat = 90,\
llcrnrlon = 0,urcrnrlon = 360,resolution = 'c')
m.drawcoastlines()
m.fillcontinents(color = 'y',lake_color = 'c')
m.drawparallels(np.arange(-90.,91.,30.))
m.drawmeridians(np.arange(0.,361.,60.))
m.drawmapboundary(fill_color = 'c')
plt.title("Gall Stereographic Projection")
plt.show()
```

以下是样例输出：

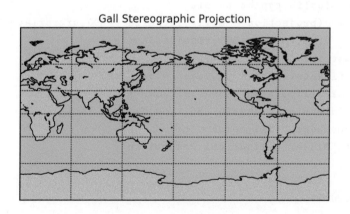

2.2.1.21　圆柱等面积投影

　　圆柱等面积投影（Cylindrial Equal-Area Projection）是在与赤道相切的圆柱上进行等轴透视投影，从名称可知这是一个等面积投影。该投影在标准纬线竖直方向上的形状是真实的，在靠近极点的竖直方向上变形很严重。

```
from mpl_toolkits.basemap import Basemap
import numpy as np
import matplotlib.pyplot as plt
m = Basemap(projection = 'cea',llcrnrlat = -90,urcrnrlat = 90,\
llcrnrlon = 0,urcrnrlon = 360,resolution = 'c')
m.drawcoastlines()
m.fillcontinents(color = 'y',lake_color = 'c')
m.drawparallels(np.arange(-90.,91.,30.))
m.drawmeridians(np.arange(0.,361.,60.))
m.drawmapboundary(fill_color = 'c')
plt.title("Cylindrical Equal-Area Projection")
plt.show()
```

　　以下是样例输出：

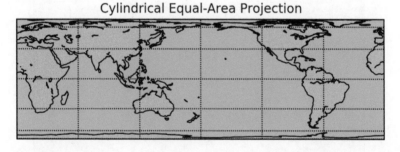

Cylindrical Equal-Area Projection

2.2.1.22　兰勃特正形投影

　　兰勃特正形投影（Lambert Conformal Projection）是一个保角（正形）投影，下面示例在地图上画的红色图形是地球表面等面积的圆，它们被称为 Tissot's indicatrix，可以用来展示地图投影的角度与面积的失真程度（在保角投影上，圆的形状保持不变，但面积不相等；而在等面积投影中，面积相等，但形状会不同）。

```
from mpl_toolkits.basemap import Basemap
import numpy as np
import matplotlib.pyplot as plt
# lat_1、lat_2 分别是第一、二标准纬线，lat_2默认值等于lat_1
# rsphere=(6378137.00,6356752.3142)指定了WGS84投影椭球
m = Basemap(width = 12000000,height = 9000000,
            rsphere = (6378137.00,6356752.3142),\
            resolution = 'l',area_thresh = 1000.,projection = 'lcc',\
            lat_1 = 45.,lat_2 = 55,lat_0 = 50,lon_0 = 108.)
```

```
m.drawcoastlines()
m.fillcontinents(color = 'y',lake_color = 'c')
m.drawparallels(np.arange(-80.,81.,20.))
m.drawmeridians(np.arange(0.,361.,20.))
m.drawmapboundary(fill_color = 'c')
# 绘制tissot's indicatrix以展示失真程度
ax = plt.gca()
for y in np.linspace(m.ymax / 20,19 * m.ymax / 20,9):
    for x in np.linspace(m.xmax / 20,19 * m.xmax / 20,12):
        lon, lat = m(x,y,inverse = True)
        poly = m.tissot(lon,lat,2.,100,\
                        facecolor = 'red',zorder = 10,alpha = 0.5)
plt.title("Lambert Conformal Projection")
plt.show()
```

以下是样例输出：

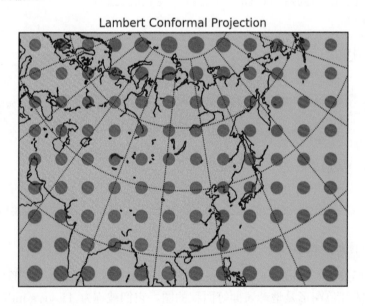

Lambert Conformal Projection

2.2.1.23　兰勃特等积方位投影

兰勃特等积方位投影（Lambert Azimuthal Equal Area Projection）是一种等面积投影。下面示例同样使用红色图形的 Tissot's indicatrix 来展示地图投影的角度与面积的失真程度。

```
from mpl_toolkits.basemap import Basemap
import numpy as np
import matplotlib.pyplot as plt
m = Basemap(width = 12000000,height = 8000000,
            resolution = 'l',projection = 'laea',\
            lat_ts = 50,lat_0 = 50,lon_0 = 108.)
```

```
m.drawcoastlines()
m.fillcontinents(color = 'y',lake_color = 'c')
m.drawparallels(np.arange(-80.,81.,20.))
m.drawmeridians(np.arange(0.,361.,20.))
m.drawmapboundary(fill_color = 'c')
ax = plt.gca()
for y in np.linspace(m.ymax / 20,19 * m.ymax / 20,9):
    for x in np.linspace(m.xmax / 20,19 * m.xmax / 20,12):
        lon, lat = m(x,y,inverse = True)
        poly = m.tissot(lon,lat,2.,100,\
                        facecolor = 'red',zorder = 10,alpha = 0.5)
plt.title("Lambert Azimuthal Equal Area Projection")
plt.show()
```

以下是样例输出：

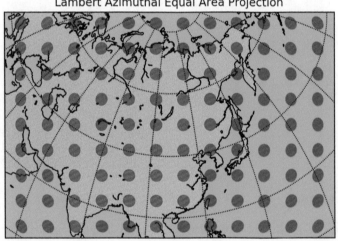

Lambert Azimuthal Equal Area Projection

2.2.1.24　极射赤面投影

极射赤面投影（Stereographic Projection）是一种保角（正形）投影。下面示例同样使用 Tissot's indicatrix 展示地图投影的失真程度。

```
from mpl_toolkits.basemap import Basemap
import numpy as np
import matplotlib.pyplot as plt
m = Basemap(width = 12000000,height = 8000000,
            resolution = 'l',projection = 'stere',\
            lat_ts = 50,lat_0 = 50,lon_0 = 108.)
m.drawcoastlines()
m.fillcontinents(color = 'y',lake_color = 'c')
m.drawparallels(np.arange(-80.,81.,20.))
m.drawmeridians(np.arange(0.,361.,20.))
```

```
m.drawmapboundary(fill_color = 'c')
ax = plt.gca()
for y in np.linspace(m.ymax / 20,19 * m.ymax / 20,9):
    for x in np.linspace(m.xmax / 20,19 * m.xmax / 20,12):
        lon, lat = m(x,y,inverse = True)
        poly = m.tissot(lon,lat,2.,100,\
                        facecolor = 'red',zorder = 10,alpha = 0.5)
plt.title("Stereographic Projection")
plt.show()
```

以下是样例输出：

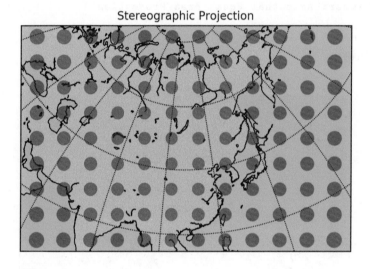

2.2.1.25 等距圆锥投影

等距圆锥投影（Equidistant Conic Projection）既非等面积也非保角，投影中的平行线之间是等距的。下面示例同样使用 Tissot's indicatrix 展示地图投影的失真程度。

```
from mpl_toolkits.basemap import Basemap
import numpy as np
import matplotlib.pyplot as plt
# lat_1、lat_2 分别是第一、二标准纬线
m = Basemap(width = 12000000,height = 9000000,\
            resolution = 'l',projection = 'eqdc',\
            lat_1 = 45.,lat_2 = 55,lat_0 = 50,lon_0 = 108.)
m.drawcoastlines()
m.fillcontinents(color = 'y',lake_color = 'c')
m.drawparallels(np.arange(-80.,81.,20.))
m.drawmeridians(np.arange(0.,361.,20.))
m.drawmapboundary(fill_color = 'c')
ax = plt.gca()
for y in np.linspace(m.ymax / 20,19 * m.ymax / 20,9):
```

```
    for x in np.linspace(m.xmax / 20,19 * m.xmax / 20,12):
        lon, lat = m(x,y,inverse = True)
        poly = m.tissot(lon,lat,2.,100,\
                        facecolor = 'red',zorder = 10,alpha = 0.5)
plt.title("Equidistant Conic Projection")
plt.show()
```

以下是样例输出：

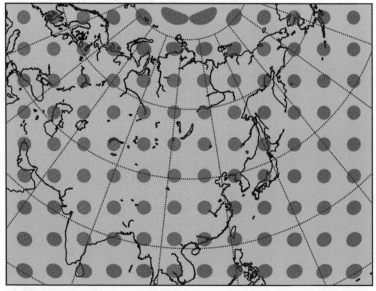

2.2.1.26　阿伯斯等积投影

阿伯斯等积投影（Albers Equal Area Projection）是一种等面积投影，下面示例同样使用 Tissot's indicatrix 展示地图投影的失真程度。

```
from mpl_toolkits.basemap import Basemap
import numpy as np
import matplotlib.pyplot as plt
m = Basemap(width = 8000000,height = 7000000,\
            resolution = 'l',projection = 'aea',\
            lat_1 = 40.,lat_2 = 60,lon_0 = 65,lat_0 = 50)
m.drawcoastlines()
m.fillcontinents(color = 'y',lake_color = 'c')
m.drawparallels(np.arange(-80.,81.,20.))
m.drawmeridians(np.arange(0.,361.,20.))
m.drawmapboundary(fill_color = 'c')
ax = plt.gca()
for y in np.linspace(m.ymax / 20,19 * m.ymax / 20,10):
    for x in np.linspace(m.xmax / 20,19 * m.xmax / 20,12):
```

```
        lon, lat = m(x,y,inverse = True)
        poly = m.tissot(lon,lat,1.6,100,\
                        facecolor = 'red',zorder = 10,alpha = 0.5)
plt.title("Albers Equal Area Projection")
plt.show()
```

以下是样例输出:

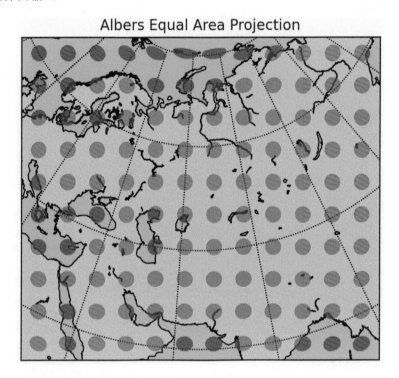

2.2.1.27 极地极射赤面投影

为了方便,Basemap 提供了 npstere 和 spstere 投影来获得两极极面的保角投影,即极地极射赤面投影(Polar Stereographic Projection)。

```
from mpl_toolkits.basemap import Basemap
import numpy as np
import matplotlib.pyplot as plt
# 建立北极的极射赤面投影
# 经线lon_0处于6点钟方向,boundinglat是指在经线lon_0处与地图边缘相切的纬度
# lat_ts的默认值在极点
m = Basemap(projection = 'npstere',boundinglat = 15,\
            lon_0 = 150,resolution = 'l')
m.drawcoastlines()
m.fillcontinents(color = 'y',lake_color = 'c')
m.drawparallels(np.arange(-80.,81.,20.))
m.drawmeridians(np.arange(0.,361.,20.))
```

```
m.drawmapboundary(fill_color = 'c')
ax = plt.gca()
for y in np.linspace(m.ymax / 20,19 * m.ymax / 20,10):
    for x in np.linspace(m.xmax / 20,19 * m.xmax / 20,10):
        lon, lat = m(x,y,inverse = True)
        poly = m.tissot(lon,lat,2.5,100,\
                        facecolor = 'red',zorder = 10,alpha = 0.5)
plt.title("North Polar Stereographic Projection")
plt.show()
```

以下是样例输出：

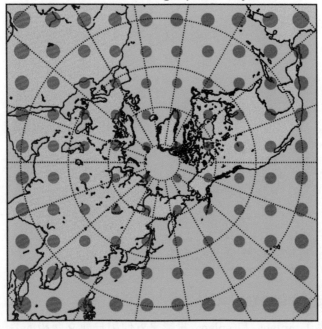

North Polar Stereographic Projection

```
from mpl_toolkits.basemap import Basemap
import numpy as np
import matplotlib.pyplot as plt
# 建立南极的极射赤面投影
m = Basemap(projection = 'spstere',boundinglat = -15,\
            lon_0 = 110,resolution = 'l')
m.drawcoastlines()
m.fillcontinents(color = 'y',lake_color = 'c')
m.drawparallels(np.arange(-80.,81.,20.))
m.drawmeridians(np.arange(0.,361.,20.))
m.drawmapboundary(fill_color = 'c')
ax = plt.gca()
for y in np.linspace(19 * m.ymin / 20,m.ymin / 20,10):
```

```
    for x in np.linspace(19 * m.xmin / 20,m.xmin / 20,10):
        lon, lat = m(x,y,inverse = True)
        poly = m.tissot(lon,lat,2.5,100,\
                        facecolor = 'red',zorder = 10,alpha = 0.5)
plt.title("South Polar Stereographic Projection")
plt.show()
```

以下是样例输出：

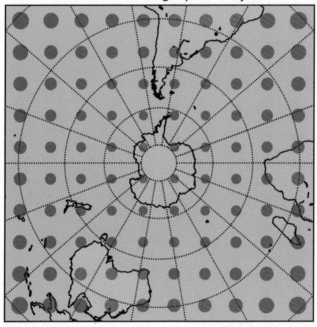

2.2.1.28　极地兰勃特方位投影

Basemap 提供了 nplaea 和 splaea 投影来方便用户建立两极的兰勃特方位等积投影，即极地兰勃特方位投影（Polar Lambert Azimuthal Projection）。

```
from mpl_toolkits.basemap import Basemap
import numpy as np
import matplotlib.pyplot as plt
# 建立北极兰勃特方位投影
m = Basemap(projection = 'nplaea',boundinglat = 15,\
            lon_0 = 170,resolution = 'l')
m.drawcoastlines()
m.fillcontinents(color = 'y',lake_color = 'c')
m.drawparallels(np.arange(-80.,81.,20.))
m.drawmeridians(np.arange(0.,361.,20.))
m.drawmapboundary(fill_color = 'c')
ax = plt.gca()
```

```
for y in np.linspace(m.ymax / 20,19 * m.ymax / 20,10):
    for x in np.linspace(m.xmax / 20,19 * m.xmax / 20,10):
        lon, lat = m(x,y,inverse = True)
        poly = m.tissot(lon,lat,2.5,100,\
                        facecolor = 'red',zorder = 10,alpha = 0.5)
plt.title("North Polar Lambert Azimuthal Projection")
plt.show()
```

以下是样例输出：

North Polar Lambert Azimuthal Projection

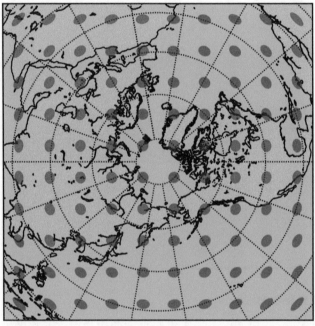

```
from mpl_toolkits.basemap import Basemap
import numpy as np
import matplotlib.pyplot as plt
# 建立南极兰勃特方位投影
m = Basemap(projection = 'splaea',boundinglat = -15,\
            lon_0 = 130,resolution = 'l')
m.drawcoastlines()
m.fillcontinents(color = 'y',lake_color = 'c')
m.drawparallels(np.arange(-80.,81.,20.))
m.drawmeridians(np.arange(0.,361.,20.))
m.drawmapboundary(fill_color = 'c')
ax = plt.gca()
for y in np.linspace(19 * m.ymin / 20,m.ymin / 20,10):
    for x in np.linspace(19 * m.xmin / 20,m.xmin / 20,10):
        lon, lat = m(x,y,inverse = True)
```

```
        poly = m.tissot(lon,lat,2.5,100,\
                        facecolor = 'red',zorder = 10,alpha = 0.5)
plt.title("South Polar Lambert Azimuthal Projection")
plt.show()
```

以下是样例输出：

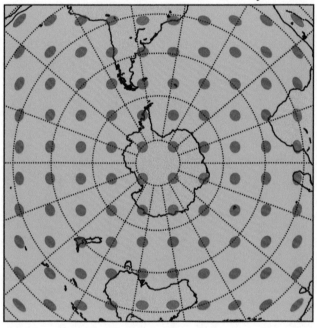

2.2.1.29　极地方位等距投影

Basemap 提供了 npaeqd 和 spaeqd 投影来方便用户建立两极的方位等距投影，即极地方位等距投影（Polar Azimuthal Equidistant Projection）。

```
from mpl_toolkits.basemap import Basemap
import numpy as np
import matplotlib.pyplot as plt
# 建立北极方位等距投影
m = Basemap(projection = 'npaeqd',boundinglat = 15,\
            lon_0 = 170,resolution = 'l')
m.drawcoastlines()
m.fillcontinents(color = 'y',lake_color = 'c')
m.drawparallels(np.arange(-80.,81.,20.))
m.drawmeridians(np.arange(0.,361.,20.))
m.drawmapboundary(fill_color = 'c')
ax = plt.gca()
for y in np.linspace(m.ymax / 20,19 * m.ymax / 20,10):
    for x in np.linspace(m.xmax / 20,19 * m.xmax / 20,10):
```

```
        lon, lat = m(x,y,inverse = True)
        poly = m.tissot(lon,lat,2.5,100,\
                        facecolor = 'red',zorder = 10,alpha = 0.5)
plt.title("North Polar Azimuthal Equidistant Projection")
plt.show()
```

以下是样例输出：

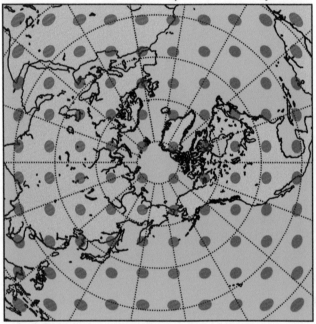

North Polar Azimuthal Equidistant Projection

```
from mpl_toolkits.basemap import Basemap
import numpy as np
import matplotlib.pyplot as plt
# 建立南极方位等距投影
m = Basemap(projection = 'spaeqd',boundinglat = -15,\
            lon_0 = 130,resolution = 'l')
m.drawcoastlines()
m.fillcontinents(color = 'y',lake_color = 'c')
m.drawparallels(np.arange(-80.,81.,20.))
m.drawmeridians(np.arange(0.,361.,20.))
m.drawmapboundary(fill_color = 'c')
ax = plt.gca()
for y in np.linspace(19 * m.ymin / 20,m.ymin / 20,10):
    for x in np.linspace(19 * m.xmin / 20,m.xmin / 20,10):
        lon, lat = m(x,y,inverse = True)
        poly = m.tissot(lon,lat,2.5,100,\
                        facecolor = 'red',zorder = 10,alpha = 0.5)
```

```
plt.title("South Polar Azimuthal Equidistant Projection")
plt.show()
```

以下是样例输出：

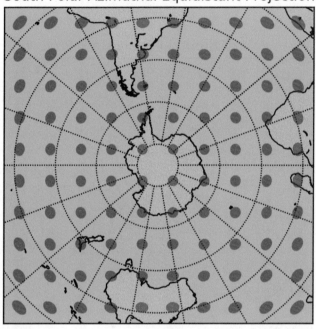

2.2.1.30　范德格林投影

范德格林投影（van der Grinten Projection）是一个曾被国家地理学会用于世界地图的全球投影，它既不是等面积，也不是等角，而是以赤道为中心的一个圆。

```
from mpl_toolkits.basemap import Basemap
import numpy as np
import matplotlib.pyplot as plt
m = Basemap(projection = 'vandg',lon_0 = 180,resolution = 'c')
m.drawcoastlines()
m.fillcontinents(color = 'y',lake_color = 'c')
m.drawparallels(np.arange(-80.,81.,20.))
m.drawmeridians(np.arange(0.,361.,60.))
m.drawmapboundary(fill_color = 'c')
plt.title("van der Grinten Projection")
plt.show()
```

以下是样例输出：

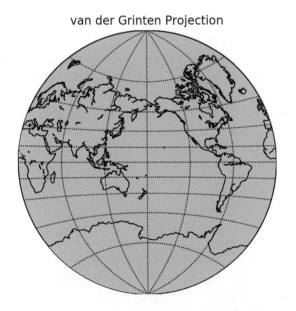

van der Grinten Projection

2.2.2　绘制地图背景

Basemap 包含有 GSHHG 海岸线数据，还有 GMT 的河流以及州和国家边界数据集。这些数据集可以用来在不同分辨率的地图上绘制海岸线、河流和行政边界。相关的 Basemap 方法包括以下几种。

drawcoastlines()：绘制海岸线。

fillcontinents()：通过填充海岸线多边形给大陆内部上色。然而，fill 方法并不总能正确工作。Matplotlib 总是试图填充多边形的内部，但在某些情况下，海岸线多边形的内部可能是模糊的，导致被填充的可能是外部，而不是内部。在这些情况下，推荐的解决方案是使用 drawlsmask() 方法来覆盖一层对陆地和水域指定了不同颜色的图像。

drawcountries()：绘制国界线。

drawstates()：绘制北美的洲界。

drawrivers()：绘制河流。

可以用一幅图像作为地图背景，而不用绘制海岸线和行政边界。Basemap 为此提供了以下几个选项。

drawlsmask()：使用指定的陆地和海洋颜色，绘制一个高分辨率的陆–海掩模作为图像。陆–海掩模来自 GSHHG 海岸线数据，而且有以下几种海岸线选项和像素大小可供选择。

bluemarble()：以 NASA 的 "Blue Marble" 图像作为地图背景。

shadedrelief()：以 "shaded relief" 图像作为地图背景。

etopo()：以 "etopo" 浮雕图像作为地图背景。

warpimage()：使用任意图像作为地图背景。这幅图像必须是全球性的，从国际日期变更线向东，从南极向北，以 lat/lon 坐标覆盖全世界。

示例 1，绘制海岸线，填充海洋和陆地区域：

```
from mpl_toolkits.basemap import Basemap
```

```
import matplotlib.pyplot as plt
# 设置 Lambert Conformal 投影
m = Basemap(width = 12000000,height = 9000000,projection = 'lcc',
resolution = 'c',lat_1 = 45.,lat_2 = 55,lat_0 = 50,lon_0 = 108.)
# 绘制海岸线
m.drawcoastlines()
# 给地图添加边框，并填充背景，此背景为海洋的颜色，而陆地会被画在其之上
m.drawmapboundary(fill_color = 'aqua')
# 填充陆地，并设置湖泊采用与海洋相同的颜色
m.fillcontinents(color = 'coral',lake_color = 'aqua')
plt.show()
```

以下是样例输出：

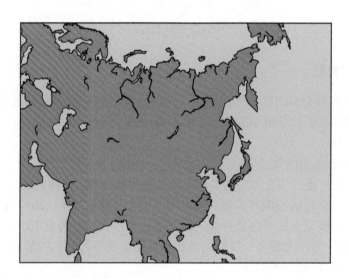

示例 2，绘制陆–海掩模作为图像：

```
from mpl_toolkits.basemap import Basemap
import matplotlib.pyplot as plt
# 设置 Lambert Conformal 投影
# 设置resolution=None来略过边界数据集的处理
m = Basemap(width = 12000000,height = 9000000,projection = 'lcc',
resolution = None,lat_1 = 45.,lat_2 = 55,lat_0 = 50,lon_0 = 108.)
# 绘制陆–海掩模作为地图背景
# lakes=True表示用海洋颜色绘制内陆湖泊
m.drawlsmask(land_color = 'coral',ocean_color = 'aqua',lakes = True)
plt.show()
```

以下是样例输出：

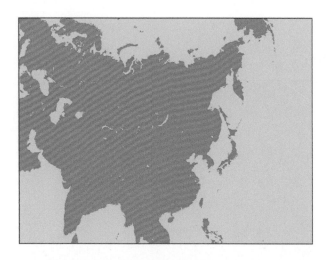

示例 3，绘制 NASA 的“Blue Marble”图像：

```
from mpl_toolkits.basemap import Basemap
import matplotlib.pyplot as plt
m = Basemap(width = 12000000,height = 9000000,projection = 'lcc',
resolution = None,lat_1 = 45.,lat_2 = 55,lat_0 = 50,lon_0 = 108.)
m.bluemarble()
plt.show()
```

以下是样例输出：

示例 4，绘制“shaded relief”图像：

```
from mpl_toolkits.basemap import Basemap
import matplotlib.pyplot as plt
m = Basemap(width = 12000000,height = 9000000,projection = 'lcc',
resolution = None,lat_1 = 45.,lat_2 = 55,lat_0 = 50,lon_0 = 108.)
m.shadedrelief()
```

```
plt.show()
```

以下是样例输出：

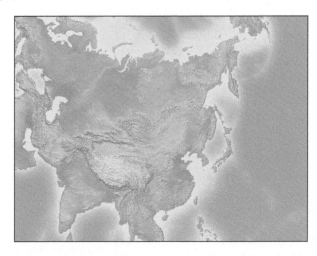

示例 5，绘制 "etopo" 浮雕图像：

```
from mpl_toolkits.basemap import Basemap
import matplotlib.pyplot as plt
m = Basemap(width = 12000000,height = 9000000,projection = 'lcc',
resolution = None,lat_1 = 45.,lat_2 = 55,lat_0 = 50,lon_0 = 108.)
m.etopo()
plt.show()
```

以下是样例输出：

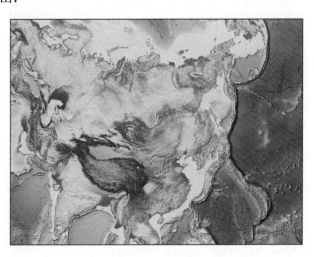

2.2.3 地图上的经纬线

大多数地图都包括一个标有经度和纬度的参考网格，Basemap 通过 drawmeridian() 和
drawparallels() 实例方法来实现这一功能。经纬线可以在它们与地图边界相交的地方进行

标记，但有少数例外：经纬线不能被标记的地图投影有 ortho、geos、vandg 或 nsper，经线不能被标记的地图投影有 ortho、geos、vandg、nsper、moll、hammer 或 sinu。这是因为这些线在相交于地图边界时可能会非常接近，所以它们需要在图的内部进行手动标记。下面的例子展示了如何绘制纬线和经线，并在图的不同侧面标注它们。

```python
from mpl_toolkits.basemap import Basemap
import matplotlib.pyplot as plt
import numpy as np
m = Basemap(width = 12000000,height = 9000000,projection = 'lcc',
resolution = 'c',lat_1 = 45.,lat_2 = 55,lat_0 = 50,lon_0 = 108.)
# 绘制海岸线
m.drawcoastlines()
# 绘制地图边框，并填充颜色
m.drawmapboundary(fill_color = 'aqua')
# 填充陆地，并用海洋颜色填充湖泊
m.fillcontinents(color = 'coral',lake_color = 'aqua')
# 绘制经纬线，并在右侧和顶侧标注纬度，在底部和左侧标注经度
parallels = np.arange(0.,81,10.)
# labels = [left,right,top,bottom]
m.drawparallels(parallels,labels = [False,True,True,False])
meridians = np.arange(10.,351.,20.)
m.drawmeridians(meridians,labels = [True,False,False,True])
plt.show()
```

以下是样例输出：

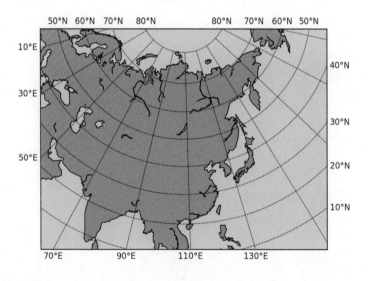

2.2.4　投影坐标变换

为了在地图上绘制数据，数据的坐标必须以地图投影坐标给出。使用参数 lon、lat 调用 Basemap 类实例，会把 lon/lat（以度为单位）转换为 x/y 地图投影坐标（以米为单位）。

如果可选关键字 inverse 被设置为 True，则进行坐标的逆变换。下面的例子利用上述方法，根据给出的 lat/lon 位置绘制记号，并用文本在适当的位置对城市名称进行标注。

```python
from mpl_toolkits.basemap import Basemap
import matplotlib.pyplot as plt
import numpy as np
m = Basemap(width = 12000000,height = 9000000,projection = 'lcc',
resolution = 'c',lat_1 = 45.,lat_2 = 55,lat_0 = 50,lon_0 = 108.)
m.drawmapboundary(fill_color = 'aqua')
m.fillcontinents(color = 'coral',lake_color = 'aqua')
parallels = np.arange(0.,81,10.)
# labels = [left,right,top,bottom]
m.drawparallels(parallels,labels = [False,True,True,False])
meridians = np.arange(10.,351.,20.)
m.drawmeridians(meridians,labels = [True,False,False,True])
# 在Beijing所在位置绘制一个蓝色标记，并用文本进行标注
lon, lat = 116.46, 39.92 #Beijing的经纬度位置
# 转换至地图投影坐标，lon/lat可以是标量、列表或numpy数组
xpt,ypt = m(lon,lat)
# 坐标转换回lat/lon
lonpt, latpt = m(xpt,ypt,inverse = True)
m.plot(xpt,ypt,'b*',ms = 12)   # 绘制蓝色五星
# 在五星上边偏移一些距离的位置进行文本标注，偏移量也是用地图投影坐标
plt.text(xpt,ypt - 620000,'Beijing\n' + \
'%5.1f$\degree$E,%3.1f$\degree$N'%(lonpt,latpt),\
color = 'b', ha = 'center', va = 'center')
plt.show()
```

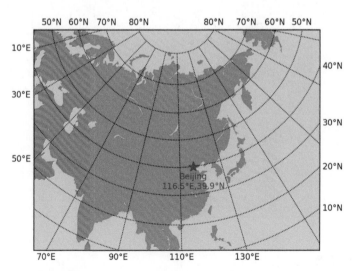

2.2.5 在地图系统上绘制数据

Basemap 中有多个用于绘制数据的实例方法。

contour(): 绘制等值线。

contourf(): 绘制填色等值线。

imshow(): 显示图像。

pcolor(): 绘制伪色图。

pcolormesh(): 绘制伪色图的快速版。

plot(): 绘制点线图。

scatter(): 绘制散点图。

quiver(): 绘制向量图。

barbs(): 绘制风标图。

drawgreatcircle(): 绘制地球大圆。

这些实例方法中的许多方法是在进行一些预处理/后处理和参数检查后，将绘图动作传递到相应的 Matplotlib 的 Axes 实例方法。因此，也可以使用 Matplotlib 的 pyplot 接口或面向对象的 API，通过与 Basemap 关联的 Axes 实例直接在地图上进行绘图。

下面的示例演示了如何使用 Basemap 实例方法在地图上绘制数据，在 Basemap 源码的 examples 目录中包含了更多可以参考的示例，并且有示例数据。

示例 1，在地图投影中绘制等值线：

```
from mpl_toolkits.basemap import Basemap
import matplotlib.pyplot as plt
import numpy as np
map = Basemap(projection = 'ortho',lat_0 = 45,lon_0 = 105,resolution = 'l')
# 绘制海岸线，填充陆地
map.drawcoastlines(linewidth = 0.25)
map.fillcontinents(color = 'y',lake_color = 'c')
map.drawmapboundary(fill_color = 'c')
map.drawmeridians(np.arange(0,360,30))
map.drawparallels(np.arange(-90,90,30))
# 创建数据
nlats = 73; nlons = 145; delta = 2. * np.pi / (nlons-1)
lats = (0.5 * np.pi - delta * np.indices((nlats,nlons))[0,:,:])
lons = (delta * np.indices((nlats,nlons))[1,:,:])
wave = 0.75 * (np.sin(2. * lats)**8 * np.cos(4. * lons))
mean = 0.5 * np.cos(2. * lats) * ((np.sin(2. * lats))**2 + 2.)
# 坐标转换
x, y = map(lons * 180. / np.pi, lats * 180. / np.pi)
# 在地图上绘制等值线
cs = map.contour(x,y,wave + mean,15,lw = 2,cmap = plt.cm.jet)
plt.title('contour lines over filled continent background')
plt.show()
```

以下是样例输出：

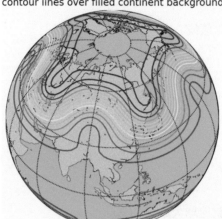
contour lines over filled continent background

示例 2，绘制填色等值线图，此例中要用 netCDF4 来打开 nc 格式的数据文件：

```python
from mpl_toolkits.basemap import Basemap, cm
from netCDF4 import Dataset as NetCDFFile
import numpy as np
import matplotlib.pyplot as plt

# 使用NWS的特殊降水色彩映射在地图投影中绘制NWS的降水图

nc = NetCDFFile('examples/nws_precip_conus_20061222.nc')
# 数据来自 http://water.weather.gov/precip/
prcpvar = nc.variables['amountofprecip']
data = 0.01 * prcpvar[:]
latcorners = nc.variables['lat'][:]
loncorners =   - nc.variables['lon'][:]
lon_0 =   - nc.variables['true_lon'].getValue()
lat_0 = nc.variables['true_lat'].getValue()

fig = plt.figure(figsize = (8,8))
ax = fig.add_axes([0.1,0.1,0.8,0.8])
# 创建地图投影
m = Basemap(projection = 'stere',lon_0 = lon_0,lat_0 = 90.,lat_ts = lat_0,\
llcrnrlat = latcorners[0],urcrnrlat = latcorners[2],\
llcrnrlon = loncorners[0],urcrnrlon = loncorners[2],\
rsphere = 6371200.,resolution = 'l',area_thresh = 10000)
m.drawcoastlines()
parallels = np.arange(0.,90,10.)
m.drawparallels(parallels,labels = [1,0,0,0],fontsize = 10)
meridians = np.arange(180.,360.,10.)
m.drawmeridians(meridians,labels = [0,0,0,1],fontsize = 10)
ny = data.shape[0]; nx = data.shape[1]
```

```
lons, lats = m.makegrid(nx, ny) # 获取等间距(ny,nx)网格的 lat/lons
x, y = m(lons, lats) # 坐标转换
clevs = [0,1,2.5,5,7.5,10,15,20,30,40,50,70,100,150,200,250,300,400,
                        500,600,750]
cs = m.contourf(x,y,data,clevs,cmap = cm.s3pcpn)
cbar = m.colorbar(cs,location = 'bottom',pad = "5%")
cbar.set_label('mm')
plt.title(prcpvar.long_name+'for period ending'+prcpvar.dateofdata)
plt.show()
```

以下是样例输出：

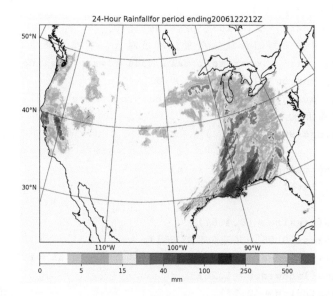

示例 3，绘制标有高低压的海平面气压天气图，此例中要用到 netCDF4 的读取 Open-DAP 网络数据的功能：

```
import numpy as np
import matplotlib.pyplot as plt
from datetime import datetime
from mpl_toolkits.basemap import Basemap
from scipy.ndimage.filters import minimum_filter, maximum_filter
from netCDF4 import Dataset

def extrema(mat,mode = 'wrap',window = 10):
    """find the indices of local extrema (min and max)
    in the input array."""
    mn = minimum_filter(mat, size = window, mode = mode)
    mx = maximum_filter(mat, size = window, mode = mode)
    return np.nonzero(mat == mn), np.nonzero(mat == mx)
```

```python
# 当日时间, 需要根据具体情况更换到数据对应的时间
date = '20210309'

# OpenDAP数据集, 需要根据具体情况更换url链接
url = "https://nomads.ncep.noaa.gov/dods/gfs_1p00/gfs" + \
      date + "/gfs_1p00_00z"
data = Dataset(url)

# 读取lats,lons
lats = data.variables['lat'][:]
lons = data.variables['lon'][:]
# 读取prmsl, 转换为hPa (mb).
prmsl = 0.01 * data.variables['prmslmsl'][0]
# 参数window控制可探测到的高低压数量, 取值越大, 能找到高低压数量越少
local_min, local_max = extrema(prmsl, mode = 'wrap', window = 50)
m = Basemap(llcrnrlon = 0, llcrnrlat = -80,\
            urcrnrlon = 360, urcrnrlat = 80, projection = 'mill')
# 设置要绘制的等值线列表
clevs = np.arange(900, 1100., 5.)
# 创建投影网格
lons, lats = np.meshgrid(lons, lats)
x, y = m(lons, lats)

fig = plt.figure(figsize = (8,4.5))
ax = fig.add_axes([0.05,0.05,0.9,0.85])
cs = m.contour(x,y,prmsl,clevs,colors = 'k',linewidths = 1.)
m.drawcoastlines(linewidth = 1.25)
m.fillcontinents(color = '0.8')
m.drawparallels(np.arange(-80,81,20),labels = [1,1,0,0])
m.drawmeridians(np.arange(0,360,60),labels = [0,0,0,1])
xlows = x[local_min]; xhighs = x[local_max]
ylows = y[local_min]; yhighs = y[local_max]
lowvals = prmsl[local_min]; highvals = prmsl[local_max]
# 用蓝色 "L" 标注低压, 并在其下方标注数值
xyplotted = []
# 如果已经有了L或H的标注, 则不再进行绘制
yoffset = 0.022 * (m.ymax - m.ymin)
dmin = yoffset
for x,y,p in zip(xlows, ylows, lowvals):
    if x < m.xmax and x > m.xmin and y < m.ymax and y > m.ymin:
        dist=[np.sqrt((x-x0)**2+(y-y0)**2) for x0,y0 in xyplotted]
        if not dist or min(dist) > dmin:
            plt.text(x,y,'L',fontsize = 14,fontweight = 'bold',
                    ha = 'center',va = 'center',color = 'b')
            plt.text(x,y - yoffset,repr(int(p)),fontsize = 9,
```

```
                        ha = 'center',va = 'top',color = 'b',
                        bbox=dict(boxstyle="square",ec='None',fc=(1,1,1,0.5)))
            xyplotted.append((x,y))
# 用红色"H"标注高压，并在其下方标注数值
xyplotted = []
for x,y,p in zip(xhighs, yhighs, highvals):
    if x < m.xmax and x > m.xmin and y < m.ymax and y > m.ymin:
        dist=[np.sqrt((x-x0)**2+(y-y0)**2) for x0,y0 in xyplotted]
        if not dist or min(dist) > dmin:
            plt.text(x,y,'H',fontsize = 14,fontweight = 'bold',
                    ha = 'center',va = 'center',color = 'r')
            plt.text(x,y - yoffset,repr(int(p)),fontsize = 9,
                    ha = 'center',va = 'top',color = 'r',
                    bbox=dict(boxstyle="square",ec='None',fc=(1,1,1,0.5)))
            xyplotted.append((x,y))
plt.title('Mean Sea-Level Pressure (with Highs and Lows) %s' % date)
plt.show()
```

以下是样例输出：

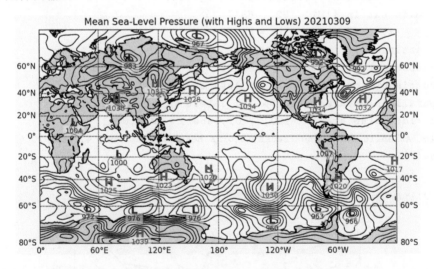

示例 4，从 shapefile 读取数据并绘制飓风轨迹。ESRI Shapefile（shp），或简称 shapefile，是美国环境系统研究所公司（Environmental Systems Research Institute，ESRI）开发的一种空间数据开放格式。此例中所用的 shapefile 在 Basemap 源码的 examples 中可以找到：

```
import numpy as np
import matplotlib.pyplot as plt
from mpl_toolkits.basemap import Basemap
m = Basemap(llcrnrlon = -100.,llcrnrlat = 0.,\
            urcrnrlon = -20.,urcrnrlat = 57.,\
            resolution = 'l',area_thresh = 1000.)
# 读取shapefile
```

```
shp_info = m.readshapefile('examples/huralll020',\
                           'hurrtracks',drawbounds = False)
# 查找强度达到4级的飓风的名称
names = []
for shapedict in m.hurrtracks_info:
    cat = shapedict['CATEGORY']
    name = shapedict['NAME']
    if cat in ['H4','H5'] and name not in names:
        # 只取有名字的飓风
        if name != 'NOT NAMED':  names.append(name)
# 绘制飓风轨迹
for shapedict,shape in zip(m.hurrtracks_info,m.hurrtracks):
    name = shapedict['NAME']
    cat = shapedict['CATEGORY']
    if name in names:
        xx,yy = zip( * shape)
        # 用红色绘制飓风轨迹中超过4级的部分
        if cat in ['H4','H5']:
            m.plot(xx,yy,linewidth = 1.5,color = 'r')
        elif cat in ['H1','H2','H3']:
            m.plot(xx,yy,color = 'k')
m.drawcoastlines()
m.drawmapboundary(fill_color = '#99ffff')
m.fillcontinents(color = '#cc9966',lake_color = '#99ffff')
m.drawparallels(np.arange(10,70,20),labels = [1,1,0,0])
m.drawmeridians(np.arange(-100,0,20),labels = [0,0,0,1])
plt.title('Atlantic Hurricane Tracks (Storms Reaching Category 4, 1851-2004)')
plt.show()
```

以下是样例输出：

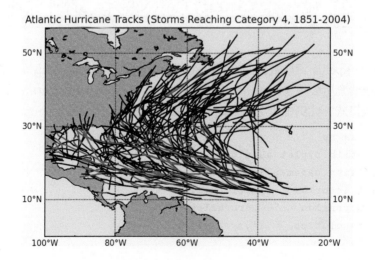

示例 5，将 etopo5 地形/水深数据绘制成图像：

```
from mpl_toolkits.basemap import Basemap, shiftgrid, cm
import numpy as np
import matplotlib.pyplot as plt
from netCDF4 import Dataset
from matplotlib.colors import LightSource

# 读取 etopo5 地形数据
etopodata = Dataset('etopo5.nc')
topoin = etopodata.variables['topo'][:]
lons = etopodata.variables['topo_lon'][:]
lats = etopodata.variables['topo_lat'][:]
# 将lons转换为0~360
lons[lons<0] = lons[lons<0] + 360.
# 移动数据，让lons从-180变为180，而不是从0 变为 360
topoin,lons = shiftgrid(180.,topoin,lons,start = False)

# 将地形绘制成一幅图像
fig = plt.figure(figsize = plt.figaspect(0.45))
ax1 = fig.add_axes([0.1,0.15,0.33,0.7])
cax = fig.add_axes([0.45,0.25,0.02,0.5])
# 设置lcc投影，使用rsphere参数指定WGS84椭球
m = Basemap(llcrnrlon = 34.5,llcrnrlat = 1.,\
urcrnrlon = 177.434,urcrnrlat = 46.352,\
rsphere = (6378137.00,6356752.3142),\
resolution = 'l',area_thresh = 1000.,projection = 'lcc',\
lat_1 = 50.,lon_0 = 73.,ax = ax1)
# 转换本地5km间隔的nx x ny规则投影网格
nx = int((m.xmax-m.xmin) / 5000.) + 1; ny = int((m.ymax-m.ymin) /
                                  5000.) + 1
topodat = m.transform_scalar(topoin,lons,lats,nx,ny)
# 用imshow在地图投影上绘制地形图像
im = m.imshow(topodat,cm.GMT_haxby)
m.drawcoastlines()
m.drawparallels(np.arange(0.,80,20.),labels = [1,0,0,1])
m.drawmeridians(np.arange(10.,360.,30.),labels = [1,0,0,1])
cb = plt.colorbar(im,cax = cax)
ax1.set_title('ETOP05 Topography - LCC Projection')
plt.show()

# 创建shaded relief图像
ax2 = fig.add_axes([0.57,0.15,0.33,0.7])
# 将新的Axes图像添加到已有的Basemap实例上
m.ax = ax2
```

```
# 创建光源对象
ls = LightSource(azdeg = 90, altdeg = 20)
# 将数据转换为包含光源阴影的rgb数组
rgb = ls.shade(topodat, cm.GMT_haxby)
im = m.imshow(rgb)
m.drawcoastlines()
ax2.set_title('Shaded ETOPO5 Topography - LCC Projection')
plt.show()
```

以下是样例输出：

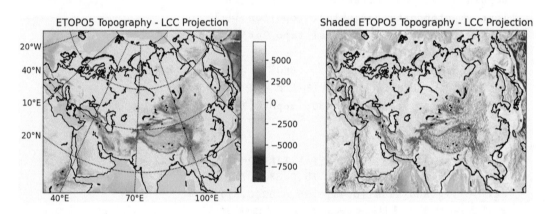

示例 6，在地图上绘制 ARGO 浮标位置点：

```
import numpy as np
from mpl_toolkits.basemap import Basemap
import matplotlib.pyplot as plt
# ARGO浮标数据可以在下面的网址下载
# https://data.nodc.noaa.gov/argo/gadr/pacific/2017
lons,lats = np.loadtxt('argo.txt').T

# 绘制浮标位置
m = Basemap(projection = 'hammer',lon_0 = -180)
x, y = m(lons,lats)
fig = plt.figure(figsize = (7,4))
m.drawmapboundary(fill_color = '#99ffff')
m.fillcontinents(color = '#cc9966',lake_color = '#99ffff')
m.scatter(x,y,3,marker = 'o',color = 'k')
plt.title('ARGO floats in Pacific between 2017.01 and 2017.03',\
fontsize = 12)
plt.show()
```

以下是样例输出：

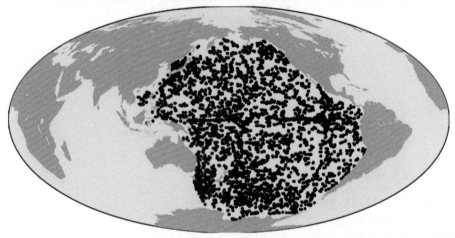

ARGO floats in Pacific between 2017.01 and 2017.03

示例 7，绘制伪色海表温度（SST）分析图：

```python
from mpl_toolkits.basemap import Basemap
from netCDF4 import Dataset
import numpy as np
import matplotlib.pyplot as plt
# 使用SODA数据
dataset = Dataset('soda224sfc2010.nc')
lat = dataset.variables['lat'][:]
lon = dataset.variables['lon'][:] - 360.
lon, lat = np.meshgrid(lon,lat)
sst = dataset.variables['temp'][0,:].squeeze()

fig = plt.figure()
ax = fig.add_axes([0.05,0.05,0.9,0.9])
m = Basemap(projection = 'kav7',lon_0 = -180,resolution = None)
m.drawmapboundary(fill_color = '0.3')
# 绘制SST
im = m.pcolormesh(lon,lat,sst,shading = 'flat',\
cmap = plt.cm.jet,latlon = True)
m.drawparallels(np.arange(-90.,99.,30.))
m.drawmeridians(np.arange(-180.,180.,60.))
# colorbar
cb = m.colorbar(im,"bottom", size = "5%", pad = "2%")
# title.
ax.set_title('SST analysis for 2010.01')
plt.show()
```

以下是样例输出：

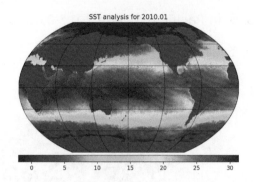

示例 8，在北京和伦敦之间画一个大圆：

```
from mpl_toolkits.basemap import Basemap
import numpy as np
import matplotlib.pyplot as plt
fig = plt.figure(figsize = (6,3))
ax = fig.add_axes([0.1,0.1,0.8,0.8])
m = Basemap(llcrnrlon = -10.,llcrnrlat = 25.,\
urcrnrlon = 125.,urcrnrlat = 70.)
# 北京经纬度
bjlat = 39.92; bjlon = 116.46
# 伦敦经纬度
lonlat = 51.53; lonlon = 0.08
# 绘制两者之间的大圆
m.drawgreatcircle(lonlon,lonlat,bjlon,bjlat,linewidth = 2,color = 'b')
m.drawcoastlines()
m.fillcontinents()
m.drawparallels(np.arange(10,90,20),labels = [1,1,0,1])
m.drawmeridians(np.arange(0,360,30),labels = [1,1,0,1])
ax.set_title('Great Circle from Beijing to London')
plt.show()
```

以下是样例输出：

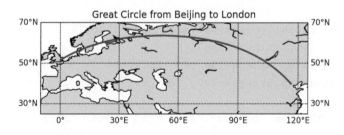

示例 9，在地图上绘制白天和黑夜的界线：

```
import numpy as np
from mpl_toolkits.basemap import Basemap
import matplotlib.pyplot as plt
```

```
from datetime import datetime
# mill投影
map = Basemap(projection = 'mill',lon_0 = 180)
map.drawcoastlines()
map.drawparallels(np.arange(-90,90,30),labels = [1,0,0,0])
map.drawmeridians(np.arange(map.lonmin,map.lonmax + 30,60),\
labels = [0,0,0,1])
map.drawmapboundary(fill_color = 'c')
map.fillcontinents(color = 'y',lake_color = 'c')
# 将夜晚区域用半透明的阴影覆盖
date = datetime.utcnow()
CS = map.nightshade(date)
plt.title('Day/Night Map for %s (UTC)' %\
date.strftime("%d %b %Y %H:%M:%S"))
plt.show()
```

以下是样例输出：

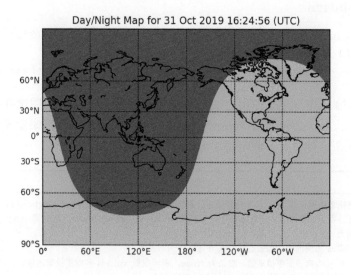

2.3　了解更多的功能

对于 Basemap 中的大多数地图投影，可以通过设置以下关键字来指定地图投影区域：

关键字参数	描述
llcrnrlon	所需地图区域的左下角的经度（°）
llcrnrlat	所需地图区域的左下角的纬度（°）
urcrnrlon	所需地图区域的右上角的经度（°）
urcrnrlat	所需地图区域的右上角的纬度（°）

也可以通过下面的关键字来定义投影区域：

关键字参数	描述
width	所需地图区域在投影坐标下的宽度（m）
height	所需地图区域在投影坐标下的高度（m）
lon_0	所需地图区域的中心的经度（°）
lat_0	所需地图区域的中心的纬度（°）

对于 sinu、moll、hammer、npstere、spstere、nplaea、splaea、npaeqd、spaeqd、robin、eck4、kav7 或 mbtfpq 投影，参数 llcrnrlon、llcrnrlat、urcrnrlon、urcrnrlat、width 和 height 的值会被忽略，因为对于这些投影来说，要么这些参数的值会在内部被计算，要么就是全球投影。

对于圆柱投影（cyl、merc、mill、cea 和 gall），默认使用 llcrnrlon=−180，llcrnrlat=−90，urcrnrlon=180 和 urcrnrlat=90。对于除 ortho、geos 和 nsper 外的其他投影，四角的 lat/lon 值或宽度和高度值必须由用户指定。

对于 ortho、geos 和 nsper 投影，可以指定四角的 lat/lon 值，也可以指定四角（llcrnrx、llcrnry、urcrnrx、urcrnry）在全球投影坐标系中的 x/y 值（$x=0$，$y=0$ 位于全局投影的中心）。如果没有指定四角，则绘制整个球体。

(1) arcgisimage

```
arcgisimage(server = 'http://server.arcgisonline.com/ArcGIS',
service = 'ESRI_Imagery_World_2D',
 xpixels = 400, ypixels = None, dpi = 96, verbose = False, **kwargs).
```

Basemap 投影实例的方法使用 ArcGIS Server REST API 检索图像并将其显示在地图上。为了使用此方法，必须使用 "epsg" 关键字创建 Basemap 实例来定义映射投影，除非使用 cyl 投影（在这种情况下假定使用 epsg 代码 4326）。

关键字参数	描述
server	网络地图服务器 URL（全球资源定位系统），默认值见 http://server.arcgisonline.com/ArcGIS
service	服务器上托管的服务（图像类型），默认为 ESRI_Imagery_World_2D，即 NASA 的 "Blue Marble" 图像
xpixels	请求 x 方向的图像像素数（默认为 400）
ypixels	请求 y 方向的图像像素数，默认为 None，表示根据 xpixels 和地图投影区域的长宽比来计算
dpi	输出图像的设备分辨率（每英寸点数，默认 96）
verbose	如果 True，则打印用于检索图像的 URL（默认为 False）

(2) is_land

```
is_land(xpt, ypt)
```

如果给定的 x、y 点（在投影坐标中）在陆地上，则返回 True，否则返回 False。land 的定义基于与投影类实例关联的 GSHHS 海岸线多边形，陆地区域内湖泊上的点不计算为陆地点。

(3) shiftdata

```
shiftdata(lonsin, datain = None, lon_0 = None, fix_wrap_around = True)
```

　　移动经度（可选择与数据一起）以便使它们与地图投影区域相匹配。仅适用于圆柱形/伪圆柱形全球投影和常规 lat/lon 网格上的数据。经度和数据可以是 1-D 或 2-D，如果是 2-D，则假设第一维（最左边）是纬度，第二维（最右边）是经度。

　　如果 datain 给定，则返回 dataout 和 lonsout（数据和经度移动到适合的区间 [lon_0-180,lon_0+180]），否则只返回经度。如果转换后的经度位于地图投影区域之外，则对数据进行掩码，并将经度设置为 1.e30。

(4) wmsimage

```
wmsimage(server, xpixels = 400, ypixels = None,
  format = 'png', alpha = None, verbose = False, **kwargs)
```

　　使用开放地理空间信息联盟（Open Geospatial Consortium，OGC）标准接口从 WMS 服务器检索图像并显示在地图上，需要 OWSLib (http://pypi.python.org/pypi/OWSLib) 支持。为了使用此方法，必须使用"epsg"关键字创建 Basemap 实例来定义映射投影，除非使用 cyl 投影（在这种情况下假定使用 epsg 代码 4326）。

关键字参数	描述
server	WMS 服务器 URL
xpixels	请求 x 方向的图像像素数（默认为 400）
ypixels	请求 y 方向的图像像素数，默认为 None，表示根据 xpixels 和地图投影区域的长宽比来计算
format	请求的图像格式，默认为 png
alpha	alpha 混合值，在 0（透明）和 1（不透明）之间，默认值为 None
verbose	如果 True，则打印 WMS 服务器信息（默认为 False）
**kwargs	额外的传递给 OWSLib.wms.WebMapService.getmap 的关键字参数

(5) mpl_toolkits.basemap.addcyclic

```
mpl_toolkits.basemap.addcyclic( * arr, **kwargs)
```

　　将经度上的循环（环绕）点添加到一个或多个数组中，最后一个数组是经度。例如：

```
data1out, data2out, lonsout = addcyclic(data1,data2,lons)
```

(6) mpl_toolkits.basemap.interp

```
mpl_toolkits.basemap.interp (datain, xin, yin, xout, yout, checkbounds=False,
                                     masked = False, order = 1)
```

　　在矩形网格（x=xin，y=yin）上将数据（datain）插值到（x=xout, y=yout）网格上。其中 xin 和 yin 都是递增的一维数组，记录了 datain 所在网格的格点坐标；xout 和 yout 是二维数组，记录了目标网格的格点坐标。

第 3 章　优化封装的 Matplotlib：Seaborn

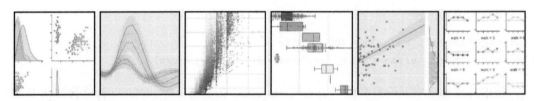

　　Seaborn 是基于 Matplotlib 的统计数据可视化 Python 库，它其实是在 Matplotlib 的基础上进行更高阶的 API 封装，从而使得作图更加容易。除 Numpy 和 Scipy 外，Seaborn 还高度兼容 Pandas 以及 Statsmodels（从安装的依赖可以看出，其实 Seaborn 需要这些库的支持）。注意，Seaborn 应该被视为 Matplotlib 的一个扩充，而不是要取代 Matplotlib①。

3.1　概　　述

3.1.1　下载与安装

　　可以使用 pip 来安装最新发布的 Seaborn：

```
pip install seaborn
```

　　也以使用 conda 来安装：

```
conda install seaborn
```

　　用 pip 直接从 github 安装开发版：

```
pip install git + https://github.com / mwaskom / seaborn.git
```

　　或克隆 github repository 并从本地的副本安装：

```
pip install .
```

　　Seaborn 的安装需要 Numpy、Scipy、Matplotlib 和 Pandas 的支持，最好还预先安装 Statsmodels 库。

3.1.2　简介

　　Seaborn 是一个制作统计图形的 Python 库，它建立在 Matplotlib 之上，并与 Pandas 数据结构紧密集成。以下是 Seaborn 提供的一些功能：① 提供了面向数据集的 API，用于检查多个变量之间的关系；② 专门支持使用分类变量来展示观测或聚类统计数据；③ 运用

---

① 本章结构与部分内容参考自 seaborn.pydata.org 官方网站。

数据子集对单变量或双变量分布进行比较和可视化；④ 多种因变量线性回归模型的自动估计与作图；⑤ 方便查看复杂数据集的整体结构；⑥ 利用网格建立复杂图像集；⑦ 利用内置的多个绘图风格实现对 Matplotlib 图形样式的简洁操控；⑧ 通过调色板功能可以利用色彩丰富的图像揭示数据中的模态。

Seaborn 的目标是使可视化成为探索和理解数据的核心部分，其面向数据集的绘图功能对包含整个数据集的数据帧和数组进行操作，并在内部执行必要的语义映射和统计聚合以生成信息图。来看下面的示例：

```
import seaborn as sns
sns.set()
tips = sns.load_dataset("tips")
# 如果无法加载示例数据集，可以通过其他途径下载 tips.csv
# 然后用 pandas 的 read_csv 函数读取数据
# import pandas as pd
# tips = pd.read_csv("tips.csv")
sns.relplot(x = "total_bill", y = "tip", col = "time",
hue = "smoker", style = "smoker", size = "size",
data = tips);
```

上面例子用几行简单的语句就创建了漂亮的图表，下面来逐行进行解析：

首先加载 Seaborn，在这个例子中这是唯一使用到的库。

```
import seaborn as sns
```

Seaborn 在后台是使用 Matplotlib 来进行绘图的。有许多任务可以直接通过 Seaborn 函数来完成，但进一步的定制则可能需要使用 Matplotlib，后面的内容将会更详细地对这一点进行解释。对于交互式的操作，建议在 Matplotlib 模式下使用 IPython 或 Jupyter 界面来进行，否则就必须调用 matplotlib.pyplot.show 来显示绘制的图形。

其次应用默认的 Seaborn 主题、缩放和调色板。

```
sns.set()
```

这会使用 Matplotlib 的 rcParams 系统，并将影响所有 Matplotlib 图的外观。注意，在使用了 Seaborn 主题后，即使不再调用 Seaborn 来创建图形，Matplotlib 创建的图形仍会延续 Seaborn 主题风格。除了默认主题之外，还有其他几个选项，可以独立控制绘图的样式和比例，以便展示上下文中快速转换当前的工作（例如，在演讲期间生成具有可读字体的绘图）。如果喜欢 Matplotlib 的默认设置或者喜欢不同的主题，则可以跳过这一步仍然使用 Seaborn 函数来绘图。

再次加载一个示例数据集。

```
tips = sns.load_dataset("tips")
```

本章的大多数代码将使用 load_dataset() 函数来快速访问 Seaborn 的示例数据集，这些数据集没有什么特别的地方，它们只是通过 pandas.read_csv 来加载 Pandas （DataFrame），甚至可以手工来构建这种类型的数据集。许多示例使用 tips 数据集，虽然它可能比较乏味，但对于演示非常有用。tips 数据集展示了组织数据集的"整洁"方法。如果用户的数据集以这种方式组织，将会从 Seaborn 中获得最大的好处，后面将对此进行更详细的说明。

最后绘制具有多个语义变量的多面散点图。

```
sns.relplot(x = "total_bill", y = "tip", col = "time",
hue = "smoker", style = "smoker", size = "size",
data = tips)
```

以下是样例输出：

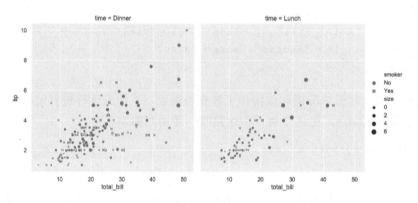

这个图显示了 tips 数据集中五个变量之间的关系。其中三个是数值型的，另外两个是分类型的。两个数值变量（total_bill 和 tip）确定 Axes 上每个点的位置，第三个变量（size）确定每个点的大小。一个分类变量将数据集分割成两个不同的 Axes（facet），另一个分类变量则确定每个点的颜色和形状。

上述这些是通过对 Seaborn 的 relplot() 函数的简单调用完成的，请注意，这里只提供了数据集中变量的名称以及希望它们在图中扮演的角色。与直接使用 Matplotlib 不同，不需要将变量转换为可视化的参数（例如，为每个类别使用的特定颜色或标记），翻译是由 Seaborn 自动完成的。这可以让用户专注于他们想要通过图表来回答的问题。

3.1.2.1 跨可视化的 API 抽象

没有通用的最佳数据可视化方法，不同的问题最好通过不同的可视化来回答。Seaborn 试图使不同可视化表示之间的切换更为简洁，而这些可视化表示可以使用相同的面向数据集的 API 进行参数化。

relpolt() 函数之所以被命名"relpolt"是因为它被设计用来可视化多种不同统计关系（relationship）。虽然散点图是一种非常有效的方法，但是用一个变量表示时间度量的关系最好用一条线表示。relplot() 函数有一类方便的参数，可以让用户很容易地切换到这种曲线的表示方法：

```
dots = sns.load_dataset("dots")
# 如果无法加载示例数据集，可以通过其他途径下载 dots.csv
# 然后用 pandas 的 read_csv 函数读取数据
# import pandas as pd
# dots = pd.read_csv("dots.csv")
sns.relplot(x = "time", y = "firing_rate", col = "align",
hue = "choice", size = "coherence", style = "choice",
facet_kws = dict(sharex = False),
kind = "line", legend = "full", data = dots);
```

以下是样例输出：

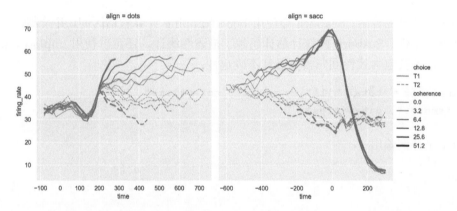

请注意 size 和 style 参数是如何在散点与折线图中共享的，且它们对这两种可视化的影响是不同的（改变标记区域/符号和线宽/虚线）。用户不需要记住这些细节，可以专注于图表的整体结构和想要传达的信息。

3.1.2.2 统计估计和误差条

通常用户感兴趣的是作为其他变量的函数的某变量的平均值，许多 Seaborn 函数可以自动执行必要的统计估计来回答这些问题：

```
fmri = sns.load_dataset("fmri")
# 如果无法加载示例数据集，可以通过其他途径下载 fmri.csv
# 然后用 pandas 的 read_csv 函数读取数据
# import pandas as pd
# fmri = pd.read_csv("fmri.csv")
sns.relplot(x = "timepoint", y = "signal", col = "region",
hue = "event", style = "event",
kind = "line", data = fmri);
```

以下是样例输出：

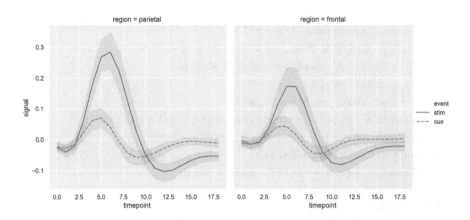

在统计值被估计时，Seaborn 会使用 bootstrapping 计算置信区间，并绘制误差条来表示估计不确定性。Seaborn 的统计估计超越了描述性统计，还可以使用 lmplot() 来绘制增强散点图，使其包含线性回归模型及其不确定性：

```
sns.lmplot(x = "total_bill", y = "tip", col = "time",
hue = "smoker", data = tips);
```

以下是样例输出：

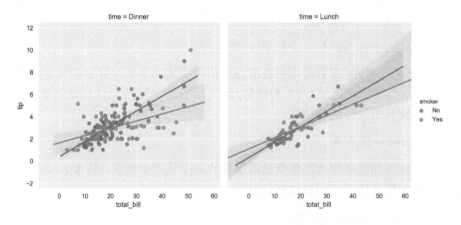

3.1.2.3   专业分类图

标准散点图和折线图显示了数值变量之间的关系，但许多数据分析涉及分类变量，在 Seaborn 中有几种特殊的绘图类型是为可视化此类数据而优化的，可以通过 catplot() 访问它们。与 relplot() 类似，catplot 公开了一个通用的面向数据集的 API，来泛化一个数值变量和一个（或多个）分类变量之间的关系的不同表示，这些表示在底层数据的表示中提供了不同的粒度级别。在最精细的层次上，用户可能希望通过绘制散点图来查看观测点，而散点图会调整点在分类轴上的位置，从而使它们不会重叠：

```
sns.catplot(x = "day", y = "total_bill", hue = "smoker",
kind = "swarm", data = tips);
```

以下是样例输出：

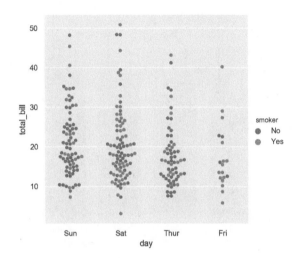

或者，可以使用核密度估计（kernel density estimate，KDE）来表示采样点的基本分布：

```
sns.catplot(x = "day", y = "total_bill", hue = "smoker",
kind = "violin", split = True, data = tips,
order = ['Thur','Fri','Sat','Sun']);
```

以下是样例输出：

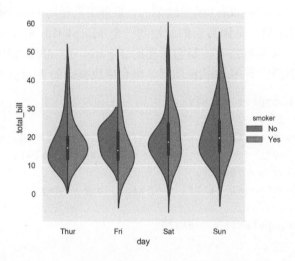

亦或者，可以在每个嵌套类别中显示唯一的平均值及其置信区间：

```
sns.catplot(x = "day", y = "total_bill", hue = "smoker",
kind = "bar", data = tips,
order = ['Thur','Fri','Sat','Sun']);
```

以下是样例输出：

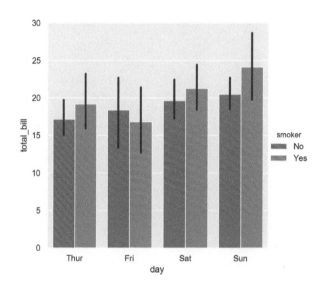

3.1.2.4　Figure 级（Figure-level）和 Axes 级（Axes-level）的函数

　　了解 Seaborn 绘图函数之间的主要区别很重要。本章到目前为止所有显示的图都是使用 Figure 级函数绘制的，它们是为了探索性分析而被优化的，这些 Figure 级函数使 Matplotlib 的 Figure 的图可以在多个 Axes 进行绘制和操作。它们也处理一些诸如把图例放在坐标轴之外的比较技巧性的事情，这需要使用 Seaborn 的 FacetGrid。

　　每个不同的 Figure 级绘图类型都将特定的 Axes 级函数与 FacetGrid 对象组合在一起。例如，散点图是使用 scatterplot() 函数绘制的，条形图是使用 barplot() 函数绘制的。这些函数被称为 Axes 级函数，是因为它们只绘制一个 Matplotlib 的 Axes，而不影响 Figure 的其他部分。Figure 级函数需要控制它所在的 Figure，而 Axes 级函数可以与其他 Axes（这些 Axes 上可能有或没有 Seaborn 图形）组合成更复杂的 Matplotlib 的 Figure：

```
import matplotlib.pyplot as plt
xorder = ['Thur','Fri','Sat','Sun']
f, axes = plt.subplots(1, 2, sharey = True, figsize = (6, 4))
sns.boxplot(x = "day", y = "tip", data = tips, ax = axes[0],
order = xorder,palette = "husl")
sns.scatterplot(x = "total_bill", y = "tip", hue = "day",
data = tips, ax = axes[1],
hue_order = xorder, palette = "husl");
```

　　以下是样例输出：

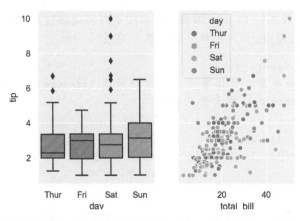

Figure 级函数控制图形大小的方式与控制其他 Matplotlib 图形的方式稍有不同。Figure 级函数不是设置整体 Figure 的大小，而是通过每个"面"的大小对函数进行参数化；而且，Figure 级函数不是设置每个"面"的高度和宽度，而是控制宽高比。这种参数化方法使得控制图形的大小变得很容易，而不需要考虑它到底有多少行和列（这种方式有时也会带来一定的混淆）：

```
sns.relplot(x = "time", y = "firing_rate", col = "align",
hue = "choice", size = "coherence", style = "choice",
height = 4.5, aspect = 2  /  3, palette = "Set2",
facet_kws = dict(sharex = False),
kind = "line", legend = "full", data = dots);
```

以下是样例输出：

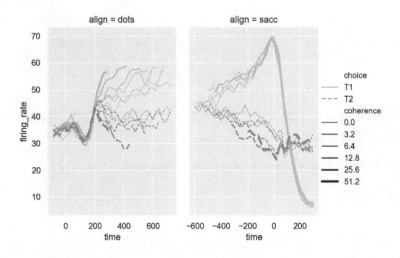

判断函数是 Figure 级还是 Axes 级的方法看它是否接受"ax="参数。同时还可以根据输出类型来区分这两个类：Axes 级函数返回 matplotlib 的 axes，而 Figure 级函数返回 FacetGrid。

3.1.2.5　数据集结构可视化

Seaborn 中还有另外两种 Figure 级函数，可用于对多图进行可视化。它们都是面向数据集结构的。一个是 jointplot()，它专注的是单一关系：

```
iris = sns.load_dataset("iris")
# 如果无法加载示例数据集，可以通过其他途径下载 iris.csv
# 然后用 pandas 的 read_csv 函数读取数据
# import pandas as pd
# iris = pd.read_csv("iris.csv")
sns.jointplot(x = "sepal_length", y = "petal_length", data = iris,
                                         color = 'r');
```

以下是样例输出：

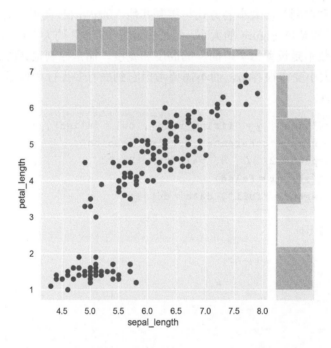

另一个是 pairplot()，它具有更广阔的视图，显示了所有的成对关系和边缘分布，可以选择以某个分类变量为条件：

```
sns.pairplot(data = iris, hue = "species", palette = "Set2");
```

以下是样例输出：

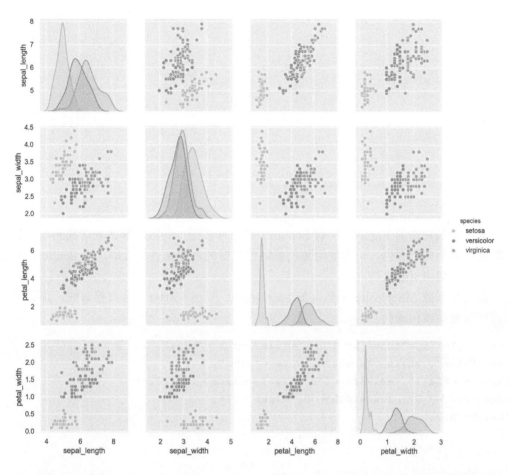

在视觉表达方面，jointplot() 和 pairplot() 都有一些不同的选项，它们都是建立在允许更彻底地定制多图 Figure（分别是 JointGrid 和 PairGrid）的类的基础上的。

3.1.2.6 定制绘图外观

绘图函数尝试使用良好的默认美学并添加信息标签，以便它们的输出立即可用。但是默认设置通常无法满足更高的要求，要创建一个更完美的自定义绘图需要额外的步骤——可以进行多级别的额外定制。

一种方法是使用一个替代的 Seaborn 主题让绘图具有不同的外观，设置不同的主题或调色板会使其对所有绘图生效：

```
sns.set(style = "ticks", palette = "muted")
sns.relplot(x = "total_bill", y = "tip", col = "time",
hue = "smoker", style = "smoker", size = "size",
data = tips);
```

以下是样例输出：

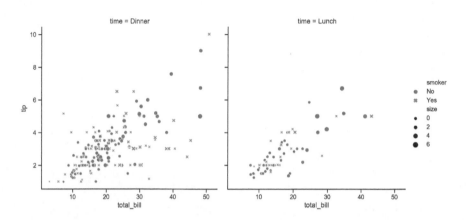

为了定制特殊的 Figure，所有 Seaborn 函数都接受一些可选参数来切换到非默认的语义映射，如不同的颜色。正确使用颜色可以使数据的可视化更具效率，而 Seaborn 对于定制调色板具有很好的支持。

如果与基础 Matplotlib 函数（如 scatterplot 和 pl.scatter）有直接对应，那么额外的关键字参数会被传递到 Matplotlib 层：

```
sns.relplot(x = "total_bill", y = "tip", col = "time",
hue = "size", style = "smoker", size = "size",
palette = "Set1", markers = ["D", "o"], sizes = (10, 125),
edgecolor = ".2", linewidth = .5, alpha = .75,
data = tips);
```

以下是样例输出：

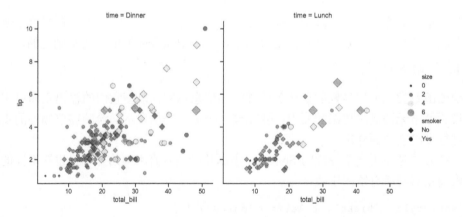

对于 relplot() 和其他 Figure 级函数，这意味着存在几个间接层级，因为 relplot() 将其额外的关键字参数传递给 Seaborn 的底层 Axes 级函数，后者将其额外的关键字参数传递给基础层的 Matplotlib 函数。因此，可能需要花费一些精力来为需要使用的参数找到正确的文档，但在原则上，非常高的自定义级别是可能的。

一些 Figure 级函数的定制可以通过传递给 FacetGrid 额外参数来完成，并且可以使用该对象上的方法来控制 Figure 的其他属性。要进行更多的调整，可以访问用来在其上进行绘图的 Matplotlib 对象，这些对象存储为属性：

```
yorder  =  [Thur,Fri,Sat,Sun]
g = sns.catplot(x = "total_bill", y = "day", hue = "time",
height = 3.5, aspect = 1.5, order = yorder,
kind = "box", legend = False, data = tips);
g.add_legend(title = "Meal")
g.set_axis_labels("Total bill ($)", "")
g.set(xlim = (0, 60),
yticklabels = ["Thursday", "Friday", "Saturday", "Sunday"])
g.despine(trim = True)
g.fig.set_size_inches(6.5, 3.5)
g.ax.set_xticks([5, 15, 25, 35, 45, 55], minor = True);
plt.setp(g.ax.get_yticklabels(), rotation = 30);
```

以下是样例输出：

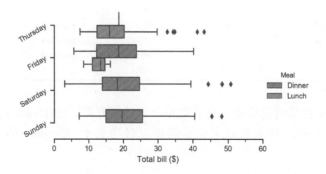

Seaborn 的 Figure 级函数面向高效的探索，使用它们来管理需要精确调整大小和组织的 Figure 可能比直接在 Matplotlib 中设置 Figure 与使用相应的 Axes 级函数要花费更多的精力。Matplotlib 有一个全面而强大的 API，Figure 的任何属性都可以根据喜好进行更改。Seaborn 的高层接口和 Matplotlib 的深度可定制性的结合，能让用户快速浏览数据并创建出具有出版物质量的最终产品图形。

3.1.2.7　组织数据集

当数据集具有特定的组织时，Seaborn 将会显示其强大功能。这种格式被称为"长格式"或"整洁"数据，Hadley Wickham 在其学术论文 *Tidy Data* 中对此进行了详细描述。可以简单地描述此规则：① 每个变量是一列；② 每次观察是一行。

判断数据是否整洁的一种有用的思维方式是从想要绘制的图进行逆向思考。从这个角度来看，"变量"是在图中被赋予角色的东西。查看示例数据集并了解它们的结构可能很有用，如 tips 数据集的前五行可以用 tips.head() 来打印，如下所示：

```
In [124]: tips.head()
Out[124]:
```

index	total_bill	tip	sex	smoker	day	time	size
0	16.99	1.01	Female	no	sun	dinner	2
1	10.34	1.66	male	no	sun	dinner	3
2	21.01	3.50	male	no	sun	dinner	3
3	23.68	3.31	male	no	sun	dinner	2
4	24.59	3.61	Female	no	sun	dinner	4

在某些领域，"整洁"格式一开始可能会让人略感尴尬。例如，时间序列数据有时与每个时间点一起存储，作为同一观察单元的一部分出现在列中。下面使用的 fmri 数据集展示了"整洁"的时间序列数据集如何将每个时间点放在不同的行中：

```
In [125]: fmri.head()
Out[125]:
```

index	subject	timepoint	event	region	signal
0	s13	18	stim	parietal	−0.017552
1	s5	14	stim	parietal	−0.080883
2	s12	18	stim	parietal	−0.081033
3	s11	18	stim	parietal	−0.046134
4	s10	18	stim	parietal	−0.037970

许多 Seaborn 函数可以绘制宽格式数据，但功能有限。而 Pandas 的函数对于处理宽格式数据帧非常有效，更多的信息和示例可以参考关于 Pandas 的 Tidy Data 部分内容[①]。

3.2　绘 图 方 法

3.2.1　统计关系可视化

统计分析是一个理解数据集中的变量如何相互关联以及这些关系如何依赖于其他变量的过程。可视化可以是这个过程的核心组件，因为当数据被正确的可视化时，人类的视觉系统可以看到指示某种关系的趋势和模式。

下面主要讨论三个 Seaborn 函数，首先是 relplot()，它是使用最多的函数之一。relplot() 是一个 Figure 级函数，常使用两种常见的方法来可视化统计关系：散点图和折线图。relplot() 会把 FacetGrid 与以下两个 Axes 级函数之一组合。

1) scatterplot()（通过设置 kind="scatter"；此为默认设置）。

2) lineplot()（通过设置 kind="line"）。

这些函数使用简单且易于理解的数据表达方式，而这些数据表达方式还可以表示复杂的数据集结构。它们可以这样做，是因为它们可以通过使用 hue、size 和 style 的语义来映射多达三个附加变量，从而增强二维图形的绘制。接下来的内容基于如下的代码引用：

---

① https://tomaugspurger.github.io/modern-5-tidy.html。

```
import numpy as np
import pandas as pd
import matplotlib.pyplot as plt
import seaborn as sns
sns.set(style = "darkgrid")
```

3.2.1.1　用散点图关联变量

　　散点图是统计可视化的主要方法之一，它使用点云来描述两个变量的联合分布，其中每个点表示数据集中的一个观察值。这种描述可以让用户直观地推断出大量关于它们之间是否存在任何有意义的关系的信息。

　　Seaborn 有多种绘制散点图的方法，最基本的函数是 scatterplot()，当两个变量都是数值类型时应该使用它。scatterplot() 是 relplot() 中的默认类型，也可以通过设置 kind="scatter"来强制。

```
tips = sns.load_dataset("tips")
# 如果无法加载示例数据集，可以通过其他途径下载tips.csv
# 然后用pandas的read_csv函数读取数据
# import pandas as pd
# tips = pd.read_csv("tips.csv")
sns.relplot(x = "total_bill", y = "tip", data = tips);
```

　　以下是样例输出：

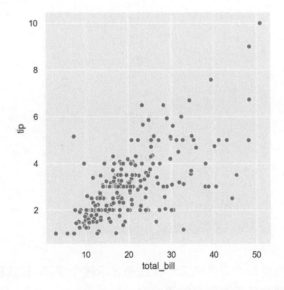

　　在二维中绘制这些点时，可以根据第三个变量对它们着色，从而将另一个维度添加到绘图中。在 Seaborn 中，这被称为使用"色调语义"（hue semantic），因为点的颜色是具有意义的：

```
sns.relplot(x = "total_bill", y = "tip", hue = "smoker", data = tips);
```

以下是样例输出：

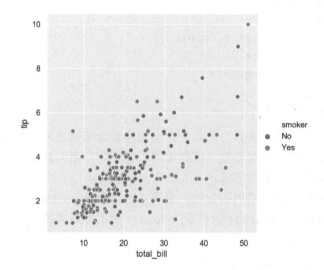

为了强调类型之间的差异并提高可访问性，可以为每个类型使用不同的标记样式：

```
sns.relplot(x = "total_bill", y = "tip", hue = "smoker",
style = "smoker", data = tips);
```

以下是样例输出：

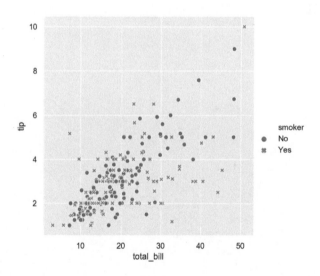

也可以通过单独改变每个点的色调和样式来表示四个变量。但这种操作要小心谨慎，因为眼睛对形状的敏感度远低于对颜色的敏感度：

```
sns.relplot(x = "total_bill", y = "tip", hue = "smoker",
style = "time", data = tips);
```

以下是样例输出：

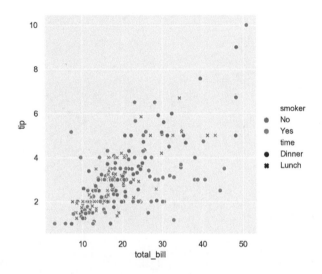

在上面的例子中，色调语义是分类的，所以应用了默认的定性调色板（qualitative color palettes）。如果色调语义是数值型的（特别是如果它可以转换为浮点型的话），则默认的着色将切换到连续调色板（sequential color palettes）：

```
sns.relplot(x = "total_bill", y = "tip", hue = "size", data = tips);
```

以下是样例输出：

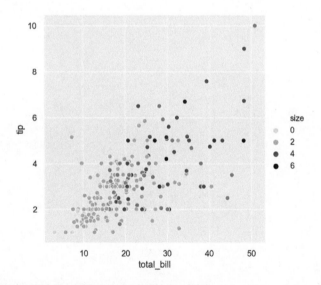

在上面两种情况下都可以自定义调色板，而且有许多选择可以做到这样。这里使用 cubehelix_palette() 的字符串接口自定义连续调色板：

```
sns.relplot(x = "total_bill", y = "tip", hue = "size",
palette = "ch:r=-.5,l=.75", data = tips);
```

以下是样例输出：

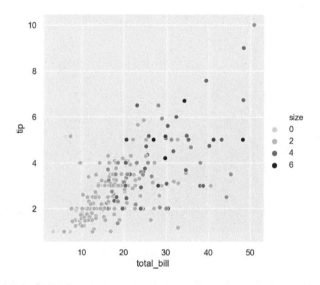

第三类语义变量用来改变每个点的大小：

```
sns.relplot(x = "total_bill", y = "tip", size = "size", data = tips);
```

以下是样例输出：

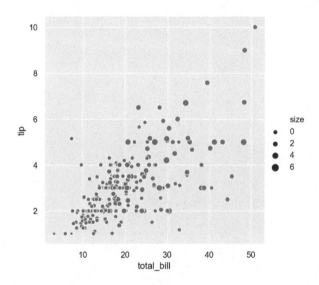

与 matplotlib.pyplot.scatter() 不同，变量的文字值不用于拾取点的面积。相反，数据单位的值范围被规范化为面积单位的范围。这个范围可以定制：

```
sns.relplot(x = "total_bill", y = "tip", size = "size",
sizes = (15, 200), data = tips);
```

以下是样例输出：

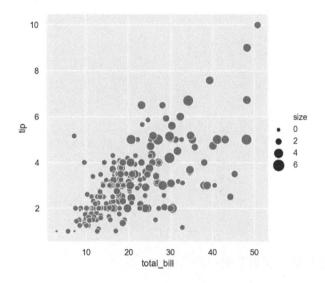

使用分类变量来改变大小，并使用不同的调色板：

```
cmap = sns.cubehelix_palette(dark = .3, light = .8, as_cmap = True)
ax = sns.scatterplot(x = "total_bill", y = "tip",
hue = "day", size = "smoker",
palette = "Set2",
data = tips)
```

以下是样例输出：

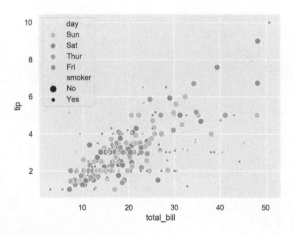

在数据帧中传递数据向量而不是名称：

```
ax = sns.scatterplot(x = tips.total_bill, y = tips.tip,
hue = tips.time, style = tips.day)
```

以下是样例输出：

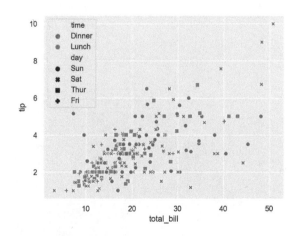

传递宽格式数据集并根据其索引绘图：

```
import numpy as np, pandas as pd
index = pd.date_range("1 1 2000", periods = 100,
freq = "m", name = "date")
data = np.random.randn(100, 4).cumsum(axis = 0)
wide_df = pd.DataFrame(data, index, ["A", "B", "C", "D"])
ax = sns.scatterplot(data = wide_df)
```

以下是样例输出：

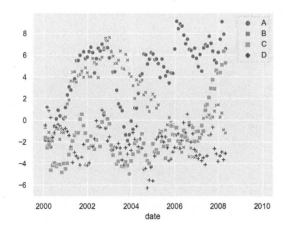

3.2.1.2 强调折线图的连续性

尽管散点图非常有效，但它仍然没有普适的最佳可视化类型。相反，视觉表达应该适应数据集的具体情况和试图用图形回答的问题。

对于某些数据集，用户可能希望了解一个变量随时间（或类似的连续变量）的变化，此时折线图是一个比较好的选择。在 Seaborn 中，可以通过 lineplot() 函数来绘制折线图，也可以通过设置 kind="line" 来使用 relplot() 实现：

```
df = pd.DataFrame(dict(time = np.arange(500),
value = np.random.randn(500).cumsum()))
g = sns.relplot(x = "time", y = "value", kind = "line", data = df)
g.fig.autofmt_xdate()
```

以下是样例输出:

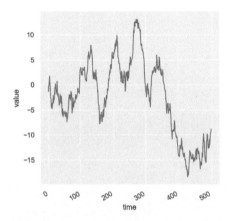

lineplot() 通常假设用户会将 y 绘制为 x 的函数,所以默认的行为是在绘制之前根据 x 值对数据进行排序,当然这也是可以禁用的:

```
df = pd.DataFrame(np.random.randn(500, 2).cumsum(axis = 0),
columns = ["x", "y"])
sns.relplot(x = "x", y = "y", sort = False, kind = "line", data = df);
```

以下是样例输出:

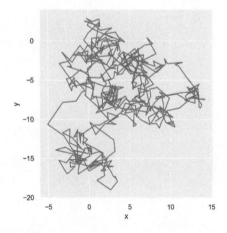

(1) 聚合和展示不确定性
更复杂的数据集会对相同的 x 变量值进行多次测量,Seaborn 的默认行为是通过绘制均值和均值周围的 95% 置信区间来聚合每个 x 值的多个测量值:

```
fmri  =  sns.load_dataset("fmri")
# 如果无法加载示例数据集，可以通过其他途径下载 fmri.csv
# 然后用 pandas 的 read_csv 函数读取数据
# import pandas as pd
# fmri = pd.read_csv("fmri.csv")
sns.relplot(x = "timepoint",y = "signal",kind = "line",data = fmri);
```

以下是样例输出：

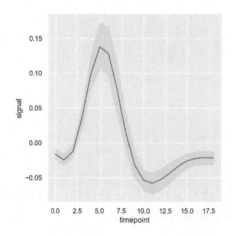

置信区间是在后台使用 bootstrapping 来计算的，对于较大的数据集来说可能会耗费大量时间，因此可以禁用计算置信区间：

```
sns.relplot(x = "timepoint", y = "signal", ci = None,
kind = "line", data = fmri);
```

以下是样例输出：

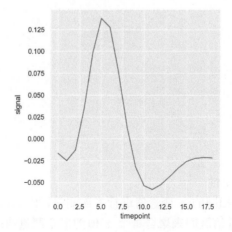

　　另外一个选择是通过绘制标准差而不是置信区间来表示分布在每个时间点的散布状态，这对于较大的数据很有用：

```
sns.relplot(x = "timepoint", y = "signal", kind = "line",
ci = "sd", data = fmri);
```

以下是样例输出：

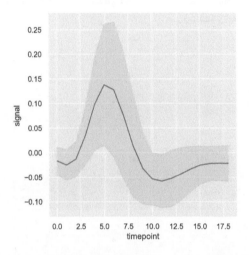

　　若要完全关闭聚合，将 estimator 参数设置为 None。当数据在每个点上都有多个观测值时，这可能会产生奇怪的效果：

```
sns.relplot(x = "timepoint", y = "signal", estimator = None,
kind = "line", data = fmri);
```

以下是样例输出：

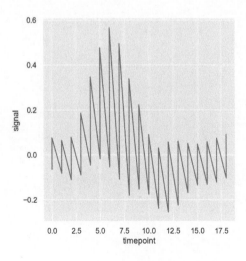

(2) 用语义映射绘制数据子集

lineplot() 函数具有与 scatterplot() 相同的灵活性：它可以通过修改图形元素的 hue、size 和 style 来显示不超过三个的附加变量。它使用与 scatterplot() 相同的 API 来实现这一点，这意味着用户不需要停下来思考控制 Matplotlib 中线与点的外观的参数。

在 lineplot() 中使用语义还将确定如何聚合数据。例如，添加一个具有两层级别的色调语义，将图表分为两条线和误差带，分别着色以指示它们对应的数据子集。

```
sns.relplot(x = "timepoint", y = "signal", hue = "event",
kind = "line", data = fmri);
```

以下是样例输出：

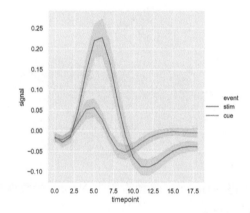

默认情况下，将"样式语义"（style semantic）添加到折线图会更改线条中短线的绘制模式：

```
sns.relplot(x = "timepoint", y = "signal", hue = "region",
style = "event", kind = "line", data = fmri);
```

以下是样例输出：

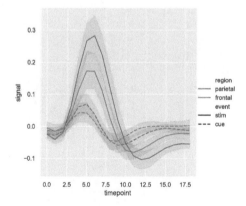

　　可以通过每次观察使用的标记来识别子集，这些标记可以与线条的短线一起使用，也可以代替短线：

```
sns.relplot(x = "timepoint", y = "signal", hue = "region",
style = "event", dashes = False, markers = True,
kind = "line", data = fmri);
```

以下是样例输出：

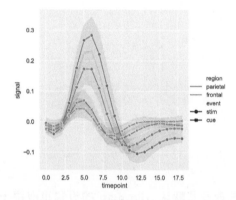

　　类似绘制散点图，使用多种语义绘制折线图时也要谨慎。有时，即使用户只想检查一个额外变量的变化，但同时更改线条的颜色和样式也是非常有帮助的，因为这可以使绘制的图表在打印成黑白时或被有色盲的人观看时更容易被辨识。下例中色调和样式语义都使用了 event 变量：

```
sns.relplot(x = "timepoint", y = "signal", hue = "event",
style = "event", kind = "line", data = fmri);
```

以下是样例输出：

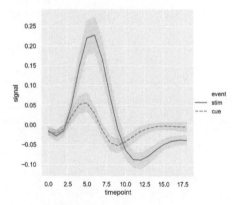

　　在处理重复度量数据时（即有多次采样的单元），还可以单独绘制每个采样单元，而不需要通过语义来区分它们。这样可以避免图例的混乱：

```
sns.relplot(x = "timepoint", y = "signal", hue = "region",
style = region, units = "subject", estimator = None,
kind = "line", data = fmri.query("event == stim"));
```

以下是样例输出：

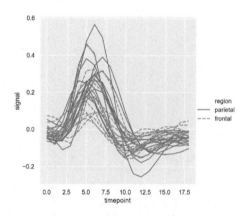

lineplot() 对图例的管理及其默认 colormap 的设置也取决于色调语义是分类型的还是数值型的：

```
dots = sns.load_dataset("dots").query("align == 'dots'")
# 如果无法加载示例数据集，可以通过其他途径下载 dots.csv
# 然后用 pandas 的 read_csv 函数读取数据
# import pandas as pd
# dots = pd.read_csv("dots.csv").query("align == 'dots'")
sns.relplot(x = "time", y = "firing_rate",
hue = "coherence", style = "choice",
kind = "line", data = dots);
```

以下是样例输出：

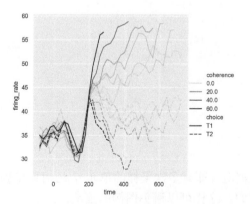

有时尽管色调（hue）变量是数值型的，但是也很难用线性色阶来表示。在上例中，色调变量的级别就是对数缩放的，可以看出图中各线条色彩的区分度比较低。这种情况下，可以通过传递列表或字典为每行提供特定的颜色值：

```
palette = sns.cubehelix_palette(light = .8, n_colors = 6)
sns.relplot(x = "time", y = "firing_rate",
hue = "coherence", style = "choice",
palette = palette,
kind = "line", data = dots);
```

以下是样例输出：

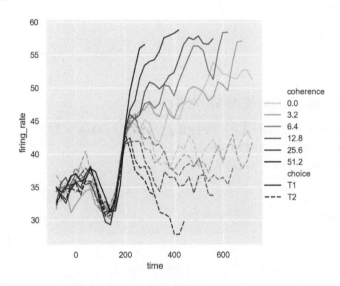

也可以通过改变颜色映射的规范化方式来实现：

```
from matplotlib.colors import LogNorm
sns.relplot(x = "time", y = "firing_rate",
hue = "coherence", style = "choice",
hue_norm = LogNorm(),
kind = "line", data = dots);
```

以下是样例输出：

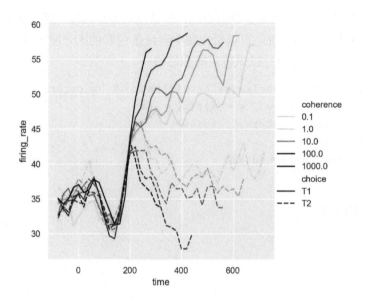

第三个语义 size，可以改变线条的宽度：

```
sns.relplot(x = "time", y = "firing_rate", color = "r",
size = "coherence", style = "choice",
kind = "line", data = dots);
```

以下是样例输出：

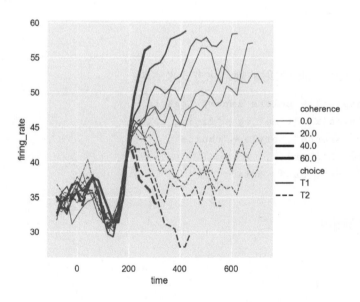

虽然 size 变量通常是数值型的，但也可以将分类变量与线条的宽度建立映射，这样做时要小心，因为很难区分"粗"线和"细"线的界线。但是，当线条具有高频可变性时，虚线很难被察觉，因此在这种情况下，不同的类别使用不同的宽度可能更有效：

```
palette  =  sns.cubehelix_palette(light = .8, n_colors = 6)
sns.relplot(x = "time",  y = "firing_rate",
hue = "coherence",  size = "choice",
palette = palette,
kind = "line",  data = dots);
```

以下是样例输出：

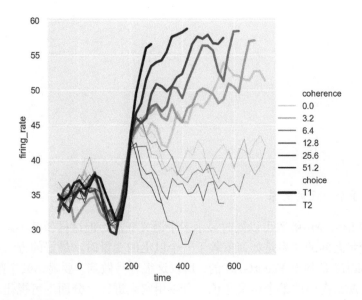

(3) 用日期数据绘图

折线图通常用于可视化与实际日期和时间相关的数据。这些函数将原始格式的数据传递给底层的 Matplotlib 函数，因此它们可以利用 Matplotlib 将日期格式化为坐标轴的刻度标签。但是所有这些格式化都必须在 Matplotlib 层进行，可以参考 Matplotlib 文档来了解它是如何工作的：

```
df  =  pd.DataFrame(
dict(time = pd.date_range("2018-1-1", periods = 500),
value = np.random.randn(500).cumsum())
)
g  =  sns.relplot(x = "time", y = "value", kind = "line", data = df)
g.fig.autofmt_xdate()
```

以下是样例输出：

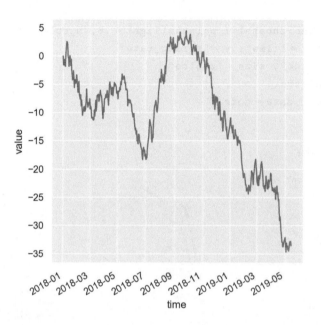

3.2.1.3　显示多个方面的关系

　　虽然这些 Seaborn 函数可以同时显示多个语义变量，但这样做并不总是有效的。当需要理解两个变量之间的关系是如何依赖于一个以上的变量时，最好的方法可能是绘制多个图表，而 relplot() 是基于 FacetGrid 的，所以这很容易做到。要显示某个附加变量的影响，而不是将其分配给图中的某个语义角色，可以用它来进行"分面"可视化。也就是说，可以创建多个 Axes 并在每个 Axes 上对数据子集进行绘图：

```
sns.relplot(x = "total_bill", y = "tip", hue = "smoker", col = "time",
col_order = [Lunch, Dinner], data = tips);
```

　　以下是样例输出：

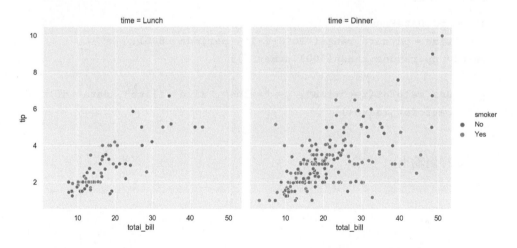

还可以通过这种方式显示两个变量的影响：一个是对列进行面处理，另一个是对行进行面处理。在向网格添加更多变量时，可能会希望减小 Figure 的大小。请记住，"size FacetGrid"是由"每个面"的高度和宽高比进行参数化的：

```
sns.relplot(x = "timepoint", y = "signal", hue = "subject",
col = "region", row = "event", height = 3,
kind = "line", estimator = None, data = fmri);
```

以下是样例输出：

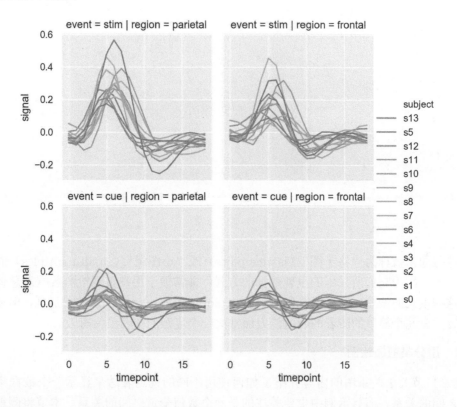

当需要检查一个变量的多个级别的效果时，最好在列上对该变量进行"面"处理，然后将这些面"包装"到行中：

```
sns.relplot(x = "timepoint", y = "signal", hue = "event",
style = "event", col = "subject", col_wrap = 5,
height = 3, aspect = .75, linewidth = 2.5, kind = "line",
data = fmri.query("region == frontal"));
```

以下是样例输出：

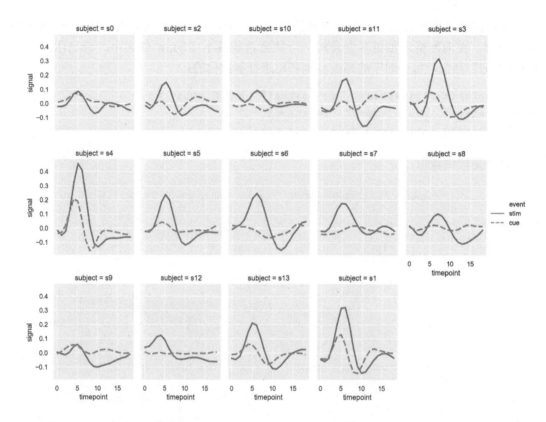

这些通常被称为"格子图"（lattice plots）或"小图组"（small-multiples）的可视化非常有效，因为它们所采用的呈现数据的方式，非常便于用户直观检测数据的总体模式及其与这些模式的偏差。尽管可以利用 scatterplot() 和 relplot() 提供的灵活性，但使用中仍然需要注意几个简单的图表的表达能力通常比一个复杂的图表更为有效。

3.2.2 用分类数据绘图

3.2.1 节关于关系图的内容介绍了如何使用不同的视觉表达来显示一个数据集中多个变量之间的关系，而且示例中主要关注的是两个数值变量之间的关系。本节将侧重于说明"分类"（categorcal，即分为不同的组）类型变量的关系图的绘制。

在 Seaborn 中，有几种不同的方法来可视化包含分类数据的关系。同 relplot() 与 scatterplot()/lineplot() 之间的关系类似，有两种方法可以绘制这些图，还有许多 Axes 级函数可用于通过不同方式绘制分类数据，并且有一个 Figure 级接口 catplot() 来提供对它们的统一高级访问（即通过设置"kind="）。

分类图的类型大致可以分为三类。

1) 分类散点图：

stripplot()（设置 kind="strip"，默认设置）；

swarmplot()（设置 kind="swarm"）。

2) 分类分布图：

boxplot()（设置 kind="box"）；

violinplot()（设置 kind="violin"）；

boxenplot()（设置 kind="boxen"）。

3）分类估算图：

pointplot()（设置 kind="point"）；

barplot()（设置 kind="bar"）；

countplot()（设置 kind="count"）。

这三类图形使用不同的粒度级别来表示数据，并且统一的 API 会使得在不同类型之间切换和从多个角度查看数据变得很容易。本节将主要关注 Figure 级函数 catplot()，这个函数是前面所列的三类分类图涉及的函数的高级接口。

以下内容建立在如下的代码引用之上：

```
import seaborn as sns
import matplotlib.pyplot as plt
import pandas as pd
sns.set(style = "ticks", color_codes = True)
```

3.2.2.1　分类散点图

catplot() 中数据的默认表达方式是使用散点图。在 Seaborn 中有两种不同的分类散点图，它们采用不同的方法来表现分类数据。分类散点图把属于同一个类别的所有点都放在与分类变量对应的坐标轴上的同一位置，stripplot() 是 catplot() 中的默认 "类"，它通过使用少量的随机 "抖动"（jitter）来调整分类轴上的点的位置：

```
tips = sns.load_dataset("tips")
# tips = pd.read_csv("tips.csv")
xorder = ["Thur", "Fri", "Sat", "Sun"]
sns.catplot(x = "day", y = "total_bill", data = tips, order = xorder);
```

以下是样例输出：

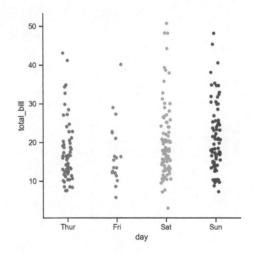

可以通过 "抖动" 参数 jitter 来控制 "抖动" 的大小，甚至可以完全禁用 "抖动"：

```
xorder = ["Thur", "Fri", "Sat", "Sun"]
sns.catplot(x = "day", y = "total_bill", jitter = False,
order = xorder, data = tips);
```

以下是样例输出：

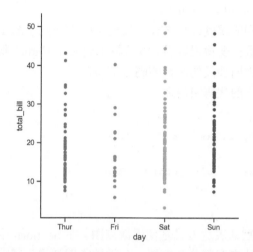

第二种方法是使用防止重叠的算法来沿分类轴调整点的位置，这种方法可以更好地展示观测数据的分布，但它只适用于相对较小的数据集。这种图表有时被称为"beeswarm"，在 Seaborn 中是由 swarmplot() 来绘制的，也可以通过在 catplot() 中设置 kind="swarm"来激活：

```
xorder = ["Thur", "Fri", "Sat", "Sun"]
sns.catplot(x = "day", y = "total_bill", kind = "swarm",
order = xorder, data = tips);
```

以下是样例输出：

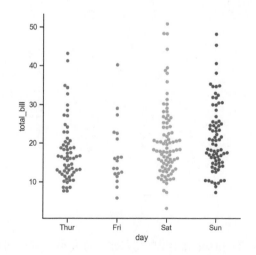

与关系图类似，可以通过使用色调语义为分类图添加另一个维度（分类图目前不支持大小或样式语义）。每个不同的分类绘图函数处理色调语义的方法也不同，对于散点图，只需要改变点的颜色：

```
xorder = ["Thur", "Fri", "Sat", "Sun"]
sns.catplot(x = "day", y = "total_bill", hue = "sex",
order = xorder, kind = "swarm", data = tips);
```

以下是样例输出：

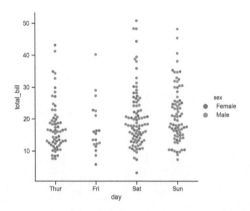

与数值型的数据不同，并不总能很明显地看出如何沿分类变量的轴线排列分类变量的级别。通常，Seaborn 分类绘图函数会尝试从数据中推断类别的顺序。如果数据具有 Pandas 分类数据的类型，则可以在其中设置类别的默认顺序；如果传递给分类轴的变量看起来是数值型的，那么它的层级将被排序，但即使是用数字来标记它们，这些数据仍然被视为分类数据，并在分类轴上的序号位置（具体地说就是在 0,1,…位置）进行绘制：

```
sns.catplot(x = "size", y = "total_bill", kind = "swarm",
data = tips.query("size != 3"));
```

以下是样例输出：

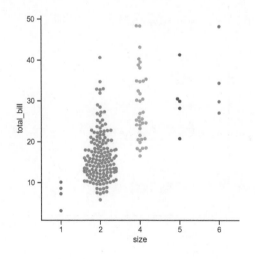

选择默认排序的另一个选项是根据类别在数据集中出现的级别进行排序。还可以使用 order 参数控制排序（在前面的例子中已出现过），在同一幅图中绘制多个分类图时，这一点很重要：

```
sns.catplot(x = "smoker", y = "tip",
order = ["Yes", "No"], data = tips);
```

以下是样例输出：

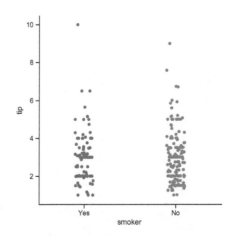

在前面的例子中提到了"分类轴"的概念，它总是与横轴对应。但也有不少场合需要将分类变量放在垂直轴上，特别是当类别名称相对较长或有许多类别时。在 Seaborn 中，这只需要交换轴变量的赋值就可以了：

```
yorder = ["Thur", "Fri", "Sat", "Sun"]
sns.catplot(x = "total_bill", y = "day", hue = "time",
order = yorder, kind = "swarm", data = tips);
```

以下是样例输出：

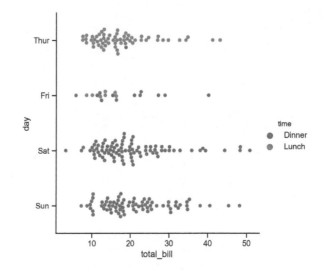

3.2.2.2 类别内的观测分布

如果数据集比较庞大，分类散点图所能表达的各类别中值的分布信息会变得非常有限。这时，有以下几种方法可以方便地在类别层次上进行比较，从而汇总分布信息。

(1) 箱线图（Boxplots）

boxplot() 绘制的箱线图显示了分布的三个四分位值和极值。"触须"延伸到位于上、下四分位数 1.5 个 IQRs 范围内的点，然后在这个范围之外的观测值会被独立显示出来。这意味着箱线图中的每个值都对应于数据中的一个实际观察值。

```
xorder = ["Thur", "Fri", "Sat", "Sun"]
sns.catplot(x = "day", y = "total_bill", kind = "box",
order = xorder, data = tips);
```

以下是样例输出：

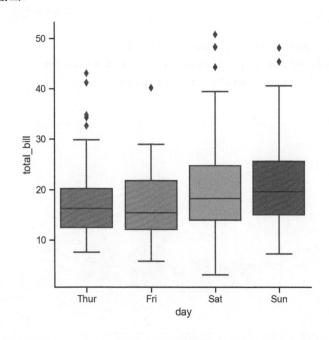

当添加一个色调语义时，语义变量的每个级别的方框将沿着分类轴移动，这样它们就不会重叠：

```
xorder = ["Thur", "Fri", "Sat", "Sun"]
sns.catplot(x = "day", y = "total_bill", hue = "smoker",
order = xorder, kind = "box", data = tips);
```

以下是样例输出：

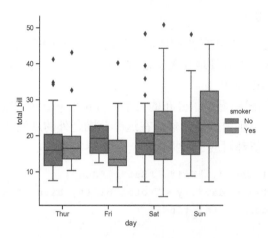

这种行为称为"dodging"（闪避），默认情况下是打开的，因为它假定语义变量嵌套在主分类变量中。如果不是这种情况，可以设置 dodge=False 来禁用闪避：

```
xorder = ["Thur", "Fri", "Sat", "Sun"]
sns.catplot(x = "day", y = "total_bill", hue = "smoker",
order = xorder, kind = "box", data = tips);
```

以下是样例输出：

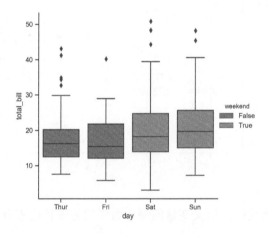

相关的函数 boxenplot() 会绘制一个类似于箱线图的图，但是经过了优化，可以显示关于分布形状的更多信息。它非常适合相对较大的数据集：

```
diamonds = sns.load_dataset("diamonds")
# diamonds = pd.read_csv("diamonds.csv")
sns.catplot(x = "color", y = "price", kind = "boxen",
data = diamonds.sort_values("color"))
```

以下是样例输出：

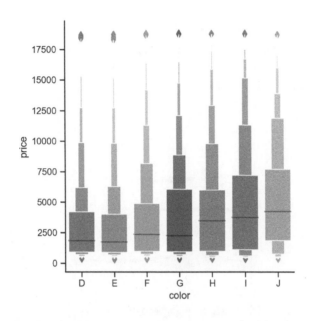

(2) 小提琴图（Violinplots）

另一种方法是 violinplot()，它将箱线图与分布图中的 KDE 过程进行了结合：

```
yorder = ["Thur", "Fri", "Sat", "Sun"]
sns.catplot(x = "total_bill", y = "day", hue = "time",
order = yorder, kind = "violin", data = tips);
```

以下是样例输出：

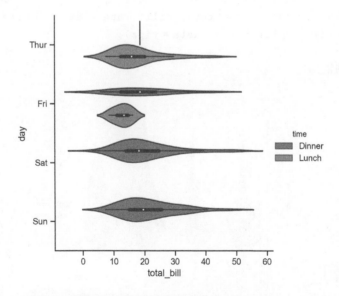

　　这种方法使用 KDE 来提供更丰富的变量值分布描述。此外，箱线图中的四分位数和
"触须"值显示在了小提琴内部。其缺点是，因为 violinplot 使用 KDE，所以可能需要调
整其他一些参数，从而相比于简单的 boxplot 而言增加了复杂性：

```
yorder = ["Thur", "Fri", "Sat", "Sun"]
sns.catplot(x = "total_bill", y = "day", hue = "time",
kind = "violin", bw = .15, cut = 0,
order = yorder, data = tips);
```

以下是样例输出：

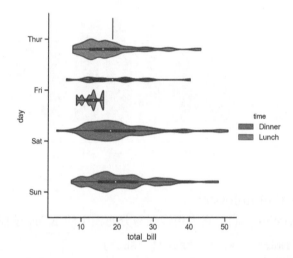

当色调参数只有两个级别时，也可以对每个"小提琴"进行"分割"，这样可以更有效地利用空间：

```
xorder = ["Thur", "Fri", "Sat", "Sun"]
sns.catplot(x = "day", y = "total_bill", hue = "sex", kind = "violin",
order = xorder, split = True, data = tips);
```

以下是样例输出：

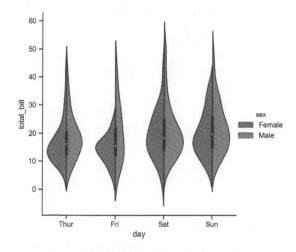

还有几个选项可以在"小提琴"内部进行绘制，如在内部显示每个单独的观测值：

```
xorder = ["Thur", "Fri", "Sat", "Sun"]
sns.catplot(x = "day", y = "total_bill", hue = "sex",
kind = "violin", inner = "stick", split = True,
order = xorder, palette = "pastel", data = tips);
```

以下是样例输出：

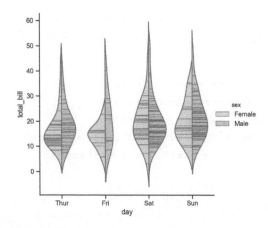

将 swarmplot() 或 striplot() 与箱线图或小提琴图结合使用也很有用，可以显示每个观测结果以及分布的摘要：

```
xorder = ["Thur", "Fri", "Sat", "Sun"]
g = sns.catplot(x = "day", y = "total_bill", order = xorder,
kind = "violin", inner = None, data = tips)
sns.swarmplot(x = "day", y = "total_bill", order = xorder,
color = "k", size = 3, data = tips, ax = g.ax);
```

以下是样例输出：

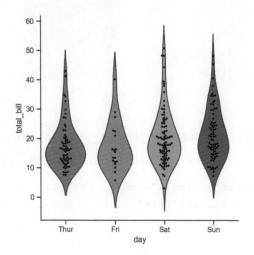

3.2.2.3　类别内的统计估计

对于某些应用，与其显示每个类别中的分布，不如显示那些值的集中趋势的估计值。Seaborn 有两种主要的方式来显示这些信息，这些函数的基本 API 与上面讨论的函数相同。

(1) 条形图（Bar plots）

实现统计估计的一种常见图表类型就是条形图，在 Seaborn 中，barplot() 函数操作一个完整的数据集，并会应用一个函数来获得估计数（默认是获取平均值）。当每个类别中有多个观测值时，它还使用 bootstrapping 来计算估计值周围的置信区间，并使用误差条来表示：

```
titanic = sns.load_dataset("titanic")
# titanic = pd.read_csv("titanic.csv")
order = ["First", "Second", "Third"]
sns.catplot(x = "sex", y = "survived", hue = "class",
hue_order = order, kind = "bar", data = titanic);
```

以下是样例输出：

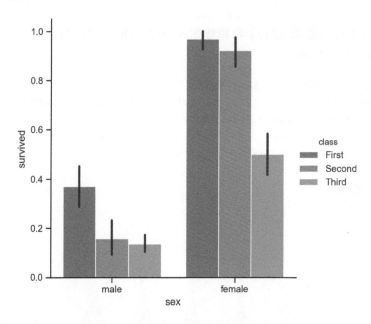

用户可能希望在条形图中显示每个类别中的观测数量，这类似于分类变量的直方图，而不是定量变量的直方图。在 Seaborn 中，使用 countplot() 函数可以很容易做到这一点：

```
sns.catplot(x = "deck", kind = "count", palette = "ch:.25",
data = titanic.sort_values("deck"));
```

以下是样例输出：

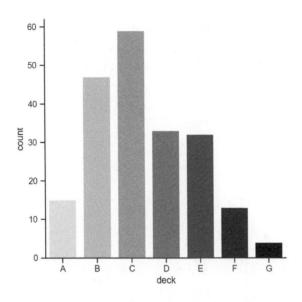

在调用 barplot() 和 countplot() 时可以使用前面讨论过的所有参数选项（如 palette 等），更多选项的用法可以参考每个函数的详细文档：

```
sns.catplot(y = "deck", hue = "class", kind = "count",
palette = "pastel", edgecolor = ".6",
data = titanic.sort_values("deck"));
```

以下是样例输出：

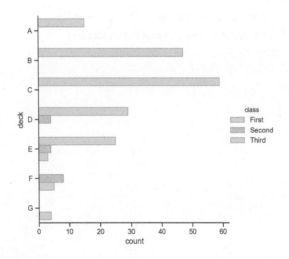

(2) 点图（Point plots）

利用 pointplot() 函数可以可视化相同的统计信息，但它不是显示一个完整的条形图，而是绘制点估计值和置信区间，并且会用线连接来自相同色调类别的点。这样就很容易看出主要的关系是如何随着色相语义的变化而变化的，因为眼睛很善于分辨不同的斜率：

```
order = ["First", "Second", "Third"]
sns.catplot(x = "sex", y = "survived", hue = "class",
hue_order = order, kind = "point", data = titanic);
```

以下是样例输出：

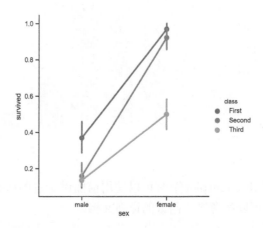

当分类函数缺少关系函数的样式语义时，可以通过改变标记或（和）线条样式以及色调来使图形在最大程度保证其可访问性，并在黑白图中也具有很好的表达性能：

```
order = ["First", "Second", "Third"]
sns.catplot(x = "class", y = "survived", hue = "sex",
palette = {"male": "g", "female": "m"},
markers = ["^", "o"], linestyles = ["-", "--"],
kind = "point", order = order, data = titanic);
```

以下是样例输出：

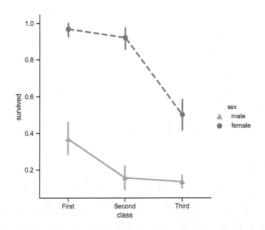

3.2.2.4　绘制"宽格式"数据

虽然使用"长格式"或"整洁"数据是应用这些函数的首选，但这些函数也可以应用于各种格式的"宽格式"数据（wide-form），包括 Pandas 的 DataFrame 或二维 Numpy 数组。这些对象应该直接传递给数据参数：

```
iris = sns.load_dataset("iris")
# iris = pd.read_csv("iris.csv")
sns.catplot(data = iris, orient = "h", kind = "box");
```

以下是样例输出：

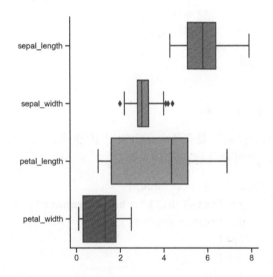

另外，Axes 级函数接受 Pandas 或 Numpy 对象的向量，而不是 DataFrame 中的变量：

```
sns.violinplot(x = iris.species, y = iris.sepal_length);
```

以下是样例输出：

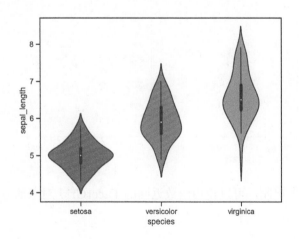

要控制所讨论的函数生成的图的大小和形状，必须使用 Matplotlib 命令进行设置：

```
f, ax = plt.subplots(figsize = (7, 3))
sns.countplot(y = "deck", data = titanic.sort_values("deck"),
color = "blue");
```

以下是样例输出：

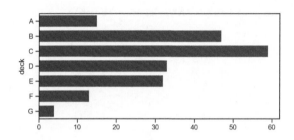

3.2.2.5　显示多个方面的多种关系

与 relplot() 一样，catplot() 是在 FacetGrid 上构建的，这意味着很容易添加"面"变量（faceting variables）来可视化更高维的关系：

```
xorder = ["Thur", "Fri", "Sat", "Sun"]
sns.catplot(x = "day", y = "total_bill", hue = "smoker",
col = "time", aspect = .6, order = xorder,
kind = "swarm", data = tips);
```

以下是样例输出：

对于图表的进一步定制，可以使用函数返回的 FacetGrid 对象的方法：

```
order = ["First", "Second", "Third"]
g = sns.catplot(x = "fare", y = "survived", row = "class",
row_order = order, kind = "box",
orient = "h", height = 1.5, aspect = 4,
data = titanic.query("fare > 0"))
g.set(xscale = "log");
```

以下是样例输出：

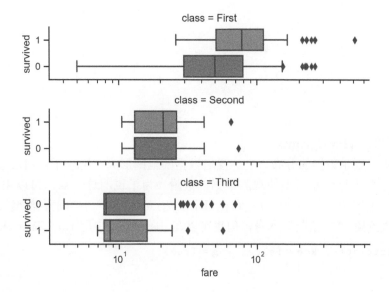

3.2.3　数据集分布可视化

在处理一组数据时，通常首先要做的是了解变量是如何分布的。在有些绘制分类图的函数示例中，可以很容易地比较一个变量在其他变量级别上的分布情况，而本节将介绍 Seaborn 中用于检查单变量和双变量分布的一些工具。本节的示例将基于下面的代码引用：

```
import numpy as np
import pandas as pd
import seaborn as sns
import matplotlib.pyplot as plt
from scipy import stats
sns.set(color_codes = True)
```

3.2.3.1　绘制单变量分布

在 Seaborn 中快速查看单变量分布最方便的方法是使用 distplot() 函数，默认情况下，它将绘制直方图并适配一个 KDE。

```
x = np.random.normal(size = 100)
sns.distplot(x);
```

以下是样例输出：

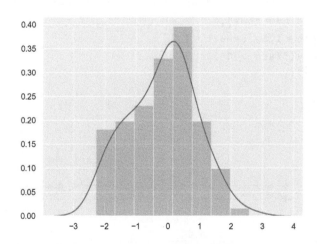

(1) 直方图（Histograms）

直方图可以表示数据的分布，它会沿着数据的范围形成一组盒子，然后绘制不同高度的条形来表示落于每个盒子中的观测数据的数量。为了说明这一点，可以去掉密度曲线，并添加一个"毛毯图"（rug plot），它在每个观测点上画一个小的垂直刻度线。可以使用rugplot() 函数创建"毛毯图"本身，但也可以在 distplot() 中用 rug=True 来激活：

```
sns.distplot(x, kde = False, rug = True);
```

以下是样例输出：

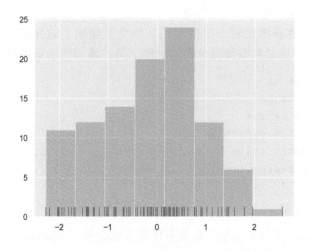

在绘制直方图时，主要的参数选择是使用的盒子的数量和放置它们的位置。distplot() 使用一个简单的规则来猜测默认情况下正确的盒子数量，但是尝试使用更多或更少的盒子可能会揭示数据中的其他特性：

```
sns.distplot(x, bins = 20, kde = False, rug = True);
```

以下是样例输出：

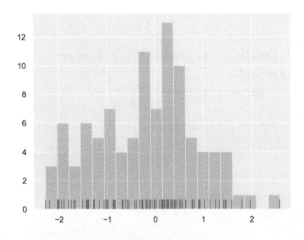

(2) 核密度估计（kernel density estimation，KDE）

核密度估计是绘制分布形状的重用工具，与直方图一样，KDE 图将观测的密度放在一个轴上，而将观测值的高度放在另一个轴上：

```
sns.distplot(x, hist = False, rug = True);
```

以下是样例输出：

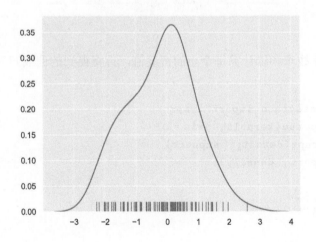

　　绘制 KDE 图比绘制直方图更加需要计算量，因为每个观测都首先被替换为一个在该值中心处的高斯曲线：

```
x = np.random.normal(0, 1, size = 30)
bandwidth = 1.06  *  x.std()  *  x.size ** (-1  /  5.)
support = np.linspace(-4, 4, 200)

kernels = []
for x_i in x:
    kernel = stats.norm(x_i, bandwidth).pdf(support)
    kernels.append(kernel)
    plt.plot(support, kernel, color = "r")

sns.rugplot(x, color = ".2", linewidth = 3);
```

　　以下是样例输出：

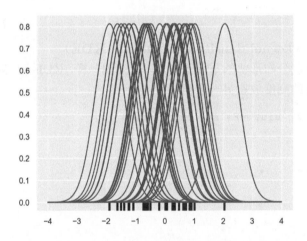

　　然后再对这些曲线求和以计算每个点的密度值，再将得到的曲线归一化，使其下方的面积等于 1：

```
from scipy.integrate import trapz
density = np.sum(kernels, axis = 0)
density /= trapz(density, support)
plt.plot(support, density);
```

　　以下是样例输出：

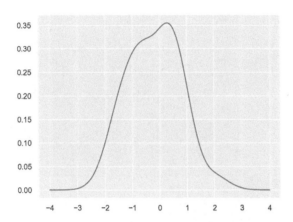

可以看到，如果在 Seaborn 中使用 kdeplot() 函数，得到的曲线是相同的。这个函数被 distplot() 使用，但它提供了一个更直接的接口，当只想进行密度估计时，可以更容易地使用其他参数选项：

```
sns.kdeplot(x, shade = True);
```

以下是样例输出：

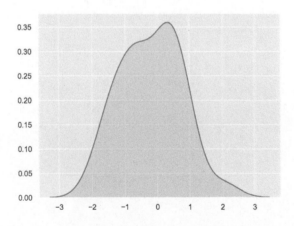

KDE 的 "bandwidth"（bw）参数控制估计与数据的匹配程度，很像直方图中的盒子大小，它对应于上面绘制的内核宽度。默认的行为试图使用通用的参考规则来猜测一个正确值，但尝试更大或更小的值可能会有帮助：

```
sns.kdeplot(x)
sns.kdeplot(x, bw = .2, label = "bw: 0.2")
sns.kdeplot(x, bw = 2, label = "bw: 2")
plt.legend();
```

以下是样例输出：

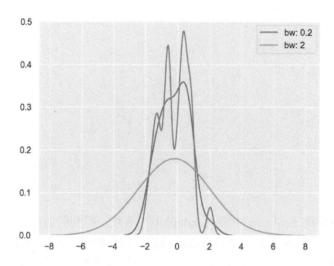

如上所示，高斯 KDE 过程的估计值超出了数据集的最大值和最小值。可以通过 cut 参数控制曲线越过极值的程度；然而，这只影响如何绘制曲线，而不影响曲线的拟合方式：

```
sns.kdeplot(x, shade = True, cut = 0)
sns.rugplot(x);
```

以下是样例输出：

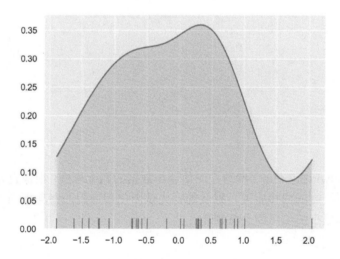

(3) 拟合参数分布

还可以使用 distplot() 将参数分布拟合到数据集，并直观地评估它与观察数据的对应程度：

```
x = np.random.gamma(6, size = 200)
sns.distplot(x, kde = False, fit = stats.gamma);
```

以下是样例输出：

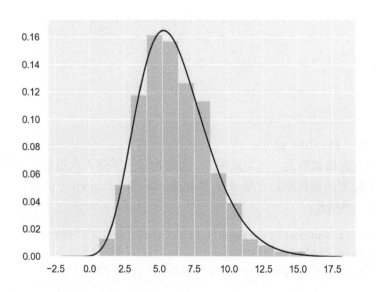

3.2.3.2　绘制双变量的二元分布

在 Seaborn 中用 jointplot() 函数将两个变量的二元分布可视化，该函数创建一个多面板图形，显示两个变量之间的双元（或联合）关系，以及每个变量在各自独立 Axes 上的一元（或边缘）分布。

```
mean, cov = [0, 1], [(1, .5), (.5, 1)]
data = np.random.multivariate_normal(mean, cov, 200)
df = pd.DataFrame(data, columns = ["x", "y"])
```

(1) 二元散点图（Scatterplots）

可视化二元分布的最常见方法是散点图，其中每个观测点都表示为 x 和 y 值。这类似一个二维的地毯图。可以使用 Matplotlib 的 plt.scatter 函数绘制散点图，而这也是 jointplot() 函数默认的绘制类型：

```
sns.jointplot(x = "x", y = "y", data = df);
```

以下是样例输出：

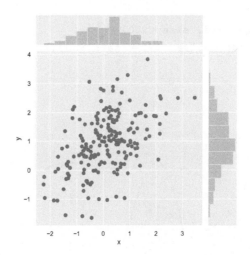

(2) 六角盒图（Hexbin plots）

二元的类似直方图被称为"六角盒图"，因为它显示了落入六边形盒子内的观测值数量。此图适用于较大的数据集，它是通过 Matplotlib 的 plt.hexbin 函数实现的，并作为 jointplot() 中的一种样式：

```
x, y = np.random.multivariate_normal(mean, cov, 1000).T
with sns.axes_style("white"):
sns.jointplot(x = x, y = y, kind = "hex", color = "k");
```

以下是样例输出：

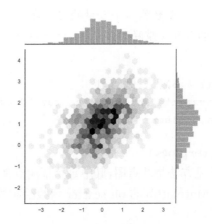

(3) 核密度估计（Kernel density estimation）

也可以使用核密度估计过程来可视化双变量的二元分布。在 Seaborn 中，这种类型的图用等高线图表示，可以作为 jointplot() 中的一种风格来实现：

```
sns.jointplot(x = "x", y = "y", data = df, kind = "kde");
```

以下是样例输出：

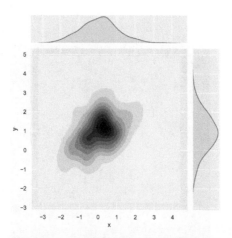

还可以使用 kdeplot() 函数绘制二维核密度图，这允许用户将这种图绘制到特定的（甚至可能是已经存在的）matplotlib-axes 上，而 jointplot() 函数是管理它自己的 Figure 的：

```
f, ax = plt.subplots(figsize = (6, 6))
sns.kdeplot(df.x, df.y, ax = ax)
sns.rugplot(df.x, color = "g", ax = ax)
sns.rugplot(df.y, vertical = True, ax = ax);
```

以下是样例输出：

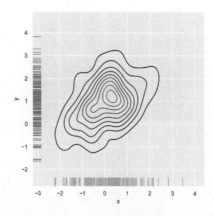

如果希望更连续地显示双元密度，可以简单地增加等值线的数量：

```
f, ax = plt.subplots(figsize = (6, 6))
cmap = sns.cubehelix_palette(as_cmap = True, dark = 0,
light = 1, reverse = True)
sns.kdeplot(df.x, df.y, cmap = cmap, n_levels = 60, shade = True);
```

以下是样例输出：

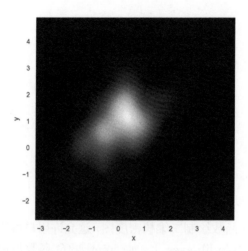

jointplot() 函数用 JointGrid 来管理图形。为了获得更大的灵活性，可以直接使用 Joint-Grid 来绘制图形。完成绘图后，jointplot() 返回的是 JointGrid 对象，可以用它来添加更多的层或者调整其他方面的可视化效果：

```
g = sns.jointplot(x = "x", y = "y", data = df, kind = "kde", color = "m")
g.plot_joint(plt.scatter, c = "w", s = 30, linewidth = 1, marker = "+")
g.ax_joint.collections[0].set_alpha(0)
g.set_axis_labels("$X$", "$Y$");
```

以下是样例输出：

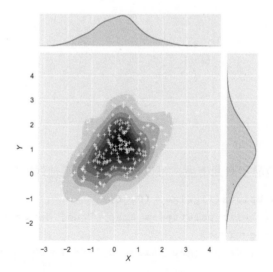

3.2.3.3　在数据集中可视化成对关系

要绘制数据集中多个成对的双变量分布，可以使用 pairplot() 函数。这将创建一个 Axes 矩阵，并显示数据帧（DataFrame）中每一对列之间的关系。默认情况下，它也会在对角线上画出每个变量的单变量分布：

```
iris = sns.load_dataset("iris")
# iris = pd.read_csv("iris.csv")
sns.pairplot(iris);
```

以下是样例输出：

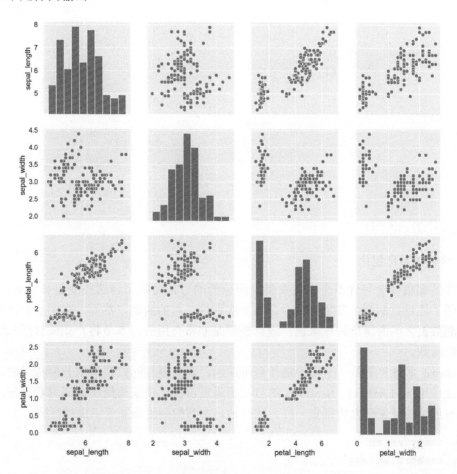

就像 jointplot() 和 JointGrid 之间的关系，pairplot() 函数建立在一个 PairGrid 对象基础上，可以直接使用，从而获得更多灵活性：

```
g = sns.PairGrid(iris)
g.map_diag(sns.kdeplot)
g.map_offdiag(sns.kdeplot, n_levels = 6);
```

以下是样例输出：

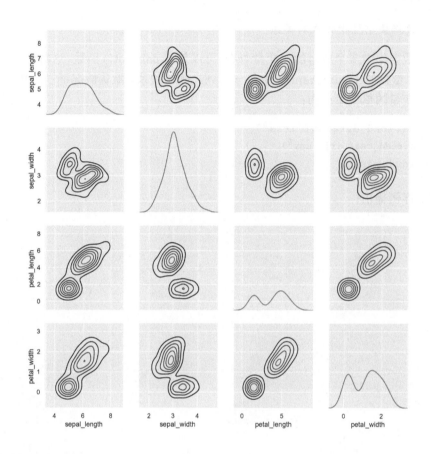

3.2.4　线性关系可视化

　　许多数据集都会包含多个定量变量，而分析的目标通常是将这些变量相互关联起来。前面介绍了通过显示两个变量的联合分布来实现这一点的函数，然而，对于估计两组有噪声的观测数据之间的简单关系来说，统计模型是非常有用的，本节将介绍线性回归通用框架方面的函数。

　　Seaborn 本身并不是一个用于统计分析的包，要获得与回归模型拟合度相关的定量度量，应该使用 statsmodel。Seaborn 的目标是通过可视化快速而简单地研究数据集，因为这样做与通过统计表研究数据集一样。同样地，本节的例子均基于下面的代码。

```
import numpy as np
import seaborn as sns
import matplotlib.pyplot as plt
sns.set(color_codes = True)
```

3.2.4.1　绘制线性回归模型的函数

　　Seaborn 中有两个主要的函数用于可视化通过回归确定的线性关系，它们是 regplot() 和 lmplot()，这两个函数关系紧密，并且共享它们的大部分核心功能。了解它们的不同之处可以快速地为特定的工作选择正确的工具。

在最简单的调用中，这两个函数都绘制由 x 和 y 两个变量组成的散点图，然后拟合回归模型"$y \sim x$"，并绘制由此产生的回归线和该回归的 95% 置信区间：

```
tips = sns.load_dataset("tips")
# tips = pd.read_csv("tips.csv")
sns.regplot(x = "total_bill", y = "tip", data = tips);
```

以下是样例输出：

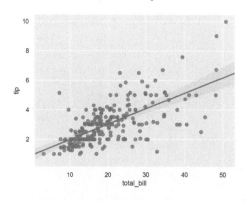

```
sns.lmplot(x = "total_bill", y = "tip", data = tips);
```

以下是样例输出：

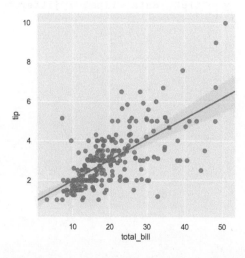

从上面得到的两幅图可以看出，它们是基本相同的，后面会进行解释。现在需要了解的另一个主要区别是 regplot() 接受各种格式的 x 和 y 变量，包括简单的 Numpy 数组、Pandas 的 Series 对象，或者作为传递给数据的 Pandas 的 DataFrame 对象中的变量引用。相反，lmplot() 将数据作为必需的参数，x 和 y 变量必须指定为字符串，这种数据格式称为"long-form"或"tidy"数据。除了这种输入的灵活性之外，regplot() 还拥有 lmplot() 特性的一个子集，下面将使用后者演示这些特性。

当其中一个变量取离散值时，可以拟合线性回归，但是这种数据集产生的简单散点图通常不是最优的：

```
sns.lmplot(x = "size", y = "tip", data = tips);
```

以下是样例输出：

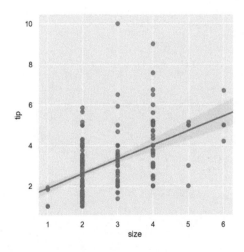

第一种选择是向离散值添加一些随机噪声（"jitter"），使这些值的分布更加清晰。注意抖动只适用于散点图数据，不影响回归曲线拟合本身：

```
sns.lmplot(x = "size", y = "tip", data = tips, x_jitter = .05);
```

以下是样例输出：

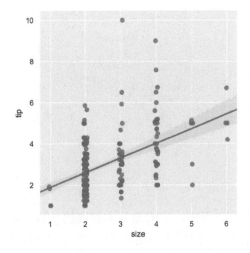

第二种选择是将每个离散簇中的观测值折叠起来，以绘制一个集中趋势估计值和一个置信区间：

```
sns.lmplot(x = "size", y = "tip", data = tips, x_estimator = np.mean);
```

以下是样例输出：

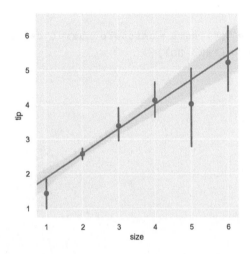

3.2.4.2　拟合不同类型的模型

上面使用的简单线性回归模型的拟合方式非常简单，它不适用于某些类型的数据集。下面用"Anscombe"的四段数据集展示几个例子，其中简单的线性回归提供了对关系的相同估计，而通过简单的视觉检查就能清楚地看出差异。例如，对第一组数据，线性回归是一个很好的模型：

```
anscombe = sns.load_dataset("anscombe")
# anscombe = pd.read_csv("anscombe.csv")
sns.lmplot(x = "x", y = "y", data = anscombe.query("dataset == 'I'"),
ci = None, scatter_kws = {"s": 80});
```

以下是样例输出：

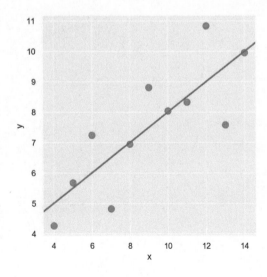

　　而对第二组数据，应用的线性关系是相同的，但是从图中可以清楚地看出这不是一个好的模型：

```
sns.lmplot(x = "x", y = "y", data = anscombe.query("dataset == 'II'"),
ci = None, scatter_kws = {"s": 80});
```

　　以下是样例输出：

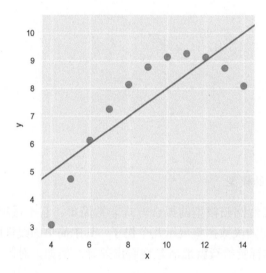

　　在这种高阶关系存在的情况下，lmplot() 和 regplot() 可以拟合一个多项式回归模型来探索数据集中简单的非线性趋势：

```
sns.lmplot(x = "x", y = "y", data = anscombe.query("dataset == 'II'"),
order = 2, ci = None, scatter_kws = {"s": 80});
```

　　以下是样例输出：

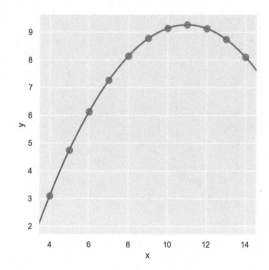

另一个不同的问题是"离群值"的观测结果，这些观测结果由于某些原因而偏离了研究中的主要关系：

```
sns.lmplot(x = "x", y = "y", data = anscombe.query("dataset == 'III'"),
ci = None, scatter_kws = {"s": 80});
```

以下是样例输出：

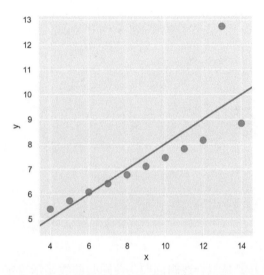

在异常值存在的情况下，拟合稳健的回归是有用的（robust=True），稳健回归使用不同的损失函数来降低较大残差的权重：

```
sns.lmplot(x = "x", y = "y", data = anscombe.query("dataset == 'III'"),
robust = True, ci = None, scatter_kws = {"s": 80});
```

以下是样例输出：

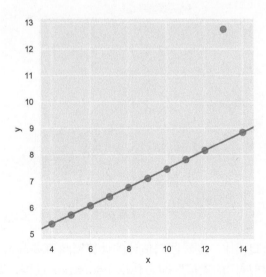

当 y 变量为一种二态变量时，简单线性回归也"可行"，但会提供不可信的预测：

```
tips["big_tip"] = (tips.tip  /  tips.total_bill) > .15
sns.lmplot(x = "total_bill", y = "big_tip", data = tips,
y_jitter = .03);
```

以下是样例输出：

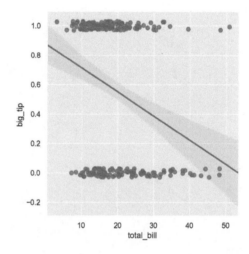

这种情况下的解决方案是拟合逻辑回归，使回归曲线显示给定 x 值时 $y = 1$ 的估计概率：

```
sns.lmplot(x = "total_bill", y = "big_tip", data = tips,
logistic = True, y_jitter = .03);
```

以下是样例输出：

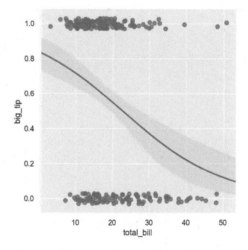

注意，与简单的回归相比，逻辑回归估计的计算密集度要高得多（这也适用于稳健回归），并且由于回归曲线周围的置信区间是使用 bootstrap 过程计算的，为了更快的迭代，

可以通过设置 "ci=None" 来关掉它。

　　另一种完全不同的方法是用 "lowess smoother" 来拟合非参数回归,这种方法使用的假设最少,它是计算密集型数据的,目前不计算置信区间:

```
sns.lmplot(x = "total_bill", y = "tip", data = tips,
lowess = True);
```

　　以下是样例输出:

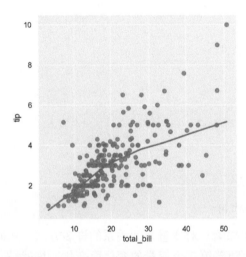

　　residplot() 函数是用来检查简单回归模型是否适合数据集的有用工具,它拟合并去除一个简单的线性回归,然后绘制每个观测值的残差。在理想情况下,这些值应该随机分布在 $y = 0$ 附近:

```
sns.residplot(x = "x", y = "y", data = anscombe.query("dataset == 'I'"),
scatter_kws = {"s": 80});
```

　　以下是样例输出:

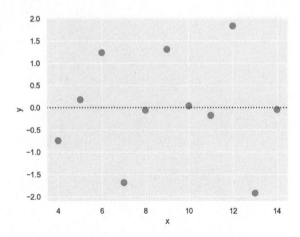

　　如果残差中存在结构,则说明简单线性回归是不合适的:

```
sns.residplot(x = "x", y = "y", data = anscombe.query("dataset == 'II'"),
scatter_kws = {"s": 80});
```

以下是样例输出：

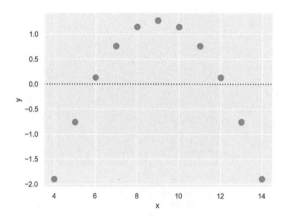

3.2.4.3　其他变量的条件作用

3.2.4.2 节的图显示了探索一对变量之间关系的许多方法。然而，通常更有趣的问题是两个变量之间的关系如何随着第三个变量的变化而变化，这就是 regplot() 和 lmplot() 之间的区别。虽然 regplot() 总是显示单一关系，但 lmplot() 将 regplot() 与 FacetGrid 组合在一起，从而提供了一个简单的接口来显示"分面"图上的线性回归，允许用户探索与最多三个附加分类变量的交互。

将一个关系区分出来的最好方法是在同一个 Axes 上绘制两个层次，并使用颜色来区分它们：

```
sns.lmplot(x = "total_bill", y = "tip", hue = "smoker", data = tips);
```

以下是样例输出：

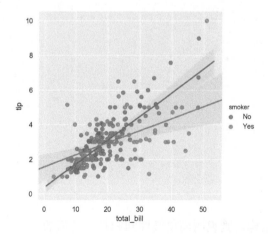

　　除了颜色，还可以使用不同的散点标记来使图表可以更好地重现为黑色和白色。同时也可以完全控制使用的颜色：

```
sns.lmplot(x = "total_bill", y = "tip", hue = "smoker", data = tips,
markers = ["o", "x"], palette = "Set1");
```

　　以下是样例输出：

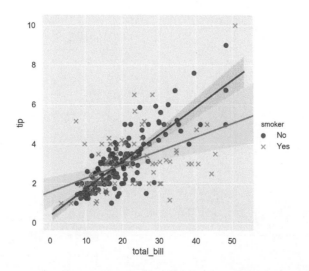

　　要添加另一个变量，可以绘制多个"面"，每个层面的变量出现在网格的行或列中：

```
sns.lmplot(x = "total_bill", y = "tip", hue = "smoker",
col = "time", data = tips);
```

　　以下是样例输出：

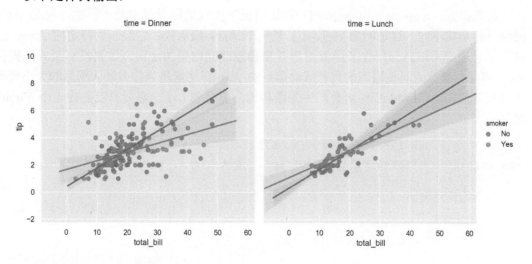

```
sns.lmplot(x = "total_bill", y = "tip", hue = "smoker",
col = "time", row = "sex", data = tips);
```

以下是样例输出：

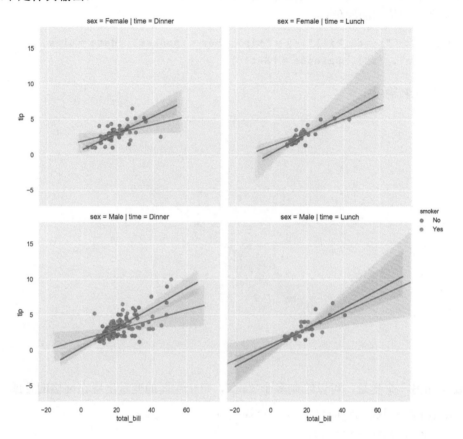

3.2.4.4　控制图形的大小和形状

前面提到，regplot() 和 lmplot() 默认情况下生成的图看起来是一样的，但是 Axes 的大小和形状不同。这是因为 regplot() 是一个 Axes 级函数，它绘制到特定的 Axes 上。这意味着用户可以自己制作多面板图形并精确控制回归图的走向。如果没有显式地提供 Axes 对象，那么它只使用当前具有活动焦点的 Axes，这就是为什么默认图形的大小和形状与大多数其他 Matplotlib 函数产生的图相同。要控制大小，需要自己创建一个 Figure 对象：

```
f, ax = plt.subplots(figsize = (5, 6))
sns.regplot(x = "total_bill", y = "tip", data = tips, ax = ax);
```

以下是样例输出：

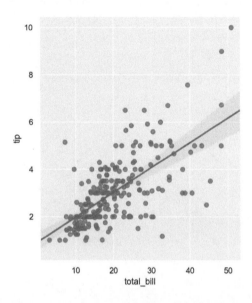

而 lmplot() 所用的 figure 的大小和形状是通过使用大小与"面"参数的 FacetGrid 接口来控制的，这些参数适用于图表中的每个"面"，而不是整个 Figure 本身：

```
sns.lmplot(x = "total_bill", y = "tip", col = "day", data = tips,
col_wrap = 2, height = 3);
```

以下是样例输出：

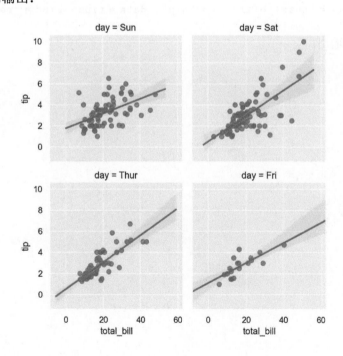

```
sns.lmplot(x = "total_bill", y = "tip", col = "day", data = tips,
aspect = .5);
```

以下是样例输出:

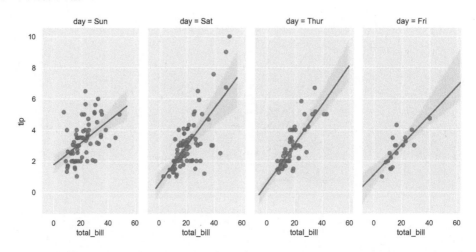

3.2.4.5 在其他上下文中绘制回归图

有些 Seaborn 函数在更大、更复杂的绘图环境中使用 regplot(),如用来绘制分布图的 jointplot() 函数。除了前面讨论过的绘图样式之外,jointplot() 还可以通过设置参数 kind="reg"来调用 regplot() 函数,从而在联合 Axes 上绘制线性回归:

```
sns.jointplot(x = "total_bill", y = "tip", data = tips, kind = "reg");
```

以下是样例输出:

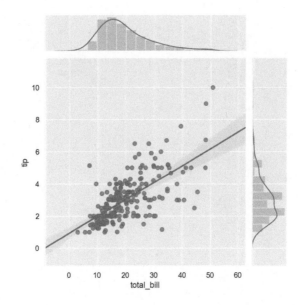

使用带有 kind="reg" 的 pairplot() 函数同时结合 regplot() 和 PairGrid 来显示数据集中变量之间的线性关系。在下面的图中，两个 Axes 并没有显示出它们与第三个变量有相同关系；而 PairGrid() 则用于显示数据集中不同的成对变量之间的多重关系：

```
sns.pairplot(tips, x_vars = ["total_bill", "size"],
y_vars = ["tip"], height = 5, aspect = .8, kind = "reg");
```

以下是样例输出：

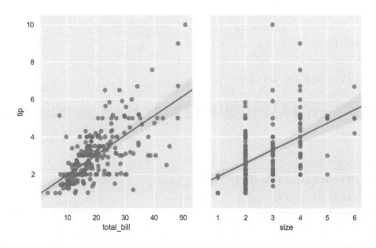

与 lmplot() 类似，但与 jointplot() 不同，pairplot() 使用 hue 参数内置了对附加分类变量的条件设置：

```
sns.pairplot(tips, x_vars = ["total_bill", "size"],
y_vars = ["tip"], hue = "smoker", height = 5,
aspect = .8, kind = "reg");
```

以下是样例输出：

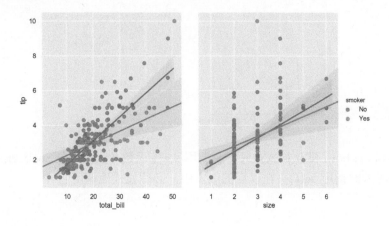

3.3　风格与颜色

3.3.1　绘图风格

绘制吸引人的图表不仅对研究数据集有帮助，也能通过吸引大众的关注来向他们传达定量的信息。Matplotlib 是高度可定制的，但是要知道如何调整哪些设置才能实现有吸引力的图表是有难度的。Seaborn 附带了一些定制的主题和用于控制 Matplotlib 图形外观的高级接口。

```
import numpy as np
import seaborn as sns
import matplotlib.pyplot as plt
```

定义一个简单的函数来绘制一些偏移的正弦波，然后用它来帮助查看可以调整的不同的风格参数。

```
def sinplot(flip = 1):
    x = np.linspace(0, 14, 100)
    for i in range(1, 7):
        plt.plot(x, np.sin(x + i * .5) * (7 - i) * flip)
```

这是使用 Matplotlib 默认设置绘制的图形：

```
sinplot()
```

以下是样例输出：

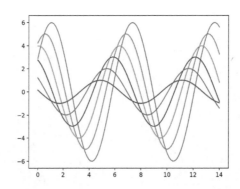

要切换到 Seaborn 默认样式，只需要调用 set() 函数（注意，在 Seaborn 0.8 及之前的版本中，在导入时调用 set()；在以后的版本中，必须显式地调用它）：

```
sns.set()
sinplot()
```

以下是样例输出：

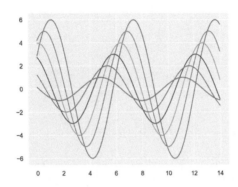

　　Seaborn 将 Matplotlib 参数分成两个独立的组：第一组设定了图表的审美风格，第二组对 Figure 的各种元素进行缩放，使其可以很容易地融入不同的语境中。操作这些参数的接口是两对函数：要控制样式，可以使用 axes_style() 和 set_style() 函数；要缩放图表，可以使用 plotting_context() 和 set_context() 函数。在这两种情况下，第一个函数返回一个参数字典，第二个函数设置 Matplotlib 默认值。

3.3.1.1　Seaborn 的绘图风格

　　Seaborn 有五个预设的主题："darkgrid"、"whitegrid"、"dark"、"white"和"ticks"，它们分别适合不同的应用和个人偏好，默认的主题是"darkgrid"。网格可以帮助用户将图表作为查找表一样来提供定量信息，而灰色上的白色则有助于避免网格与表示数据的曲线相互竞争视觉。"whitegrid"主题与此类似，但它更适合包含大量数据元素的图表：

```
sns.set_style("whitegrid")
data = np.random.normal(size = (20, 6))  +  np.arange(6)  /  2
sns.boxplot(data = data);
```

　　以下是样例输出：

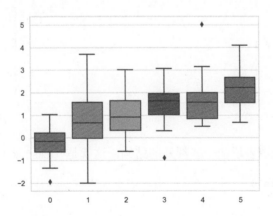

　　对于一些图表，用户希望使用图形来提供数据中模式的印象，网格就不是很必要：

```
sns.set_style("dark")
sinplot()
```

以下是样例输出：

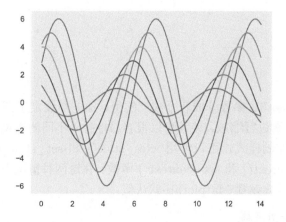

```
sns.set_style("white")
sinplot()
```

以下是样例输出：

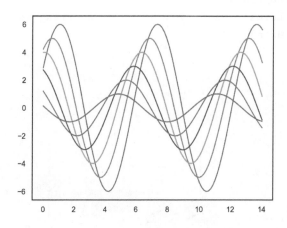

有时，可能想要给图表增加一些额外的结构，这就是"ticks"派上用场的地方：

```
sns.set_style("ticks")
sinplot()
```

以下是样例输出：

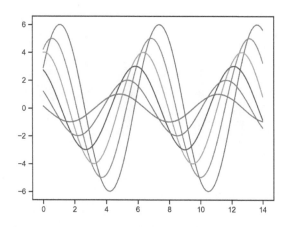

3.3.1.2 去除坐标轴线

在"white"和"ticks"样式中删除不需要的顶部与右侧的坐标轴线有时会更有效，可以调用 Seaborn 的"despine()"函数来删除它们：

```
sinplot()
sns.despine()
```

以下是样例输出：

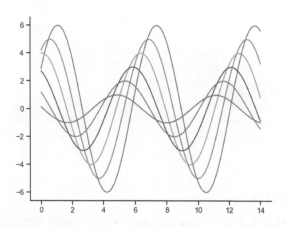

有些绘图可以通过偏移坐标轴线而获得更好的效果，此时也可以调用 despine() 来做到这一点。当刻度线没有覆盖轴线的整个范围时，可以用 trim 参数来限制留存的轴线范围：

```
f, ax = plt.subplots()
sns.violinplot(data = data)
sns.despine(offset = 10, trim = True);
```

以下是样例输出：

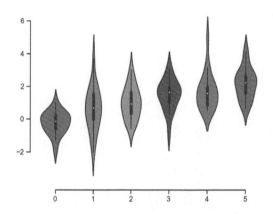

也可以通过设置 despine() 的额外参数来控制删除哪些坐标轴线：

```
sns.set_style("whitegrid")
sns.boxplot(data = data, palette = "deep")
sns.despine(left = True)
```

以下是样例输出：

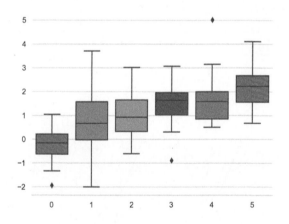

3.3.1.3   临时设置绘图样式

虽然来回切换主题很容易，但是也可以在 with 语句块中使用 axes_style() 函数来临时设置绘图参数。这也让用户可以用不同风格的 Axes 来绘制图形：

```
f = plt.figure()
with sns.axes_style("darkgrid"):
    ax = f.add_subplot(1, 2, 1)
    sinplot()
ax = f.add_subplot(1, 2, 2)
sinplot( - 1)
```

以下是样例输出：

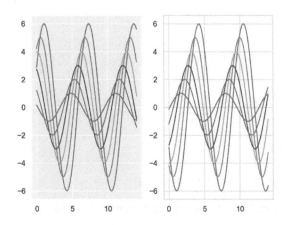

3.3.1.4 覆盖 Seaborn 样式的元素

如果希望定制 Seaborn 的样式，可以将参数字典传递给 axes_style() 和 set_style() 的 rc 参数。通过此方法只能覆盖属于样式定义的一部分参数，不过，更高级别的 set() 函数可以接受任何 Matplotlib 参数的字典。

调用没有参数的 axes_style() 函数，会返回各参数的当前设置：

```
sns.axes_style()
```

```
{axes.facecolor: white,
axes.edgecolor: .8,
axes.grid: True,
axes.axisbelow: True,
axes.labelcolor: .15,
figure.facecolor: white,
grid.color: .8,
grid.linestyle: -,
text.color: .15,
xtick.color: .15,
ytick.color: .15,
xtick.direction: out,
ytick.direction: out,
lines.solid_capstyle: round,
patch.edgecolor: w,
image.cmap: rocket,
font.family: [sans-serif],
font.sans-serif: [Arial,
DejaVu Sans,
Liberation Sans,
```

```
Bitstream Vera Sans,
sans-serif],
patch.force_edgecolor: True,
xtick.bottom: False,
xtick.top: False,
ytick.left: False,
ytick.right: False,
axes.spines.left: True,
axes.spines.bottom: True,
axes.spines.right: True,
axes.spines.top: True}
```

这样就可以深度设置这些参数的不同版本：

```
sns.set_style("darkgrid", {"axes.facecolor": ".9"})
sinplot()
```

以下是样例输出：

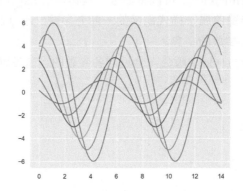

3.3.1.5 缩放绘图元素

由一组单独的参数来控制绘图元素的比例，它们允许用户通过相同的代码来创建适用于不同场景下的较大或较小的图表，这些不同的场景包括文章、演讲的电子文稿以及海报等。

首先通过调用 set() 来重置默认参数：

```
sns.set()
```

然后有四个预设的语境，按相对大小依次为文章、记事本、演讲和海报。其中记事本样式是默认的，在上面的绘图中一直在使用。

```
sns.set_context("paper")
sinplot()
```

以下是样例输出：

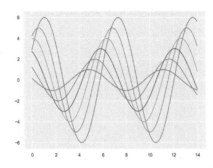

```
sns.set_context("talk")
sinplot()
```

以下是样例输出：

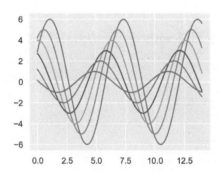

```
sns.set_context("poster")
sinplot()
```

以下是样例输出：

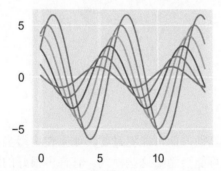

关于样式函数的大部分内容应该转移到上下文函数，可以使用其中一个名称调用 set_context() 来设置参数，也可以通过提供参数值字典来覆盖那些参数。

还可以在更改上下文时独立地调整字体元素的大小，这个选项也可以通过顶层的 set() 函数来实现。

```
sns.set_context("notebook", font_scale = 2.0,
rc = {"lines.linewidth": 2.5})
sinplot()
```

以下是样例输出：

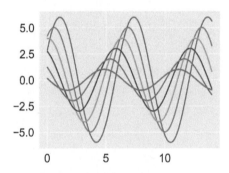

类似地，可以临时控制嵌套在 with 语句下的图形的比例。

```
with sns.axes_style("dark"):
sns.set_context("talk", font_scale = 2.,
rc = {"lines.linewidth": 4.5})
sinplot()
```

以下是样例输出：

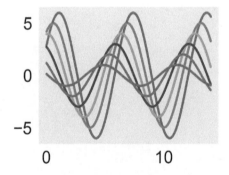

3.3.2 颜色管理

在图形样式中，颜色比其他方面可能更重要。如果使用得当，颜色可以揭示数据中的模式；如果使用不当，反而可能会隐藏这些模式。有许多很好的资源可以学习如何在可视化中使用颜色，Matplotlib 文档也是一个很好的教程，它演示了内置 colormap 中的一些感知特性。

在 Seaborn 中选择和使用适合于数据类型与可视化目标的调色板相对比较容易。在继续后续内容之前，先进行如下设置：

```
import numpy as np
import seaborn as sns
import matplotlib.pyplot as plt
sns.set()
```

3.3.2.1　构建调色板

使用离散调色板最重要的函数是 color_palette()。在 Seaborn 中有多种生成颜色的方法，而这个函数为其中一些方法提供了接口，任何具有 palette 参数的函数都可以在内部使用它；在某些情况下，当需要多种颜色时，它还可以用于颜色参数。

color_palette() 函数接受任何 Seaborn 调色板或 Matplotlib 的 colormap 名称（除 jet 外，因为 Seaborn 不建议使用它）。color_palette() 还可以接受以任何有效的 Matplotlib 格式（RGB 元组、十六进制颜色代码、HTML 颜色名称）指定的颜色列表。该函数的返回值总是 RGB 元组的列表，而调用没有参数的 color_palette() 返回的是当前的默认颜色循环。

与 color_palette() 相对应的函数是 set_palette()，它接受相同的参数，并为所有的图表设置默认的颜色循环。还可以在 with 语句中使用 color_palette() 函数来临时更改默认的调色板。

如果不了解数据的特征，通常可能不知道哪种调色板或 colormap 最适合某组数据。接下来，我们将通过三种常见的调色板，定性（Qualitative）调色板、连续（Sequential）调色板和分色（Diverging）调色板，来解析使用 color_palette() 和其他 Seaborn 调色板函数的不同方法。

3.3.2.2　定性调色板

定性调色板（或分类调色板，categorical）最好用于区分没有固有顺序的离散数据块。当加载 Seaborn 时，默认的颜色循环被更改为一组 10 种颜色的循环，它们调用了标准 Matplotlib 颜色循环，但做了适当的加工使其看起来更美观。

```
current_palette = sns.color_palette()
sns.palplot(current_palette)
```

以下是样例输出：

默认的主题有六种变化，称为"deep"、"muted"、"pastel"、"bright"、"dark" 和 "colorblind"。

```
f = plt.figure(figsize = (6,6))
f.text(0.18, 0.08, 'Saturation', size = 20)
ax = f.add_axes([0.4,0.07,0.25,0.05])
ax.axis('off')
ax.annotate("", xy = (1., 0.5), xytext = (0, 0.5),
```

```
                        arrowprops = dict(facecolor = 'black'))
f.text(0.1, 0.15, 'Luminance', size = 20, rotation = "vertical")
ax  =  f.add_axes([0.1,0.38,0.05,0.25])
ax.axis('off')
ax.annotate("", xy = (0.5, 1.), xytext = (0.5, 0),
                        arrowprops = dict(facecolor = 'black'))
var  =  ["deep",    "muted", "pastel",
         "bright", "dark",  "colorblind"]
pos  =  [(0.43,0.43), (0.5,0.7),   (0.25,0.78),
         (0.77,0.77), (0.77,0.23), (0.7,0.5)]
bbox  =  dict(boxstyle = "round", fc = "w", ec = "w", alpha = 0.8)
with sns.axes_style("white"):
    for n in range(6):
        x0  =  pos[n][0]   -   0.16
        y0  =  pos[n][1]   -   0.16
        colors  =  sns.color_palette(var[n])
        ax  =  f.add_axes([x0,y0,0.32,0.32])
        ax.pie((0.1,)  *  10, colors = colors)
        ax.text(0., 0., var[n], size = 14,
                ha = "center", va = "center", bbox = bbox)
```

以下是样例输出：

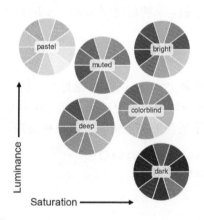

(1) 使用循环颜色系统

　　若要区分任意数量的类别而不强调其中任何一个，最简单的方法是使用一个循环的颜色空间（其中色相变化而保持亮度和饱和度不变）中均匀间隔的颜色来绘图。这是大多数 Seaborn 函数在需要使用比当前默认颜色循环更多颜色时的默认做法。

　　其中最常用的方法是使用"hls"颜色空间，这是对 RGB 值的简单转换。

```
sns.palplot(sns.color_palette("hls", 8))
```

以下是样例输出：

还有 hls_palette() 函数可以用来控制颜色的亮度和饱和度。

```
sns.palplot(sns.hls_palette(8, l = .3, s = .8))
```

以下是样例输出：

然而，由于人类视觉系统的工作方式，即使是"强烈"的 RGB 颜色，也不一定看起来如想象得那样强烈。人们通常认为黄色和绿色是相对较亮的颜色，而蓝色是相对较暗的颜色，这在试图与"hls"系统保持一致时可能产生问题。为了弥补这一点，Seaborn 提供了一个"husl"系统的接口（后来改名为 HSLuv），这也使得选择均匀间隔的色调变得容易，同时可以保持明显的亮度并让饱和度更加均匀。

```
sns.palplot(sns.color_palette("husl", 8))
```

以下是样例输出：

类似地，也有一个名为 husl_palette() 的函数可以为这个色彩系统提供更灵活的接口。

(2) 使用分类的颜色生成器调色板（Color Brewer palettes）

还有一类视感不错的分类调色板，它们来自 Color Brewer 工具，也以 Matplotlib 颜色映射的形式存在，但是没有得到适当的处理。在 Seaborn 中，当生成一个定性的"Color Brewer"调色板时，总会得到离散的颜色，但这也表示它们会在某一个颜色点开始循环。

"Color Brewer"网站有一个很好的特性，它可以选择哪些调色板对于色盲是安全的。色盲的种类有很多种，但最常见的是难以分辨红色和绿色。对于需要根据颜色进行区分的图表元素，通常最好避免使用红色和绿色。

```
sns.palplot(sns.color_palette("Paired"))
```

以下是样例输出：

```
sns.palplot(sns.color_palette("Set2"))
```

以下是样例输出：

choose_colorbrewer_palette() 函数可以帮助用户从"Color Brewer"库中选择调色板，但这个功能必须在"jupyter notebook"中使用，它会启动一个交互式小部件，允许用户浏览各种选项并调整它们的参数。

如果用户只想用一套特别喜欢的颜色搭配，那么用 color_palette() 函数能比较容易做到，因为它可以接受一个颜色列表作为参数。

```
flatui = ["#9b59b6", "#3498db", "#95a5a6",
"#e74c3c", "#34495e", "#2ecc71"]
sns.palplot(sns.color_palette(flatui))
```

以下是样例输出：

(3) 使用来自 xkcd 颜色调查的命名颜色

xkcd 曾经发起过一项活动，为随机的 RGB 颜色命名，产生了一组（954 个）命名颜色，现在可以在 Seaborn 中使用 xkcd_rgb 字典进行引用：

```
plt.plot([0, 1], [0, 1], sns.xkcd_rgb["pale red"], lw = 3)
plt.plot([0, 1], [0, 2], sns.xkcd_rgb["medium green"], lw = 3)
plt.plot([0, 1], [0, 3], sns.xkcd_rgb["denim blue"], lw = 3);
```

以下是样例输出：

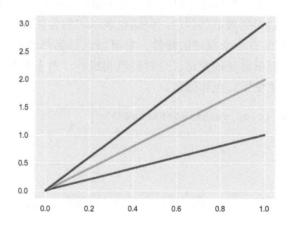

除了从 xkcd_rgb 字典中提取单一颜色外，还可以将名称列表传递给 xkcd_palette() 函数：

```
colors = ["windows blue", "amber", "greyish",
"faded green", "dusty purple"]
sns.palplot(sns.xkcd_palette(colors))
```

以下是样例输出：

3.3.2.3　连续调色板

第二大类调色板被称为“连续调色板”。这种颜色映射适用于数据范围从相对低或无趣的值到相对高或有趣的值的情况。尽管在某些情况下，用户可能希望在连续的调色板中使用离散的颜色，但是更常见的是在 kdeplot() 和 heatmap() 等函数（以及类似的 Matplotlib 函数）中将它们用作颜色映射。

在这种情况下，经常会看到像 jet（或其他彩虹调色板）一样的颜色映射，因为色调的范围给人的印象是提供了关于数据的额外信息。然而，具有较大色相变化的色彩映射往往会引入数据中不存在的不连续点，而人们的视觉系统无法自然地将彩虹映射到“高”值或“低”值等定量差别。带来的结果是，这些可视化并不能有效地揭示数据中的模式，反而模糊了它们。由于 jet 调色板把最亮的颜色（黄色和青色）用于中间数据值，这样做的效果强调了无趣的值，甚至是任意的值，而没有强调极端值。

对于连续的数据，最好使用这样的调色板，它的色调最多有一个相对微妙的变化，而这个变化伴随着亮度和饱和度有较大变化。这种方法会比较自然地将注意力吸引到数据中相对重要的部分。

“Color Brewer”库有一组很棒的调色板，它们是以调色板中的主色（也有可能是几种颜色）来命名的。

```
sns.palplot(sns.color_palette("Blues"))
```

以下是样例输出：

就像在 Matplotlib 中一样，如果希望亮度渐变的方向反转，可以在调色板名称中添加“_r”后缀：

```
sns.palplot(sns.color_palette("BuGn_r"))
```

以下是样例输出：

Seaborn 还有一个技巧，允许用户创建"暗调"调色板，它的动态范围相对较窄。如果用户希望按顺序映射线或点，暗调色板可能很有用，因为颜色较亮的线可能比较难区分：

```
sns.palplot(sns.color_palette("GnBu_d"))
```

以下是样例输出：

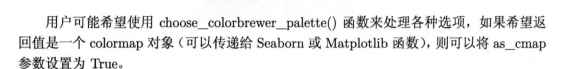

用户可能希望使用 choose_colorbrewer_palette() 函数来处理各种选项，如果希望返回值是一个 colormap 对象（可以传递给 Seaborn 或 Matplotlib 函数），则可以将 as_cmap 参数设置为 True。

(1) 连续"cubehelix"调色板

"cubehelix"调色板系统使连续调色板的亮度线性增加或减少，并在色调上有一些变化。这意味着当颜色映射中的信息被转换成黑白（用于打印）或被色盲的人看到时，信息仍然被保留。

下面是 Matplotlib 内置的默认"cubehelix"版本：

```
sns.palplot(sns.color_palette("cubehelix", 8))
```

以下是样例输出：

Seaborn 增加了一个调用"cubehelix"系统的接口，所以用户可以创建各种具有良好的线性亮度渐变的调色板。

Seaborn 的 cubehelix_palette() 函数返回的默认调色板与 Matplotlib 的稍有不同，因为它不会在色相轮上旋转那么远，也不会覆盖那么宽的强度范围。它还颠倒了顺序，从而使更重要的值是更暗的：

```
sns.palplot(sns.cubehelix_palette(8))
```

以下是样例输出：

cubehelix_palette() 的其他参数可以控制调色板的外观。有两个主要参数，分别是 start（0～3 的值）和 rot，即旋转数（任意值，但比较常用的值为 −1～1）：

```
sns.palplot(sns.cubehelix_palette(8, start = .5, rot = -.75))
```

以下是样例输出：

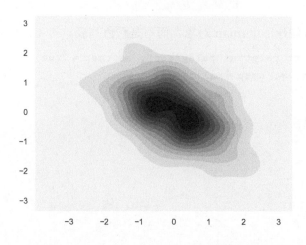

还可以控制两端的暗度或亮度，甚至可以反转渐变方式：

```
sns.palplot(sns.cubehelix_palette(8, start = 2,
rot = 0, dark = 0, light = .95, reverse = True))
```

以下是样例输出：

像其他 Seaborn 调色板一样，默认情况下返回值是颜色列表，但是也可以将调色板作为 colormap 对象返回，只需要将 as_cmap=True 传递给相应的函数：

```
x, y = np.random.multivariate_normal([0, 0],
[[1, -.5], [-.5, 1]], size = 300).T
cmap = sns.cubehelix_palette(light = 1, as_cmap = True)
sns.kdeplot(x, y, cmap = cmap, shade = True);
```

以下是样例输出：

要使用 Cubehelix 调色板来帮助选择好的调色板或颜色映射，可以在"Jupyter notebook"中用 choose_cubehelix_palette() 函数来启动一个交互式的调色板选择器，这可以让我们直接观察到各参数值的变化对调色板的影响。如果希望函数返回一个 colormap（而不是一个列表）以便用于像 Hexbin 这样的函数，则只需要传递 as_cmap=True。

(2) 定制连续调色板

light_palette() 或 dark_palette() 函数可以用来定制连续调色板，它们都使用单一颜色生成调色板，从去饱和值的浅色或深色过渡到该颜色。伴随这两个函数的还有 choose_light_ palette() 和 choose_dark_palette() 函数，它们可以启动交互式小部件来创建相应的调色板。

```
sns.palplot(sns.light_palette("green"))
```

以下是样例输出：

```
sns.palplot(sns.dark_palette("purple"))
```

以下是样例输出：

这些调色板也可以反转。

```
sns.palplot(sns.light_palette("navy", reverse = True))
```

以下是样例输出：

还可以用它们来创建 colormap 对象，而不是颜色列表。

```
pal  =  sns.dark_palette("palegreen", as_cmap = True)
sns.kdeplot(x, y, cmap = pal);
```

以下是样例输出：

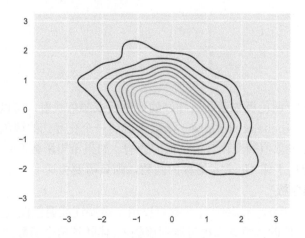

　　默认情况下，函数的输入可以是任何有效的 Matplotlib 颜色，具体的解释则由 input
参数来控制。目前，可以通过"hls"或"husl"空间按默认的"rgb"元组的方式来提供颜色值，
还可以使用任何有效的"xkcd"颜色来为调色板先定色调。

```
sns.palplot(sns.light_palette((210, 90, 60), input = "husl"))
```

　　以下是样例输出：

```
sns.palplot(sns.dark_palette("muted purple", input = "xkcd"))
```

　　以下是样例输出：

　　注意，交互式调色板小部件的默认输入空间是"husl"。

3.3.2.4　分色调色板

　　第三类调色板称为"分色调色板"（Diverging color palettes）。这种调色板用于那些大
的低值和高值都为兴趣点的数据。这类数据通常还有一个定义良好的中点。例如，如果想
绘制相对于某个参考点的温度变化，那么最好使用分色映射来显示相对减少和增加的区域。
　　选择分色调色板的规则类似于如何选择连续调色板，只是现在变为要有两个从两端开
始的截然不同的色调，它们的初始值具有相似的亮度和饱和度，然后经过相对微妙的色调
变化后，以一种不引人注意的颜色（通常为灰度值）在中点相遇。但要注意，尽量避免使
用红色和绿色，因为可能有大量潜在的读者（如色盲者）会难以区分它们。
　　"Color Brewer"库提供了一组精心选择的分色映射。

```
sns.palplot(sns.color_palette("BrBG", 7))
```

　　以下是样例输出：

```
sns.palplot(sns.color_palette("RdBu_r", 7))
```

　　以下是样例输出：

还有一个不错的例子，就是 Matplotlib 中的"coolwarm"调色板，这个色彩映射的中间值和两端的值之间的对比度比较小。

```
sns.palplot(sns.color_palette("coolwarm", 7))
```

以下是样例输出：

定制分色调色板：可以使用 Seaborn 的 diverging_palette() 函数创建用于分叉数据的自定义 colormap,当然伴随它的也有一个配套的交互式小部件 choose_diverging_palette()。这个函数使用"husl"颜色系统创建分色调色板，它接受两个色调（以度数为单位，范围 0~359，标定颜色在色调轮上的位置）为输入参数作为两端的极值色，还有两个可选参数用来设置两端极值色的亮度和饱和度。使用"husl"颜色空间能比较好地保持两端极值色和到中点的渐变的平衡。

```
sns.palplot(sns.diverging_palette(220, 20, n = 7))
```

以下是样例输出：

```
sns.palplot(sns.diverging_palette(145, 280, s = 85, l = 25, n = 7))
```

以下是样例输出：

sep 参数用来控制调色板中间区域两个渐变之间的分隔宽度，注意对比下面两张图。

```
sns.palplot(sns.diverging_palette(10, 220, sep = 10, n = 15))
```

以下是样例输出：

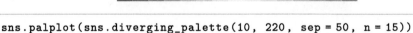

```
sns.palplot(sns.diverging_palette(10, 220, sep = 50, n = 15))
```

以下是样例输出：

也可以将调色板的中点设置为深色。

```
sns.palplot(sns.diverging_palette(255, 133, l = 60, n = 7,
center = "dark"))
```

以下是样例输出：

3.3.2.5　设置默认调色板

set_palette() 函数与 color_palette() 函数配合使用，前者接受与后者相同的参数，但前者的使用会更改默认的 Matplotlib 参数，从而使该调色板可以用于所有的绘图。为展示后面的例子，先定义一个绘制系列 sin 曲线的函数：

```
def sinplot(flip = 1):
    x = np.linspace(0, 14, 100)
    for i in range(1, 7):
        plt.plot(x, np.sin(x + i * .5) * (7 - i) * flip)
```

然后将“husl”色彩系统设置为默认调色板，并进行绘制：

```
sns.set_palette("husl")
sinplot()
```

以下是样例输出：

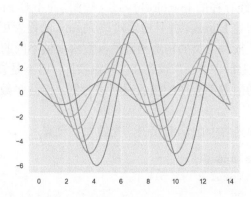

在 with 语句中使用 color_palette() 函数可以临时更改调色板：

```
with sns.color_palette("PuBuGn_d"):
    sinplot()
```

以下是样例输出：

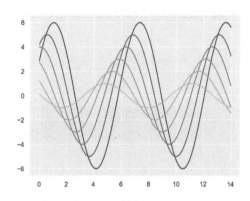

3.4 结构化多图网格

在研究中等维度数据时，有一种非常有效的方法，即用数据集的不同子集绘制多个相同类型的小图，这种技术有时被称为"格点图"或"格子图"，它与"小图组"（small-multiples）的概念有关。这种格子图的图组可以让观察者快速提取大量关于复杂数据的信息。Matplotlib 为制作多轴图形提供了良好的支持，Seaborn 在此基础上进行构建，从而将绘图的结构直接链接到数据集的结构。

要使用上述这些特性，所用的数据必须存放于 Pandas 的 DataFrame 中，并且要采用 Hadley Wickham 所称的"整洁"数据的形式。简而言之，这要求数据帧（DataFram）的结构应该是每一列都是一个变量，每一行都是一个观测值。

对于高级使用，可以直接使用本节内容中讨论的对象，一些 Seaborn 函数，如 lmplot()、catplot() 和 pairplot() 也在后台使用它们。与其他 Axes 级的 Seaborn 函数不同（Axes 级函数使用指定的、可能已经存在的 matplotlib-axes 绘图，而不对 Figure 进行其他操作），这些高级函数在被调用时创建 Figure，并且通常对该 Figure 的设置更加严格。在某些情况下，这些函数的参数或它们所依赖的类的构造函数的参数将提供不同的接口属性（如 Figure 的大小），如 lmplot() 可以为每个"面"设置高度和纵横比，而不是设置 Figure 的总体大小。任何使用这些对象之一的函数都会在绘图后返回该对象，而且多数返回的对象都有简便的方法来更改绘图的方式。

为方便展示本节后续内容中的示例代码，先做如下设置：

```
import seaborn as sns
import matplotlib.pyplot as plt
import pandas as pd
sns.set(style = "ticks")
```

3.4.1 有条件的小图组

如果希望可视化一个变量的分布或数据子集中多个变量之间的关系，FacetGrid 类是非常有用的。FacetGrid 最多可以绘制三个维度：行（row）、列（col）和色调（hue）。前两者与得到的 Axes 阵列有明显的对应关系；将 hue 变量看作沿着深度轴的第三维，其中不同的级别用不同的颜色进行绘制。

用数据帧和构成网格的行、列或色调维的变量的名称来初始化 FacetGrid 对象，这些变量应该是分类的或离散的，而变量的每一层的数据将用于沿该轴的一个"面"。例如，设想在"tips"数据集中检查午餐和晚餐之间的差异。

另外，relplot()、catplot() 和 lmplot() 都在内部使用这个对象，它们在执行完成后返回该对象，以便可以使用它来做进一步的调整。

```
tips = sns.load_dataset("tips")
# tips = pd.read_csv("tips.csv")
g = sns.FacetGrid(tips, col = "time")
```

以下是样例输出：

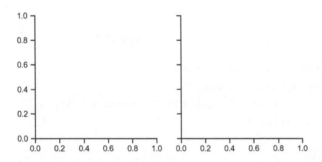

这样初始化网格可以设置 Matplotlib 图形和轴，但不会在它们上绘制任何内容。

在这个网格中可视化数据的主要方法是使用 FacetGrid.map() 方法，为它提供一个绘图函数和要绘制的数据帧中的变量的名称。让我们使用直方图来查看每个子集中"tips"的分布：

```
g = sns.FacetGrid(tips, col = "time")
g.map(plt.hist, "tip");
```

以下是样例输出：

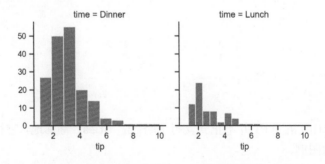

这个函数将绘制图形并对坐标轴进行注释，而且有望只通过一步就能生成一个完整的图。要创建关系图，只需传递多个变量名，也可以提供关键字参数，它将被传递到绘图函数：

```
g  =  sns.FacetGrid(tips, col = "sex", hue = "smoker")
g.map(plt.scatter, "total_bill", "tip", alpha = .7)
g.add_legend();
```

以下是样例输出：

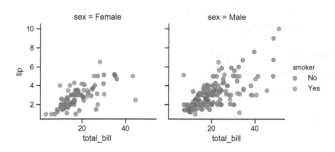

有几个控制网格外观的选项可以传递给类的构造函数：

```
g  =  sns.FacetGrid(tips, row = "smoker",
col = "time", margin_titles = True)
g.map(sns.regplot, "size", "total_bill", color = ".3",
fit_reg = False, x_jitter = .1);
```

以下是样例输出：

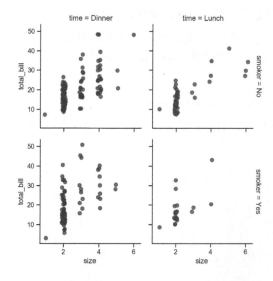

注意，Matplotlib 的 API 并不正式支持 margin_titles，特别地，它目前还不能用于绘制位于图表之外的图例。

通过提供每个"面"的高度和宽高比来设置 Figure 的大小：

```
g  =  sns.FacetGrid(tips, col = "day", height = 4, aspect = .5)
g.map(sns.barplot, "sex", "total_bill");
```

以下是样例输出：

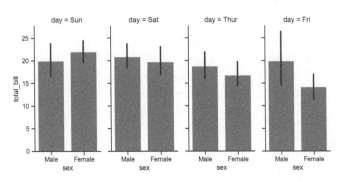

注意，在执行上面的代码时，会产生如下的警告信息：

```
seaborn/axisgrid.py:715: UserWarning: Using the barplot function without
    specifying `order` is likely to produce an incorrect plot.
```

"面"的默认顺序来自 DataFrame 中的信息，如果用于定义"面"的变量具有分类的类型，则使用类别的顺序。否则，"面"将按照分类级别的外观顺序排列。但是，可以使用适当的 *_order 参数来指定任意"面"维度的顺序：

```
ordered_days = tips.day.value_counts().index
g = sns.FacetGrid(tips, row = "day", row_order = ordered_days,
height = 1.7, aspect = 4,)
g.map(sns.distplot, "total_bill", hist = False, rug = True);
```

以下是样例输出：

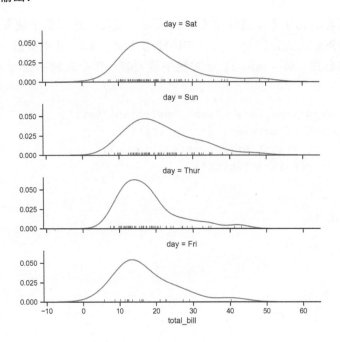

可以提供任何 Seaborn 调色板给 FacetGrid，还可以使用字典将 hue 变量中的值的名称映射到有效的 Matplotlib 颜色：

```
pal = dict(Lunch = "seagreen", Dinner = "gray")
g = sns.FacetGrid(tips, hue = "time", palette = pal, height = 5)
g.map(plt.scatter, "total_bill", "tip", s = 50,
alpha = .7, linewidth = .5, edgecolor = "white")
g.add_legend();
```

以下是样例输出：

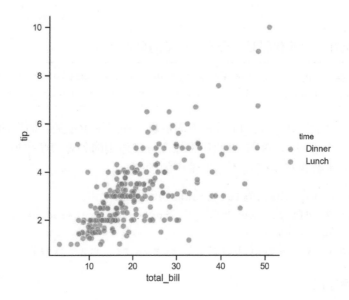

还可以让图表的其他方面随色调变量的级别而变化，这有助于使图表在被打印成黑白图像时更容易理解。为此，将一个字典传递给 hue_kws，其中键值（keys）是绘图函数关键字参数的名称，值（values）是关键字值列表，每个关键字值对应一个 hue 变量级别：

```
g = sns.FacetGrid(tips, hue = "sex", palette = "Set1",
height = 5, hue_kws = {"marker": ["^", "v"]})
g.map(plt.scatter, "total_bill", "tip", s = 100,
linewidth = .5, edgecolor = "white")
g.add_legend();
```

以下是样例输出：

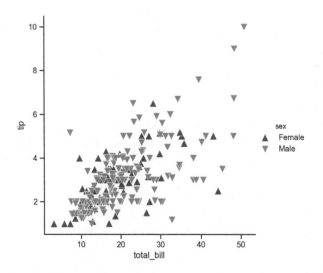

如果一个变量有多个级别，可以沿着列绘制它，但是要"包装"它们，使它们跨越多行，并且这样做时不能使用行变量。

```
attend = sns.load_dataset("attention").query("subject <= 12")
# attend = pd.read_csv("attention.csv").query("subject <= 12")
g = sns.FacetGrid(attend, col = "subject", col_wrap = 4,
height = 2, ylim = (0, 10))
g.map(sns.pointplot, "solutions", "score", color = ".3", ci = None);
```

以下是样例输出：

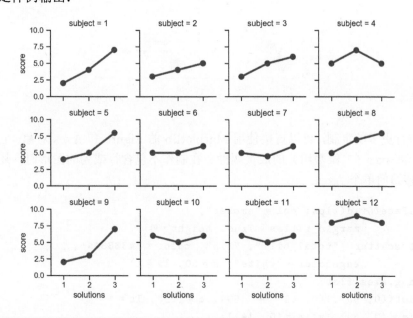

```
seaborn/axisgrid.py:715: UserWarning: Using the pointplot function without
   specifying `order` is likely to produce an incorrect plot.
```

可以多次调用 FacetGrid.map() 来绘图，因为在使用它绘制了一个图表后，用户可能想要进一步调整图的某些方面。FacetGrid 对象还有许多方法可用于更高抽象级别上的操作图形。最通用的方法是 FacetGrid.set()，还有其他更专用的方法，如 facetgrid.set_axis_tags()，它考虑了内部 "面" 没有坐标轴标签这一事实。例如：

```python
with sns.axes_style("white"):
    g = sns.FacetGrid(tips, row = "sex", col = "smoker",
                          margin_titles = True, height = 2.5)
g.map(plt.scatter, "total_bill", "tip", color = "#334488", edgecolor =
                                        "white", lw = .5);
g.set_axis_labels("Total bill (US Dollars)", "Tip");
g.set(xticks = [10, 30, 50], yticks = [2, 6, 10]);
g.fig.subplots_adjust(wspace = .02, hspace = .02);
```

以下是样例输出：

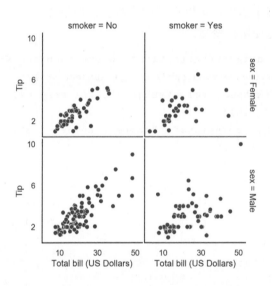

若要进行更多的定制，可以直接使用 Matplotlib 的 Figure 和 Axes 对象，它们分别被存储为 fig 和 axes（二维数组）的成员属性。在制作不包含行或列的图形时，还可以使用 ax 属性直接访问单个 Axes。

```python
g = sns.FacetGrid(tips, col = "smoker",
                  margin_titles = True, height = 4)
g.map(plt.scatter, "total_bill", "tip", color = "#338844",
                  edgecolor = "white", s = 50, lw = 1)
for ax in g.axes.flat:
    ax.plot((0, 50), (0, .2  *  50), c = ".2", ls = "--")
g.set(xlim = (0, 60), ylim = (0, 14));
```

以下是样例输出：

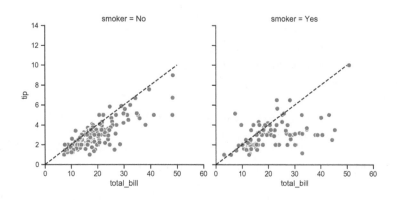

3.4.2　使用自定义函数

在使用 FacetGrid 时，并不受限于现有的 Matplotlib 和 Seaborn 函数。但是，要想正常工作，所使用的任何函数都必须遵循以下规则：

1) 它必须绘制到"当前活动"的 matplotlib-axes 上。这对于 matplotlib.pyplot 命名空间中的函数也是如此，可以调用 plt.gca 获得对当前 Axes 的引用后直接使用它的方法。

2) 它必须接受在位置参数中绘制的数据。在内部，FacetGrid 将为传递给 FacetGrid.map() 的每个指定位置参数传递一系列数据。

3) 它必须能够接受 color 和 label 关键字参数。在大多数情况下，最简单的方法是捕获一个通用的 **kwargs 字典并将其传递给底层的绘图函数。

来看一个绘图函数的示例，这个函数只取每个"面"的单个数据向量：

```
from scipy import stats
def quantile_plot(x, **kwargs):
    qntls, xr = stats.probplot(x, fit = False)
    plt.scatter(xr, qntls, **kwargs)

g = sns.FacetGrid(tips, col = "sex", height = 4)
g.map(quantile_plot, "total_bill");
```

以下是样例输出：

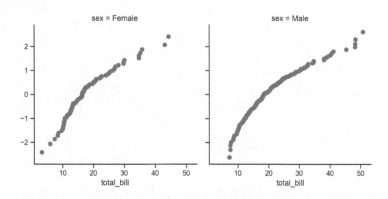

如果想做二元图，应该写一个函数，使它首先接受 x 轴变量，然后再接受 y 轴变量：

```
def qqplot(x, y, **kwargs):
    _, xr = stats.probplot(x, fit = False)
    _, yr = stats.probplot(y, fit = False)
    plt.scatter(xr, yr, **kwargs)

g = sns.FacetGrid(tips, col = "smoker", height = 4)
g.map(qqplot, "total_bill", "tip");
```

以下是样例输出：

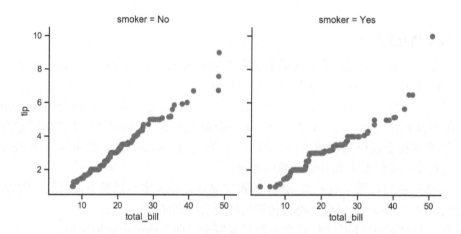

因为 plt.scatter 接受 color 和 label 关键字参数，所以可以很方便地添加一个色调"面"：

```
g = sns.FacetGrid(tips, hue = "time", col = "sex", height = 4)
g.map(qqplot, "total_bill", "tip")
g.add_legend();
```

以下是样例输出：

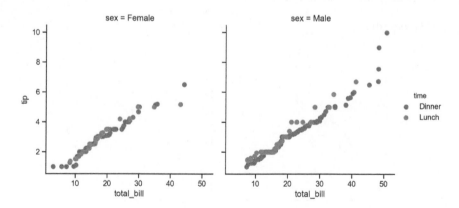

这种方法还允许用户以额外的美学来区分色调变量的级别以及不依赖于"面"变量的关键字参数：

```
g = sns.FacetGrid(tips, hue = "time", col = "sex", height = 4,
hue_kws = {"marker": ["s", "D"]})
g.map(qqplot, "total_bill", "tip", s = 40, edgecolor = "w")
g.add_legend();
```

以下是样例输出：

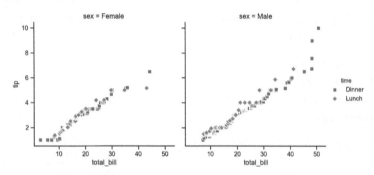

但是，有时可能希望映射的函数与 color 和 label 关键字参数的工作方式不一致。在这种情况下，就需要显式地捕获它们并在自定义函数的逻辑中处理它们。例如，这种方法将允许被用来映射 plt.hexbin，否则就不能很好地与 FacetGrid API 一起工作：

```
def hexbin(x, y, color, **kwargs):
    cmap = sns.light_palette(color, as_cmap = True)
    plt.hexbin(x, y, gridsize = 15, cmap = cmap, **kwargs)

with sns.axes_style("dark"):
    g = sns.FacetGrid(tips, hue = "time", col = "time", height = 4)
g.map(hexbin, "total_bill", "tip", extent = [0, 50, 0, 10]);
```

以下是样例输出：

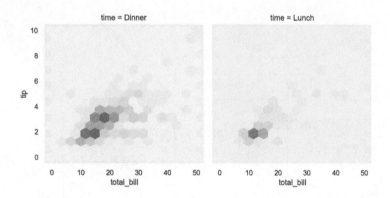

3.4.3　绘制成对的数据关系

PairGrid 还允许使用相同的图表类型快速绘制包含小副图（子图）的网格，并在每个小子图中对数据进行可视化。在 PairGrid 中，每一行和每一列都被分配给一个不同的变量，因此结果图就可以显示数据集中每一对变量之间的关系。这种类型的图有时被称为"散点图矩阵",因为这是最常见的显示每种关系的方式,但 PairGrid 并不限于散点图。

要注意理解 FacetGrid 和 PairGrid 之间的区别。对于前者,每个"面"都展示以其他变量的不同级别为条件的相同关系。对于后者,每个子图显示不同的关系(尽管上三角和下三角互为镜像)。使用 PairGrid 可以非常快速并"高级"地总结数据集中的有趣关系。

PairGrid 类的基本用法与 FacetGrid 非常相似,首先初始化网格,然后将绘图函数传递给 map 方法,它将在每个子图上被调用。还有一个伴随的函数 pairplot(),它牺牲了一些灵活性来实现更快的绘图。

```
iris = sns.load_dataset("iris")
# iris = pd.read_csv("iris.csv")
g = sns.PairGrid(iris)
g.map(plt.scatter);
```

以下是样例输出:

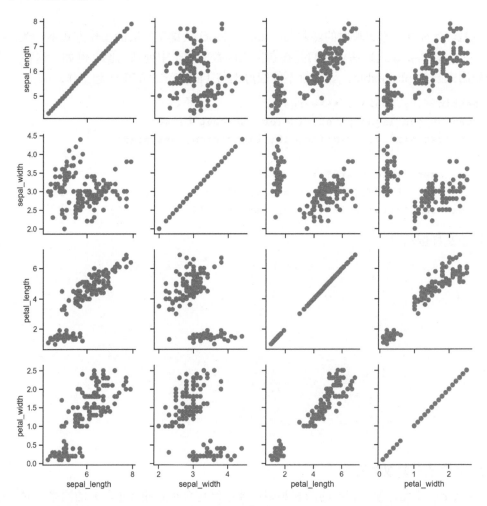

可以在对角线上绘制不同的函数来显示变量在每一列中的单变量分布。注意,坐标轴

刻度线并不对应于此图的计数轴或密度轴。

```
g  =  sns.PairGrid(iris)
g.map_diag(plt.hist)
g.map_offdiag(plt.scatter);
```

以下是样例输出：

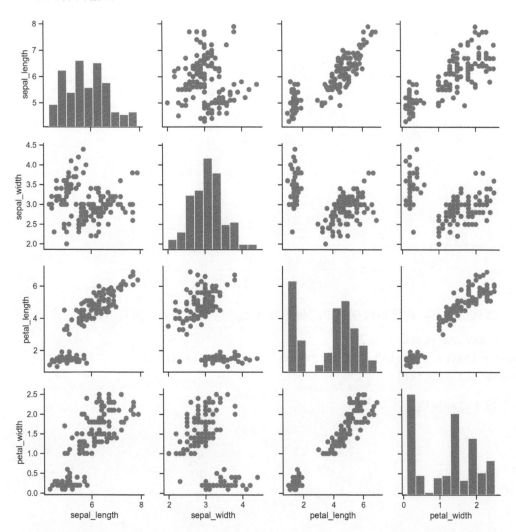

使用这个图的一种非常常见的方法，是通过一个单独的分类变量来给观测值着色。例如，"iris"数据集对三种不同的鸢尾花各有四种测量值，因此可以看到它们之间的差异。

```
g  =  sns.PairGrid(iris, hue = "species")
g.map_diag(plt.hist)
g.map_offdiag(plt.scatter)
g.add_legend();
```

以下是样例输出：

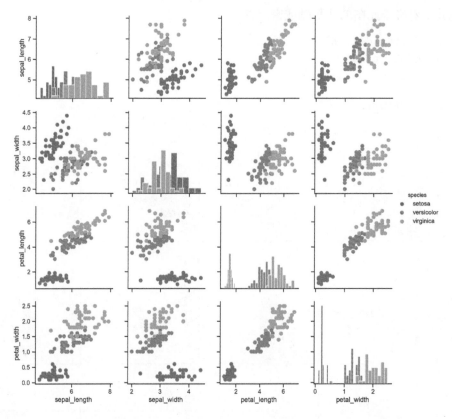

默认情况下，将使用数据集中的每个数字列，但如果需要，则可以关注特定的关系。

```
g = sns.PairGrid(iris,
vars = ["sepal_length", "sepal_width"], hue = "species")
g.map(plt.scatter);
```

以下是样例输出：

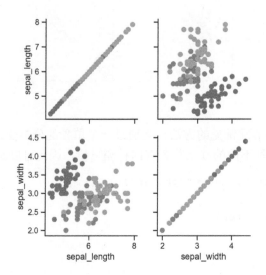

也可以在上三角和下三角中使用不同的函数来强调关系的不同方面。

```
g  = sns.PairGrid(iris)
g.map_upper(plt.scatter)
g.map_lower(sns.kdeplot)
g.map_diag(sns.kdeplot, lw = 3, legend = False);
```

以下是样例输出：

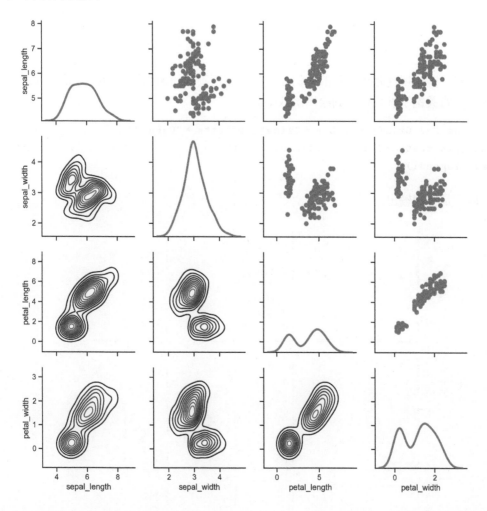

在对角线上具有标识关系的方形网格实际上只是一种特殊情况，可以用不同的变量在行和列中绘图。

```
g  = sns.PairGrid(tips, y_vars = ["tip"],
x_vars = ["total_bill", "size"], height = 4)
g.map(sns.regplot, color = ".3")
g.set(ylim = (-1, 11), yticks = [0, 5, 10]);
```

以下是样例输出：

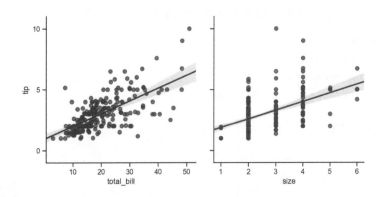

当然，美学属性是可配置的。例如，可以使用不同的调色板（例如，显示 hue 变量的顺序）并将关键字参数传递到绘图函数中。

```
g  =  sns.PairGrid(tips, hue = "size", palette = "GnBu_d")
g.map(plt.scatter, s = 50, edgecolor = "white")
g.add_legend();
```

以下是样例输出：

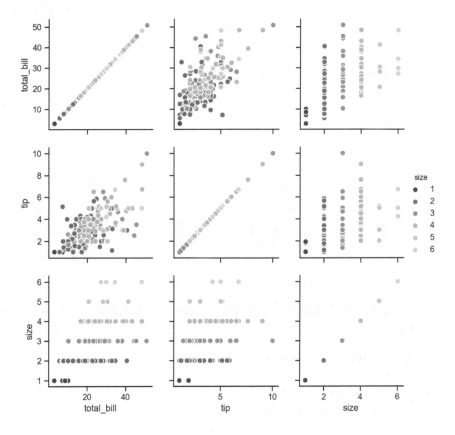

PairGrid 是灵活的，但是为了快速查看数据集，使用 pairplot() 会更容易。默认情况

下，这个函数使用散点图和直方图，还可以添加一些其他类型的图。目前，还可以在非对角线上绘制回归图，而在对角线上绘制 KDE 图。

```
sns.pairplot(iris, hue = "species", height = 2.5);
```

以下是样例输出：

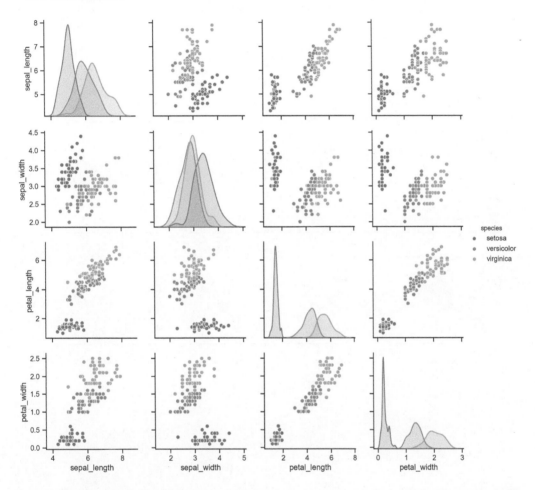

还可以使用关键字参数控制图表的美学效果，并返回 PairGrid 实例，从而可以做进一步的调整。

```
g = sns.pairplot(iris, hue = "species", palette = "Set2",
kind = reg, diag_kind = "hist", height = 2.5)
```

以下是样例输出：

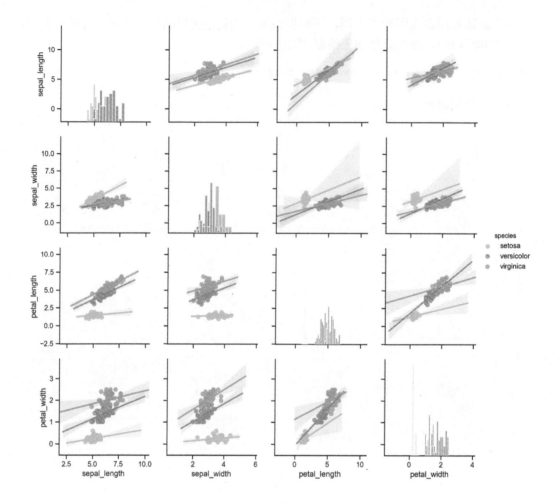

第 4 章　优秀的三维可视化工具：Mayavi

虽然 VTK 3D 可视化软件包功能强大，Python 的 TVTK 包装也方便简洁，但是要用这些工具快速编写实用的三维可视化程序仍然需要花费不少的精力。因此基于 VTK 开发了许多可视化软件，其中就包括 Mayavi2。Mayavi2 完全用 Python 编写，因此它不但是一个方便实用的可视化软件，而且可以方便地用 Python 编写扩展，嵌入到用户编写的 Python 程序中，或者直接使用其面向脚本的 API mlab 来快速绘制三维图。

在 Mayavi2 之前有 Mayavi1 的版本存在，但这一版与之差别很大，后面所提及的 Mayavi 都是指 Mayavi2。

4.1　认识 Mayavi

4.1.1　简介

Mayavi2 旨在提供简单的交互式的 3D 数据可视化或者 3D 绘图。它具有丰富的用户界面以及对话框，可以用来与可视化中的数据和对象进行交互，并且它的 Python 脚本编程接口非常简洁，可以使用 mlab 实现类似于 MATLAB 或 Matplotlib 的可视化功能。

Mayavi2 是一个通用的、跨平台的 3D 科学数据可视化工具，具备以下特点：①可以对二维和三维的标量、向量以及张量数据进行可视化。②易于通过自定义的源、模块和数据过滤器进行扩展。③可以读取多种文件格式，如 VTK (legacy 和 XML)、PLOT3D 等。④可以将渲染的可视化保存至多种图像格式。⑤可以非常方便地通过 mlab 进行快速科学绘图。

Mayavi2 提供了一个自身可用的"mayavi2"应用程序，但它也可以用作绘图引擎，在诸如 Matplotlib 或 gnuplot 脚本中使用，还可以在任何其他应用程序中用于交互式可视化的库。

从用户角度来说，大致有三种主要的方式来使用 Mayavi：①完全图形化地使用"mayavi2"应用程序。②将 Mayavi 作为简单 Python 脚本的绘图引擎并结合 Numpy 来使用 mlab 脚本 API。③从 Python 中编写 Mayavi 应用程序的脚本。

本章以第二种方法为主要讨论内容。

作为一个科学的数据可视化工具，Mayavi 主要通过以下两种方式来使用数据：① 将数据存储为支持的文件格式，如"VTK legacy"或"VTK XML"文件等。② 通过 Numpy 数组或任何其他序列生成一个 TVTK 数据集，这可以用 mlab 脚本 API 来实现。

与上面使用 Mayavi 的方式一样，本章以第二种方法为主要讨论内容。

4.1.2　安装

Mayavi 包本身的安装其实并不太难，但它对其他包的依赖性很强，其中最主要的两个依赖分别是：① VTK；② 一个 GUI 工具包，可以是 PyQt4、PySide、PyQt5 或 wxPython。

最新的 VTK 可以在几乎所有的平台（包括 Windows、MacOS 和 Linux）上使用，但仅限于 64 位的机器。所有这些操作系统都完全支持 Python 3.x，但对于 MacOS 和 Linux 来说，目前只支持到 Python 2.7.x。在 Python 3.x 下需要安装 PyQt5，而在 Python 2.7.x 下则有更多的选项，可以使用 PySide、PyQt4 和 wxPython。

4.1.2.1　使用 pip 进行安装

pip 是 PyPA 推荐的用于从 PyPI 安装 Python 包的工具。在 PyPI 上可以找到最新版本的 Mayavi。所需的 Python 包可以与 pip 一起自动获取和安装。

对于最新版本的 Mayavi（4.6.0 及以上版本），如果使用的是 Python 3.x，并且是在 64 位机器上，可以通过 pip 进行安装：

```
$ pip install mayavi
$ pip install PyQt5
```

如果无法按上面的做法顺利安装，请参考前面提及的安装依赖并找到一种合适的方法来安装 VTK 和相应 GUI 工具包，然后重复上面的步骤。

如果对 jupyter notebook 支持感兴趣，可以通过下面的命令进行安装：

```
$ jupyter nbextension install --py mayavi --user
$ jupyter nbextension enable --py mayavi --user
```

4.1.2.2　从 github 安装

可以从 github 安装 Mayavi 的最新版本：

```
$ git clone https://github.com / enthought / mayavi.git
$ cd mayavi
$ pip install -r requirements.txt
$ pip install PyQt5  # 可以改为任何支持的工具包
$ python setup.py install
```

Mayavi 依赖于一些属于 ETS（Enthought Tool Suite）的包。Mayavi 所依赖的 ETS 包有 apptools、traits_、traitsui、pyface 和 envisage_。如果需要其中一个，也可以通过 git 安装，它们都相对比较容易安装。

4.1.2.3 安装预编译的发行版

(1) Windows

在 Windows 下安装 Mayavi 的最好方法是安装完整的 Python 发行版，如 Enthought Canopy、Pythonxy 或 Anaconda。注意，对于 Pythonxy，在选择组件时需要在安装程序中勾上 ETS 选项。如果希望减少 Pythonxy 使用的磁盘空间，可以取消选中其他组件。

(2) MacOS

对于 MacOS 也可以安装完整的 Python 发行版，如 Enthought Canopy 就是一个不错的选择，因为这个发行版已经将 Mayavi 预装在内了。另外，Anaconda 也有 MacOS 发行版。

(3) Ubuntu 或 Debian

Mayavi 打包在 Debian 和 Ubuntu 中，可以通过 apt 安装。

(4) RedHat EL3 和 EL4

完整的 Python 发行版 Enthought Canopy（已包括 Mayavi 在内）也有针对 RedHat-EL3 和 EL4 的版本可用。

另外，EDM 是 Enthought 免费提供的 Python 环境管理器，它允许用户创建轻量级和自定义的 Python 环境，并具有健壮的对包依赖关系的管理方法，可以很好地解决冲突并确保包版本集的一致性。安装好 EDM 后，可以从终端利用 EDM 安装 Mayavi：

```
$ edm install mayavi pyqt
```

上面的命令将安装 Mayavi 和 pyqt，然后可以用默认的 Python 启动一个 shell：

```
$ edm shell
```

EDM 默认情况下的 Python 环境是 2.7 版本，上述命令会将 Mayavi 设置为 Python 2.7。如果想在 Python 3.6.x 下安装，需要先创建 Python 3.6.x 环境：

```
$ edm environments create -version 3.6 py3
```

这就创建了一个名称为"py3"（可以自定义）的 Python 3.6.x 的环境。激活该环境：

```
$ edm shell -e py3
```

然后就可以安装 Mayavi：

```
$ edm install mayavi pyqt
```

还可以通过 Conda 来安装 Mayavi。Conda 是一个开源软件包及环境的管理系统，用于安装多个版本的软件包及其依赖项。Conda 包含在 Anaconda 和 Miniconda 中。其中 Miniconda 是一个小型的"引导"版本，包括 Conda、Python 和它们所依赖的包。可以根据操作系统下载相应的 MinicondaInstaller。

安装 Conda 后，运行以下命令即可完成安装：

```
$ conda create -n pyconda python=3.6 pyqt=5
$ source activate pyconda
$ conda install -c menpo mayavi
```

4.1.2.4　用 Conda-forge 进行安装

conda-forge 是一个社区主导的 Conda 安装包通道。可以按照以下步骤安装并使用 conda-forge:

首先克隆环境（或从零开始建立一个环境）:

```
$ conda create --name pyforge --clone root
或
$ conda create --name pyforge python=2.7
```

然后添加 conda-forge 通道:

```
$ conda config --add channels conda -forge
```

激活 pyforge 环境:

```
$ source activate pyforge
```

安装 Mayavi 的依赖项:

```
$ conda install vtk
$ conda install pyqt=4
```

最后安装 Mayavi:

```
$ conda install mayavi
```

4.1.2.5　测试安装结果

测试安装是否成功的一个简单办法就是在终端直接运行"mayavi2":

```
mayavi2
```

可以通过下面的命令获得更多帮助信息:

```
mayavi2 -h
```

"mayavi2"是 Mayavi 的应用程序，在 Win32 这样的平台上，需要双击"mayavi2.exe"程序来运行。

如果已经获取了 Mayavi 的源代码压缩包，或者已经从 github 存储库中检出了源代码，则可以运行 mayavi*/examples 中的示例，有大量的示例脚本可以用来展示各种特性。

4.2　在 Python 中使用 mlab 绘制三维图像

Mayavi 的 mlab 模块提供了一种简单的方法来用脚本对数据进行可视化，也可以用交互式提示符的方式，就像使用 Matplotlib 的 pylab 接口。这允许用户执行快速的三维可视化的同时还能够使用 Mayavi 的强大功能。

Mayavi 的 mlab 被设计成以一种非常适合脚本的方式使用，并且可以与 IPython 交互使用。

注意，在 mlab 中使用 IPython 时，必须使用–gui=qt 命令行选项来调用 IPython，如下所示：

```
$ ipython --gui=qt
```

在 IPython 的最新版本中，可以通过以下方式在 IPython 内部打开该选项：

```
In [1]: %gui qt
```

如果由于某种原因 Mayavi 调用 Qt 后端失败，也可以尝试使用 wxPython 后端：

```
$ ETS_TOOLKIT=wx
$ ipython --gui=wx
```

一切就绪，可以将一个漂亮的 3D 球面谐波曲面作为开始，感受一下 Mayavi 的 3D 绘图：

```
# 创建数据
from numpy import pi, sin, cos, mgrid
dphi, dtheta = pi / 250.0, pi / 250.0
[phi,theta] = mgrid[0:pi + dphi * 1.5:dphi,0:2 * pi + dtheta * 1.5:
                               dtheta]
m0 = 4; m1 = 3; m2 = 2; m3 = 3; m4 = 6; m5 = 2; m6 = 6; m7 = 4;
r = sin(m0 * phi)**m1  +  cos(m2 * phi)**m3  +  sin(m4 * theta)**m5
                            +  cos(m6 * theta)**m7
x = r * sin(phi) * cos(theta)
y = r * cos(phi)
z = r * sin(phi) * sin(theta)

# 绘制曲面
from mayavi import mlab
s = mlab.mesh(x, y, z)
mlab.show()
```

以下是样例输出：

mlab 提供了几个类似的示例，可以参考 test_contour3d、test_points3d、test_plot3d_ anim 等，上面的示例可以通过 test_mesh 来绘制。

4.2.1　基于 Numpy 数组的三维绘图

在 mlab 中，可以通过一系列对 Numpy 数组进行操作的函数来创建可视化。mlab 绘图函数以 Numpy 数组作为输入来描述数据的 x、y 和 z 坐标，它们能够构建成熟的可视化：创建数据源，必要时进行筛选，并添加可视化模块。类似于 pylab、mlab 绘图函数的行为，以及由此创建的可视化，都可以通过关键字参数进行微调。此外，这些函数都可以返回创建的可视化模块，因此也可以通过更改该模块的属性来修改可视化。

4.2.1.1　0D 和 1D 数据的可视化

（1）points3d

```
mayavi.mlab.points3d( * args, **kwargs)
```

在提供的数据位置绘制符号（三维空间中的点）。

函数的基本使用方法：

```
points3d(x, y, z...)
points3d(x, y, z, s, ...)
points3d(x, y, z, f, ...)
```

其中，x、y 和 z 是 Numpy 数组或列表，它们的形状相同，表示点的位置。如果只传递三个数组 x、y、z，则所有的点都用相同的大小和颜色绘制；可以传递与 x、y 和 z 形状相同的第四个数组 s，为每个点提供关联的标量值，或者传递返回标量值的函数 $f(x, y, z)$，这个标量值用来调节各点的颜色和大小。

关键字参数（**kwargs）：

参数	描述
color	vtk 对象的颜色。当指定时，会覆盖 colormap。其值为 0 ～ 1 的浮点数的三元组，如 (1,1,1) 为白色
colormap	指定要使用的 colormap 类型
extent	[xmin, xmax, ymin, ymax, zmin, zmax] 默认是 x, y, z 数组范围。用来更改被创建的对象的范围
figure	用来指定绘图的 Figure 对象实例
line_width	线条的宽度，如果有的话，必须是浮点数。默认值为 2.0
mask_points	此选项用于减少在大型数据集上显示的点数，必须是整数或 None。如果指定为 N，则每 N 个点才会显示一个数据
mode	用来绘制点的符号形式，必须是以下值之一：['2darrow', '2dcircle', '2dcross', '2ddash', '2ddiamond', '2dhooked_arrow', '2dsquare', '2dthick_arrow', '2dthick_cross', '2dtriangle', '2dvertex', 'arrow', 'axes', 'cone', 'cube', 'cylinder', 'point', 'sphere']。默认值为'sphere'
name	创建的 vtk 对象的名称
opacity	vtk 对象的整体不透明度，必须是浮点数。默认值为 1.0
reset_zoom	重置缩放以容纳新添加到场景中的数据。默认值为 True
resolution	所创建的 3D 符号的分辨率，数越大，3D 符号的精细度越高。例如，对于球体，这是沿着 theta 和 phi 的分割点数，必须设置为整数。默认值为 8
scale_factor	对 3D 符号进行缩放。默认情况下，自动由符号间距来计算符号的大小。指定一个浮点数，则该数在绘图单元中给出最大符号的大小
scale_mode	3D 符号的缩放方式（"vector"、"scalar" 或 "none"）
transparent	令场景中角色的不透明度依赖于标量。默认值为 False
vmax	用于缩放颜色映射，如为 None，则使用数据的最大值
vmin	用于缩放颜色映射，如为 None，则使用数据的最小值

示例：

```python
import numpy as np
from mayavi import mlab

def test_points3d():
    t = np.linspace(0, 4 * np.pi, 20)

    x = np.sin(2 * t)
    y = np.cos(t)
    z = np.cos(2 * t)
    s = 2 + np.sin(t)

    return mlab.points3d(x, y, z, s,
                         colormap = "copper", scale_factor = .25)

test_points3d()
```

以下是样例输出：

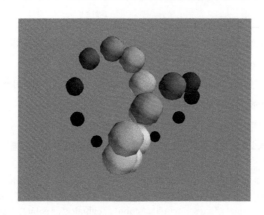

(2) plot3d

```
mayavi.mlab.plot3d( * args, **kwargs)
```

在点之间画线。
函数的基本使用方法：

```
plot3d(x, y, z, ...)
plot3d(x, y, z, s, ...)
```

其中，x、y、z 和 s 是相同形状的 Numpy 数组或列表。x、y 和 z 给出了直线上连续点的位置，s 是与每个点相关联的可选标量值。

关键字参数（**kwargs）：

参数	描述
color	vtk 对象的颜色。当指定时，会覆盖 colormap。其值为 0 ~ 1 的浮点数的三元组，如 (1,1,1) 为白色
colormap	指定要使用的 colormap 类型
extent	[xmin, xmax, ymin, ymax, zmin, zmax] 默认是 x, y, z 数组范围。用来更改被创建的对象的范围
figure	用来指定绘图的 Figure 对象实例
line_width	线条的宽度，必须是浮点数。默认值为 2.0
name	创建的 vtk 对象的名称
representation	用于曲面的表现类型。必须是 "surface"、"wireframe" 或 "points"。默认值为 "surface"
reset_zoom	重置缩放以容纳新添加到场景中的数据。默认值为 True
transparent	令场景中角色的不透明度依赖于标量。默认值为 False
tube_radius	用于表示线条的管道半径，如为 None，则使用简单的线条
tube_sides	用于表示线条的管道边数，数越大，管道壁越平滑，必须是整数。默认值为 6
vmax	用于缩放颜色映射，如为 None，则使用数据的最大值
vmin	用于缩放颜色映射，如为 None，则使用数据的最小值

示例：

```python
import numpy as np
from mayavi import mlab

def test_plot3d():
    """Generates a pretty set of lines."""
    n_mer, n_long = 6, 11
    dphi = np.pi / 1000.0
    phi = np.arange(0.0, 2 * np.pi + 0.5 * dphi, dphi)
    mu = phi * n_mer
    x = np.cos(mu) * (1 + np.cos(n_long * mu / n_mer) * 0.5)
    y = np.sin(mu) * (1 + np.cos(n_long * mu / n_mer) * 0.5)
    z = np.sin(n_long * mu / n_mer) * 0.5

    l = mlab.plot3d(x, y, z, np.sin(mu), tube_radius = 0.025,
                                        colormap = 'Spectral')
    return l

test_plot3d()
```

以下是样例输出：

4.2.1.2　2D 数据的可视化

(1) imshow

```python
mayavi.mlab.imshow( * args, **kwargs)
```

将二维数组以图像来展示。

函数的基本使用方法：

```python
imshow(s, ...)
```

其中，s 是一个二维数组。使用 colormap 将 s 的值映射到对应的颜色。

关键字参数（**kwargs）：

参数	描述
color	vtk 对象的颜色。当指定时，会覆盖 colormap。其值为 $0 \sim 1$ 的浮点数的三元组，如 (1,1,1) 为白色
colormap	指定要使用的 colormap 类型
extent	[xmin, xmax, ymin, ymax, zmin, zmax] 默认是 x, y, z 数组范围。用来更改被创建的对象的范围
figure	用来指定绘图的 Figure 对象实例
interpolate	布尔值，指定是否要对图像中的像素进行插值。默认值为 True
line_width	线条的宽度，必须是浮点数。默认值为 2.0
name	创建的 vtk 对象的名称
opacity	vtk 对象的整体不透明度，必须是浮点数。默认值为 1.0
reset_zoom	重置缩放以容纳新添加到场景中的数据。默认值为 True
transparent	令场景中角色的不透明度依赖于标量。默认值为 False
vmax	用于缩放颜色映射，如为 None，则使用数据的最大值
vmin	用于缩放颜色映射，如为 None，则使用数据的最小值

示例：

```python
import numpy as np
from mayavi import mlab


def test_imshow():
    """ Use imshow to visualize a 2D 10x10 random array."""
    s = np.random.random((10, 10))
    return mlab.imshow(s, colormap = 'gist_earth')


test_imshow()
```

以下是样例输出：

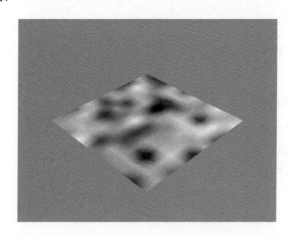

(2) surf

```
mayavi.mlab.surf( * args, **kwargs)
```

使用以二维数组提供的规则间距的高程数据绘制曲面。
函数的基本使用方法：

```
surf(s, ...)
surf(x, y, s, ...)
surf(x, y, f, ...)
```

其中，s 是高程矩阵，它是一个二维数组，其中沿第一个数组维的索引表示 x 位置，沿第二个数组维的索引表示 y 位置。

x 和 y 可以是由 numpy.ogrid 或 numpy.mgrid 返回的一维或二维数组。而由 numpy.meshgrid 返回的数组需要先进行转置才能获得正确的索引顺序。这些点应该位于一个正交的网格上（可能不均匀），也就是说，在 s 数组中共享相同索引的所有点需要具有相同的 x 或 y 值。对于任意形状的位置阵列（非正交网格），可以参考 mesh 函数。

如果只传递一个数组 s，则假定 x 和 y 数组由数组的索引组成，并创建一个等间距的数据集。

如果传递了 3 个位置参数，那么最后一个参数必须是数组 s 或可调用且返回一个数组的函数 f；x 和 y 给出了 s 中的值所对应的位置坐标。

关键字参数（**kwargs）：

参数	描述
color	vtk 对象的颜色。当指定时，会覆盖 colormap。其值为 0 ~ 1 的浮点数的三元组，如 (1,1,1) 为白色
colormap	指定要使用的 colormap 类型
extent	[xmin, xmax, ymin, ymax, zmin, zmax] 默认是 x,y,z 数组范围。用来更改被创建的对象的范围
figure	用来指定绘图的 Figure 对象实例
line_width	线条的宽度，必须是浮点数。默认值为 2.0
mask	布尔掩码数组，用于抑制某些数据点。注意：这是基于标量的色彩映射而工作的，如果使用 color 关键字指定一个纯色，这将不起作用
name	创建的 vtk 对象的名称
opacity	图像的不透明度，浮点数。默认值为 1.0
representation	用于曲面的表现类型。必须是 "surface"、"wireframe" 或 "points"。默认值为 "surface"
reset_zoom	重置缩放以容纳新添加到场景中的数据。默认值为 True
transparent	令场景中角色的不透明度依赖于标量。默认值为 False
vmax	用于缩放颜色映射，如为 None，则使用数据的最大值
vmin	用于缩放颜色映射，如为 None，则使用数据的最小值
warp_scale	由标量的值来确定的 z 轴比例。默认情况下，这个比例是一个浮点值。如果指定为 "auto"，会自动计算出一个相对令人满意的比例。如果指定的 warp_scale 值超出了 extent 指定的值，那么曲面的弯曲变化范围将由 warp_scale 来确定，并且绘图将沿着 z 轴定位，数据的零点将集中在由 extent 确定的中心。明确指定 extent 的值是控制绘图垂直范围的最好方法

示例：

```
import numpy as np
from mayavi import mlab

def test_surf():
    """Test surf on regularly spaced co-ordinates like MayaVi."""
    def f(x, y):
        sin, cos = np.sin, np.cos
        return sin(x + y) + sin(2 * x - y) + cos(3 * x
                                            + 4 * y)

    x, y = np.mgrid[ - 7.:7.05:0.1,  - 5.:5.05:0.05]
    s = mlab.surf(x, y, f)
    #cs = mlab.contour_surf(x, y, f, contour_z=0)
    return s

test_surf()
```

以下是样例输出：

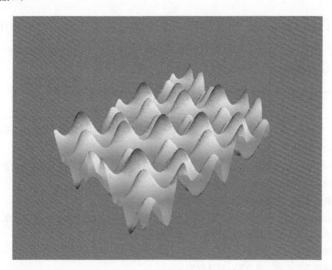

(3) contour_surf

```
mayavi.mlab.contour_surf( * args, **kwargs)
```

使用一个二维数组构成的高程数据来绘制曲面的等高线。
函数的基本使用方法：

```
contour_surf(s, ...)
contour_surf(x, y, s, ...)
contour_surf(x, y, f, ...)
```

其中，s 是高程矩阵，是一个二维数组，绘制的等高线是 s 值相等的线。

x 和 y 与 surf 函数中的相同。对于只传递了一个数组 s 的情况，以及传递了 3 个位置参数的情况，也与 surf 函数情况相同。

关键字参数（**kwargs）：

contour_surf 的关键字参数与 surf 有大部分的重复，其中一个不同的参数 contours 用来指定等高线数量或列表：当参数指定为整数时，表示要求函数绘制出等值线的条数；而当参数指定为列表时，则函数只绘制出列表所指定的等值线。

示例：

```python
import numpy as np
from mayavi import mlab

def test_contour_surf():
    """Test contour_surf on regularly spaced co-ordinates like MayaVi."""
    def f(x, y):
        sin, cos = np.sin, np.cos
        return sin(x + y) + sin(2 * x - y) + cos(3 * x
                                    + 4 * y)

    x, y = np.mgrid[ - 7.:7.05:0.1,  - 5.:5.05:0.05]
    s = mlab.contour_surf(x, y, f)
    return s

test_contour_surf()
```

以下是样例输出：

(4) mesh

```
mayavi.mlab.mesh( * args, **kwargs)
```

使用一个二维数组构成的网格数据来绘制曲面。

函数的基本使用方法：

```
mesh(x, y, z, ...)
```

其中，x, y, z 是相同形状的二维数组，给出了曲面上各顶点的位置。

对于简单的结构（如正交网格），最好使用 surf 函数，因为它将创建更有效的数据结构。对于由三角形而不是常规隐式连接定义的网格，可以参考 triangular_mesh 函数。

关键字参数（**kwargs）：

mesh 的关键字参数中的 color、colormap、extent、figure、line_width、mask、mask_points、mode、name、opacity、reset_zoom、resolution、scale_mode、transparent、vmax、vmin 与前面提到的用法和含义相同。下面列出有所不同的部分参数：

参数	描述
representation	用于曲面的表示方式，必须是 ['surface', 'wireframe', 'points', 'mesh', 'fancymesh'] 之一。默认值为 'surface'
scalars	可选的标量数据
scale_factor	在 fancy_mesh 模式中，用于缩放在顶点绘制的 3D 符号的比例因子，必须是浮点数，默认值为 0.05
tube_radius tube_sides	用来指定绘图的 Figure 对象实例

示例：

```
import numpy as np
from mayavi import mlab

def test_mesh():
    """A very pretty picture of spherical harmonics translated from
    the octaviz example."""
    pi = np.pi
    cos = np.cos
    sin = np.sin
    dphi, dtheta = pi / 250.0, pi / 250.0
    [phi, theta] = np.mgrid[0:pi + dphi * 1.5:dphi,
                            0:2 * pi + dtheta * 1.5:dtheta]
    m0,m1,m2,m3,m4,m5,m6,m7 = 4,3,2,3,6,2,6,4
    r = sin(m0 * phi) ** m1 + cos(m2 * phi) ** m3 + \
        sin(m4 * theta) ** m5 + cos(m6 * theta) ** m7
    x = r * sin(phi) * cos(theta)
```

```
    y = r  *  cos(phi)
    z = r  *  sin(phi)  *  sin(theta)

    return mlab.mesh(x, y, z, colormap = "bone")

test_mesh()
```

以下是样例输出：

(5) barchart

```
    mayavi.mlab.barchart( * args, **kwargs)
```

按比例垂直绘制垂向图形（如条形图），以完成类似直方图的 3D 图形。这个函数接受的位置输入可以是二维的，也可以是三维的。

函数的基本使用方法：

```
    barchart(s, ...)
    barchart(x, y, s, ...)
    barchart(x, y, f, ...)
    barchart(x, y, z, s, ...)
    barchart(x, y, z, f, ...)
```

如果只传递一个位置参数，它可以是一个一维、二维或三维的数组，给出向量的长度。而数据点的空间位置可以按数组的索引来决定，并创建一个等间距的数据集。

如果传递了三个位置参数（x、y、s），那么最后一个参数必须是数组 s，或者是一个可以返回数组的可调用的函数 f。x 和 y 给出了与 s 值对应的位置的二维坐标。

如果传递了四个位置参数（x、y、z、s），则前三个是给出数据点 3D 坐标的数组，最后一个是数组 s，或者是一个可调用的函数 f，这个函数可以返回用来指定数据值的数组。

关键字参数（**kwargs）：

barchart 的关键字参数中的 color、colormap、extent、figure、line_width、mask_points、mode、name、opacity、reset_zoom、resolution、scale_mode、transparent、vmax、vmin 与前面提到的用法和含义相同。下面列出有所不同的部分参数：

参数	描述
auto_scale	布尔值，指定是否自动计算所绘制符号的侧面缩放。这可能会耗费较多计算，默认值为 True
lateral_scale	所绘制符号的侧面比例尺（以最近点之间的距离为单位），必须是浮点数，默认值为 0.9
scale_factor	用来对所绘制符号进行缩放。在绘图单元中，符号的大小是默认的，必须是浮点数，默认值为 1.0

示例：

```python
import numpy as np
from mayavi import mlab

def test_barchart():
    """ Demo the bar chart plot with a 2D array."""
    s = np.abs(np.random.random((3, 3)))
    return mlab.barchart(s)

test_barchart()
```

以下是样例输出：

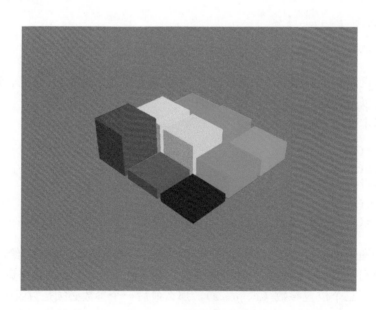

(6) triangular_mesh

```python
mayavi.mlab.triangular_mesh( * args, **kwargs)
```

使用由顶点的位置和连接它们的三角形定义的网格来绘制曲面。

函数的基本使用方法：

```
triangular_mesh(x, y, z, triangles ...)
```

其中，x, y, z 是给出曲面顶点位置的数组，triangles 是一个三元组（或三个元素的数组）的列表（列出了每个三角形的顶点，这些顶点是根据它们在位置数组中出现的序号而建立的索引）。

对于简单的结构（如矩形网格），最好使用 surf 或 mesh 函数，因为它们会创建更有效的数据结构。

关键字参数（**kwargs）：

triangular_mesh 的关键字参数 color、colormap、extent、figure、line_width、mask、mask_points、mode、name、opacity、representation、reset_zoom、resolution、scalars、scale_factor、scale_mode、transparent、tube_radius、tube_sides、vmax、vmin 与前面提到的用法和含意基本相同。

示例：

```
import numpy as np
from mayavi import mlab

def test_triangular_mesh():
    """An example of a cone, ie a non-regular mesh defined by its triangles."""
    n = 8
    t = np.linspace( - np.pi, np.pi, n)
    z = np.exp(1j  *  t)
    x = z.real.copy()
    y = z.imag.copy()
    z = np.zeros_like(x)

    triangles = [(0, i, i  +  1) for i in range(1, n)]
    x = np.r_[0, x]
    y = np.r_[0, y]
    z = np.r_[1, z]
    t = np.r_[0, t]

    return mlab.triangular_mesh(x, y, z, triangles, scalars = t)

test_triangular_mesh()
```

以下是样例输出：

注 1：关于 surf() 和 contour_surf() 的垂直比例。surf() 和 contour_surf() 可用于 2D 数据的 3D 展示。默认情况下，z 轴应该与 x 轴和 y 轴处于相同的单位中，但是它可以自动缩放以获得 2/3 的比例。可以通过指定 warp_scale=auto 来控制此行为。

注 2：从数据点到表面。知道了数据点的位置还不足以定义一个曲面，还需要连接性信息。使用 surf() 和 mesh() 函数，可以隐式地从输入数组的形状中提取连接性信息，数据位于一个网格中，二维输入数组中的相邻数据点是相互连接的。使用函数 triangular_mesh()，可以显式地指定连接性。通常情况下，连接不是规则的，也不是可以预先知道的。数据点是位于一个曲面上的，通过它们可以绘制一个隐式定义的表面，在此过程中 delaunay2d 过滤器会执行所需的最近邻匹配和插值。

4.2.1.3 3D 数据的可视化

(1) contour3d

```
mayavi.mlab.contour3d( * args, **kwargs)
```

绘制以三维数组定义的体数据的等值面。

函数的基本使用方法：

```
contour3d(scalars, ...)
contour3d(x, y, z, scalars, ...)
```

其中，scalars 是一个在网格上给定数据的三维 Numpy 数组。

如果传递了 4 个数组（x、y、z、scalars），则前 3 个数组指定空间位置，最后一个给出标量值。然后，x、y 和 z 是由 numpy.mgrid 生成的 3D 数组，其表征的空间位置位于三维正交且规则间隔的网格上，网格中的最邻近点与数组中的最邻近点是匹配的。该函数建立了一个规则点间距的标量场。

关键字参数（**kwargs）：

contour3d 的关键字参数 color、colormap、contours、extent、figure、line_width、name、opacity、reset_zoom、transparent、vmax、vmin 与前面提到过的参数的用法和含义基本相同。

示例：

```python
import numpy as np
from mayavi import mlab

def test_contour3d():
    x, y, z = np.ogrid[ -5:5:64j, -5:5:64j, -5:5:64j]

    scalars = x * x * 0.5 + y * y + z * z * 2.0

    obj = mlab.contour3d(scalars, contours = 4, transparent = True)
    return obj

test_contour3d()
```

以下是样例输出：

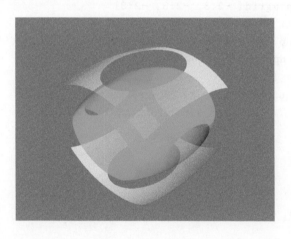

(2) quiver3d

```
mayavi.mlab.quiver3d( * args, **kwargs)
```

绘图符号（如箭头、锥形等）来指示所提供位置上的向量的方向和大小。

函数的基本使用方法：

```
quiver3d(u, v, w, ...)
quiver3d(x, y, z, u, v, w, ...)
quiver3d(x, y, z, f, ...)
```

其中，u、v、w 是 Numpy 数组，给出了向量的分量。

如果只传递 u、v 和 w 三个数组，则它们必须是 3D 数组，而绘制的符号（箭头）的位置则假设为（u、v、w）数组中对应点的索引。

如果传递了六个数组（x、y、z、u、v、w），则前三个数组给出符号（箭头）的位置，后三个数组给出向量的分量，且它们可以是任何形状。

如果传递了四个位置参数（x、y、z、f），那么最后一个必须是可调用的函数 f，它返回给定位置（x, y, z）的向量分量（u, v, w）。

关键字参数（**kwargs）：

quiver3d 的关键字参数 color、colormap、extent、figure、line_width、mask_points、mode、name、opacity、reset_zoom、resolution、scalars、scale_factor、scale_mode、transparent、vmax、vmin 与前面提到过的参数的用法和含义基本相同。其中略有不同的是 mode 参数，在这里它的默认值是"2darrow"。

示例：

```
import numpy as np
from mayavi import mlab

def test_quiver3d():
    x, y, z = np.mgrid[ -2:3, -2:3, -2:3]
    r = np.sqrt(x ** 2 + y ** 2 + z ** 4)
    u = y * np.sin(r) / (r + 0.001)
    v = -x * np.sin(r) / (r + 0.001)
    w = np.zeros_like(z)
    obj = mlab.quiver3d(x, y, z, u, v, w,
                        line_width = 3, scale_factor = 1)
    return obj

test_quiver3d()
```

以下是样例输出：

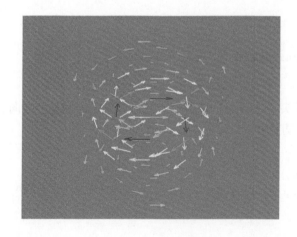

(3) flow

```
mayavi.mlab.flow( * args, **kwargs)
```

创建一个沿着向量场流动的粒子轨迹。

函数的基本使用方法：

```
flow(u, v, w, ...)
flow(x, y, z, u, v, w, ...)
flow(x, y, z, f, ...)
```

其中，u、v、w 是 Numpy 数组，给出了向量的分量。

如果只传递 u、v 和 w 三个数组，则它们必须是 3D 数组，而流场格点的位置则假设为 (u, v, w) 数组中对应点的索引。而 x、y 和 z 是由 numpy.mgrid 生成的 3D 数组，其表征的空间位置是位于三维正交且规则间隔的网格上，该函数建立了一个规则点间距的向量场。

如果传递了六个数组（x、y、z、u、v、w），则前三个数组给出流场格点的空间位置，后三个数组给出向量的分量。

如果传递了四个位置参数（x、y、z、f），那么最后一个必须是可调用的函数 f，它返回给定位置 (x, y, z) 的向量分量 (u, v, w)。

关键字参数（**kwargs）：

flow 的关键字参数中的 color、colormap、extent、figure、line_width、name、opacity、reset_zoom、scalars、transparent、vmax、vmin 与前面提到过的参数的用法和含义基本相同。下面列出有所不同的部分参数：

integration_direction	积分的方向，必须是 "forward" 或 "backward" 或 "both"。默认值为 "forward"
linetype	用于显示流线的类线对象的形式。必须是 "line" 或 "ribbon" 或 "tube"。默认值为 "line"
seed_resolution	"种子"的分辨率，用来确定构成"种子"的空间点数，必须是整数或 None
seed_scale	用来缩放"种子"的缩放系数，必须是浮点数。默认值为 1.0
seed_visible	控制"种子"的可见性，布尔值。默认值为 True
seedtype	用于产生流线的种子的形式。必须是 ["line" "plane" "point" "sphere"] 之一。默认值为 "sphere"

示例：

```
import numpy as np
from mayavi import mlab

def test_flow():
    x, y, z = np.mgrid[ -4:4:40j, -4:4:40j, 0:4:20j]
    r = np.sqrt(x ** 2 + y ** 2 + z ** 2 + 0.1)
```

```
    u = y  *  np.sin(r)  /  r
    v =  - x  *  np.sin(r)  /  r
    w = np.ones_like(z)  *  0.05
    obj = mlab.flow(u, v, w)
    return obj

test_flow()
```

以下是样例输出：

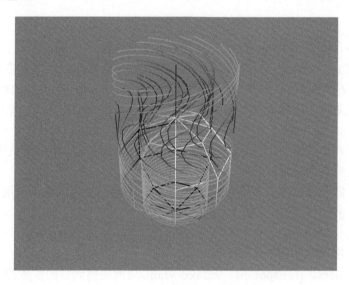

(4) volume_slice

```
    mayavi.mlab.volume_slice( * args, **kwargs)
```

绘制一个交互式图像平面，该平面是对所提供的三维数据体进行的切片。
函数的基本使用方法：

```
    volume_slice(scalars, ...)
    volume_slice(x, y, z, scalars, ...)
```

其中，scalars 是一个在网格上给定数据的三维 Numpy 数组。

如果传递了四个数组（x、y、z、scalars），则前三个数组指定空间位置，最后一个给出标量值。与 contour3d 一样，x、y 和 z 是由 numpy.mgrid 生成的 3D 数组，并且该函数也是建立了一个规则点间距的标量场。

关键字参数（**kwargs）：

volume_slice 的关键字参数中的 color、colormap、extent、figure、line_width、name、opacity、reset_zoom、transparent、vmax、vmin 与前面提到过的参数的用法和含义基本

相同。下面列出有所不同的部分参数：

参数	描述
plane_opacity	切片平面对象的不透明性。默认值为 1.0
plane_orientation	切片平面的方向。默认值为 "x_axes"
slice_index	切片索引值，沿着该索值所在位置进行切片以得到切片图像

示例：

```python
import numpy as np
from mayavi import mlab

def test_volume_slice():
    x, y, z = np.ogrid[ -5:5:64j, -5:5:64j, -5:5:64j]
    scalars = x * x * 0.5 + y * y + z * z * 2.0
    obj = mlab.volume_slice(scalars,
                            plane_orientation = 'x_axes')
    return obj

test_volume_slice()
```

以下是样例输出：

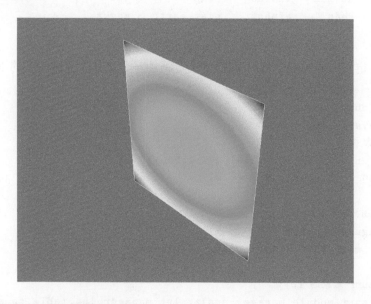

注：关于结构化或非结构化数据。contour3d()、volume_slice() 和 flow() 需要有序的数据（以便能够在点之间插入），而 quiver3d() 可以处理任意一组点。所需的结构在函数的文档中有详细说明。

4.2.2　修改视图效果

4.2.2.1　改变颜色或尺寸

(1) 颜色

绘图函数所创建的对象的颜色，可以通过使用函数的"color"关键字参数显式指定，然后此颜色会均匀地应用于创建的所有对象。

如果希望在整个可视化中改变颜色，需要为每个数据点指定标量信息。一些函数尝试猜测这些信息：对于带有向量的函数，这些标量默认为向量的范数，对于像 surf() 或 barchart() 这样的函数，这些标量默认为 z 方向的高度。这个标量信息通过 colormap 被转换为颜色。Mayavi 中可用的 colormap 有

```
Accent     Pastel1    Set1      autumn       gist_gray     nipy_spectral
Blues      Pastel2    Set2      binary       gist_heat     ocean
BrBG       PiYG       Set3      black-white  gist_ncar     pink
BuGn       PuBu       Spectral  blue-red     gist_rainbow  plasma
BuPu       PuBuGn     Vega10    bone         gist_stern    prism
CMRmap     PuOr       Vega20    brg          gist_yarg     rainbow
Dark2      PuRd       Vega20b   bwr          gnuplot       seismic
GnBu       Purples    Vega20c   cool         gnuplot2      spring
Greens     RdBu       Wistia    coolwarm     gray          summer
Greys      RdGy       YlGn      copper       hot           terrain
OrRd       RdPu       YlGnBu    cubehelix    hsv           viridis
Oranges    RdYlBu     YlOrBr    file         inferno       winter
PRGn       RdYlGn     YlOrRd    flag         jet
Paired     Reds       afmhot    gist_earth   magma
```

也可以自定义 colormap，如下面的例子定制了一个具有渐变透明度的 colormap：

```python
import numpy as np
from mayavi import mlab
# 创建数据
x, y = np.mgrid[ -4:4:200j, -4:4:200j]
z = 100 * np.sin(x * y) / (x * y)

# 用 mlab.surf 进行绘图
mlab.figure(bgcolor = (1, 1, 1))
surf = mlab.surf(z, colormap = 'coolwarm')

# 检索 surf 对象的 LUT
lut = surf.module_manager.scalar_lut_manager.lut.table.to_array()

# lut 是一个 255×4 的数组，四列数分别代表 RGBA 代码（red, green, blue, alpha），
# 数值为 0~255。修改 alpha 通道，制造渐变的透明度
```

```
lut[:, -1] = np.linspace(0, 255, 256)

# 然后再把修改后的 LUT 返回给 surf 对象
# 其实可以使用任意符合规定的 255×4 的数组，而不是要由存在的 LUT 进行修改
surf.module_manager.scalar_lut_manager.lut.table = lut

# 改变 LUT 后，强制更新绘图
mlab.draw()
mlab.view(40, 85, 420, [0, 0, 35])

mlab.show()
```

以下是样例输出：

(2) 符号的尺寸

标量信息也可以用多种不同的方式显示。例如，它可以用来调整位于数据点的符号的大小。下面的例子展示了对给定在一条直线上的间距为 1 的 6 个点的缩放：

```
import numpy as np
from mayavi import mlab
# 创建间距为 1 的 6 个点
x = [1, 2, 3, 4, 5, 6]
y = [0, 0, 0, 0, 0, 0]
z = y
# 提供一个变化为 0.5~1 的标量
s = [.5, .6, .7, .8, .9, 1]
# 使用 points3d 进行绘图
mlab.figure(bgcolor = (1, 1, 1), size = (400,150))
pts = mlab.points3d(x, y, z, s)
mlab.view( -90, 90, 4, [3.5, 0, 0])
```

默认情况下，球体的直径不是"强制"的，换句话说，标量数据的最小值表示直径为"null"，最大值与点间距离成比例，而缩放是相对的，如图所示（第一个点在图中不可见）：

这种做法让所有数据集对应的点都是可见的，但如果想让标量值所表示的符号大小的单位与位置坐标的单位相同，则需要把自动缩放关闭，再通过设置 scale_factor 来指定缩放系数：

```
pts = mlab.points3d(x, y, z, s, scale_factor = 1)
mlab.view( -90, 90, 4, [3.5, 0, 0])
```

以下是样例输出：

如果想用一个标量表示点的大小，用第二个表示颜色，可以使用一个简单的技巧：用向量的范数表示符号的大小，而使用标量来表示符号的颜色。下面创建一个 quiver 3d() 图形，然后将绘制的符号选择为对称图形，并用标量来表示颜色：

```
x, y, z, s, c = np.random.random((5, 10))
pts = mlab.quiver3d(x, y, z, s, s, s, scalars = c, mode = sphere)
pts.glyph.color_mode = color_by_scalar
# 把绘制的符号的中心放在数据点上
pts.glyph.glyph_source.glyph_source.center = [0, 0, 0]
```

以下是样例输出：

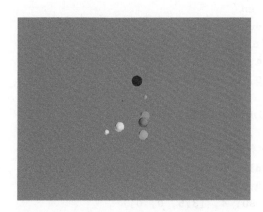

4.2.2.2　改变对象的大小和位置

每个 mlab 函数接受一个关键字参数 extent，该参数允许设置 $(x、y、z)$ 的范围。这样既可以控制不同方向的缩放，也可以控制整体图形中心的位移。请注意，在使用此功能时，最好将相同的 extent 传递给对相同数据的不同可视化模块。因为如果不这样做，它们就无法共享相同的位移和缩放。

　　surf()、contour_surf() 和 barchart() 函数是通过转换高度值来显示 2D 数组的，它们也使用 warp_scale 参数来控制垂直方向上的缩放。

4.2.2.3　交互式更改对象属性

　　Mayavi（mlab）允许交互式地修改可视化效果，可以通过单击 Figure 窗口工具栏中的 Mayavi 图标，或使用 mlab.show_pipeline() 命令来显示 Mayavi 的管道树。然后就可以在此对话框中通过单击、双击或右击每个对象来编辑其属性，从而更改可视化效果。

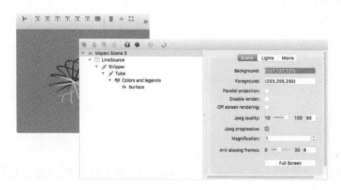

4.2.3　图例、视角和缩放

4.2.3.1　处理多个 Figure

　　为了与 MATLAB 和 pylab 兼容，所有 mlab 函数都在当前场景中运行，这是通过调用 figure() 来完成的。不同的 Figure 可以用整数或字符串作为键值来建立索引。用一个键值对 figure() 函数进行调用，则会返回对应的 Figure（如果它存在的话），或创建一个新的 Figure。可以使用 gcf() 函数来检索当前 Figure，使用 draw() 函数对 Figure 进行刷新，使用 savefig() 保存到图片文件，使用 clf() 进行清除。

4.2.3.2　进一步装饰 Figure

　　可以通过下表所列函数对 Figure 进行装饰。

参数	描述
axes()	在可视化对象周围添加坐标轴
xlabel() ylabel() zlabel()	为 x、y、z 坐标轴添加标签
outline()	在可视化对象周围添加立方体轮廓
title()	为 figure 添加标题
colorbar()	用于添加以颜色映射表示数值的颜色条（即 VTK 中的 LUT）
scalarbar() vectorbar()	用于专门为标量/向量数据创建颜色条 (colorbar)
orientation_axes()	在 figure 中添加一个指明 x、y、z 方向的指示性小坐标轴

4.2.3.3 移动相机

使用 view() 函数可以设置相机的位置和方向。它们是用欧拉角和到焦点的距离来描述的。view() 函数尝试猜测相机的正确旋转角度来获得令人满意的视图，但有时会失败。可以用 roll() 函数显式地设置相机的旋转角度，也可以在场景中交互实现，按下 control 键（不同操作系统可能有所不同，如 MacOS 中是 cmd 键）同时拖动鼠标在场景中旋转相机。

调用无参数的 view() 和 roll() 函数，会返回当前的相机角度和距离，并把它们保存到变量中。

```
# 将 视 角 信 息 保 存 到 变 量
view = mlab.view()
roll = mlab.roll()

# 重 新 设 置 相 机
mlab.view( * view)
mlab.roll(roll)
```

(1) 旋转相机

还可以使用相机对象的 roll、yaw 和 pitch 方法来旋转相机本身。这样将移动焦点：

```
f = mlab.gcf()
camera = f.scene.camera
camera.yaw(45)
```

与 view() 和 roll() 函数不同，角度是递增的，不是绝对的。注意，这里 camera.roll 和前面的 mlab.roll 是不一样的。

(2) 缩放和视角

相机是由它的位置、焦点和视角定义的（对应的属性分别为 position、focal_point、view_angle）。相机的 zoom 方法按指定比例递增地改变视角，其中 dolly 方法是在保持焦点不变的同时将相机沿其轴线平移。mlab.move() 函数在这些方面有类似功效。

(3) 相机的平行比例

除了由 mlab.view 和 mlab.roll 返回与设置的信息外，还有一个参数要用来定义视点，就是相机的平行比例，这是用来控制其视角的。可用下面的代码来获取（或设置）平行比例：

```
f = mlab.gcf()
camera = f.scene.camera
camera.yaw(45)
```

4.2.4　动态显示

4.2.4.1　基于数据的动画

　　有时只是把数据绘制出来还不够，用户可能还希望通过改变图表的数据来更新图表，而不必重新创建整个可视化过程。这个情况在执行动画或交互式应用程序中比较常见，而且重新创建整个可视化确实是非常低效的做法，而且容易导致动画过程非常不稳定。为此，mlab 提供了一种非常方便的方法来更改已有的 mlab 可视化的数据。下面先看一段构建简单动态曲面的代码：

```
import numpy as np
from mayavi import mlab
x, y = np.mgrid[0:3:1,0:3:1]
s = mlab.surf(x, y, np.asarray(x * 0.1, 'd'))


for i in range(10):
    s.mlab_source.scalars = np.asarray(x * 0.1 * (i + 1), 'd')
```

　　前两行定义了一个简单的平面并显示它，接下来的循环结构通过改变标量来生成一个围绕原点旋转的平面，从而使数据具有动画效果。这里的关键是例子中的 s 对象有一个 mlab_source 属性，而它让用户能够操作数据点和标量。如果想改变 x 值，也可以这样设置：

```
s.mlab_source.x = new_x
```

　　但要注意一点：不能改变 x 的形状。

　　真正执行上面的例子时就会发现，它可能不是一个想要的动画效果。实际上，可能只能看到动画的最终状态，而无法观察到中间的动态效果。如果在上例循环结构中每次都保存一次截图，是会得到每一帧的正确结果的；但在屏幕上却看不到想要的视觉效果。下面，利用装饰器 @mlab.animate 修改一下上面的例子：

```
import numpy as np
from mayavi import mlab
x, y = np.mgrid[0:3:1,0:3:1]
s = mlab.surf(x, y, np.asarray(x * 0.1, 'd'))

@mlab.animate
def anim():
    for i in range(10):
        s.mlab_source.scalars = np.asarray(x * 0.1 * (i + 1), 'd')
        yield
anim()
mlab.show()
```

　　注意，这里将循环迭代封装在一个作为生成器的函数中，并使用 @mlab.animate 装饰器来装饰它。同时要注意这个例子中使用的 yield，它对产生实时动态效果是非常重要的。

如果需要更改多个值，可以使用 mlab_source 的 set 方法进行设置，如下面这个较为复杂的示例：

```python
import numpy as np
from mayavi import mlab
# 创建数据
n_mer, n_long = 6, 11
pi = np.pi
dphi = pi / 1000.0
phi = np.arange(0.0, 2 * pi + 0.5 * dphi, dphi, 'd')
mu = phi * n_mer
x = np.cos(mu) * (1 + np.cos(n_long * mu / n_mer) * 0.5)
y = np.sin(mu) * (1 + np.cos(n_long * mu / n_mer) * 0.5)
z = np.sin(n_long * mu / n_mer) * 0.5

l = mlab.plot3d(x, y, z, np.sin(mu),
                tube_radius = 0.025, colormap = 'Spectral')

ms = l.mlab_source
@mlab.animate()
def anim():
    for i in range(10):
        x = np.cos(mu) * (1 + np.cos(n_long * mu / n_mer +
                                     np.pi * (i + 1) / 5.) * 0.5)
        scalars = np.sin(mu + np.pi * (i + 1) / 5)
        ms.trait_set(x = x, scalars = scalars)
        yield

anim()
```

使用 set 方法，可视化只需要重新计算一次。在这种情况下，新数组的形状没有改变，只有它们的值改变了。如果数组的形状发生变化，则应使用如下所示的 reset 方法：

```python
x, y = np.mgrid[0:3:1,0:3:1]
s = mlab.surf(x, y, np.asarray(x * 0.1, 'd'),
              representation = 'wireframe')

fig = mlab.gcf()
ms = s.mlab_source
@mlab.animate()
def anim():
    for i in range(5):
        x, y = np.mgrid[0:3:1.0 / (i + 2),0:3:1.0 / (i + 2)]
        sc = np.asarray(x * x * 0.05 * (i + 1), 'd')
        ms.reset(x = x, y = y, scalars = sc)
        fig.scene.reset_zoom()
```

```
        yield

anim()
```

4.2.4.2　基于视角的动画

类似地，可以通过连续旋转相机来改变视角形成动画效果（也需要使用 @animate 装饰器）。假设已经有一个存在的 mlab.figure，并且其中已经有可视化对象：

```
from mayavi import mlab
@mlab.animate
def anim():
    f = mlab.gcf()
    while 1:
        f.scene.camera.azimuth(10)
        f.scene.render()
        yield

a = anim()
```

上面的例子将持续地旋转相机而不影响 UI 的交互性。同时，它还弹出了一个小的 UI，可以让用户通过按钮来开始和停止动画，并可以改变动画的时间间隔，还可以传递参数给装饰器：

```
from mayavi import mlab
@mlab.animate(delay = 500, ui = False)
def anim():
    # ...

a = anim() # 可以不弹出控制 UI 并开始动画
```

注意，要启动事件循环（即让动画运行起来），如果没有运行 GUI 环境（如那个小的控制 UI），那么就可能需要调用 mlab.show() 来激活动画。

再看一个关于装饰器用法的例子：

```
import numpy as np
from mayavi import mlab

@mlab.animate(delay = 100)
def updateAnimation():
    t = 0.0
    while True:
        ball.mlab_source.set(x = np.cos(t), y = np.sin(t), z = 0)
        t + = 0.1
        yield
```

```
ball = mlab.points3d(np.array(1.), np.array(0.), np.array(0.))

updateAnimation()
mlab.show()
```

如果不想导入所有的 mlab 内容，可以单独加载动画装饰器：

```
from mayavi.tools.animator import animate
```

4.3　mlab 与 Mayavi 管线

Mayavi 使用 VTK 实现所有的可视化需求，管线 (pipeline) 的概念也是来自 VTK，它是所有可视化的基础。但需要注意的是，Mayavi 使用的管线与创建可视化的 VTK 管线并不完全对应，布局和对象都有所不同，而且 VTK 管线中有更多的节点。这两种管线有一些相似之处，但是本节主要关注 Mayavi 管线。

(1) 管线解析

在 Mayavi 中，管线概念的总体布局有如下特点：① Mayavi 管线的顶部节点称为引擎（engine），它负责场景的创造和破坏，但不会显示在管道视图中。② 在引擎的下面，是场景（scene）。③ 每个场景都有一组数据源（source），它们向 Mayavi 公开要可视化的数据。④ 可以把过滤器（filter）应用在源上来转换它们包装的数据。⑤ 模块管理器（module manager）用来控制表示标量或向量数据的颜色，它在管线视图中表现是被称为"色彩与图例"（colors and legends）的节点。⑥ 可视化模块（visualization modules）最终用来在场景中再现数据，如曲面（surfaces）或线条（lines）。

管线中的每个对象都有一个 parent 属性（指向管线中的父对象）和一个 children 属性（给出其子对象的列表）。对象的 name 属性给出节点在管线视图中显示的名称。通过调用此对象的 edit_traits() 方法，可以弹出编辑对话框来修改对象的属性。

此外，Mayavi 管线对象只能在一个场景中，它们的 scene 属性指向这个场景。

(2) 不同 Mayavi 入口点之间的链接

尽管管线的构造可能对用户是隐藏的，但实际上在 Mayavi 中创建的每个可视化都是用管线构造的：① 实现 Mayavi 可视化最简单的方法是通过用户界面创建一个管线。② mlab 的 3D 绘图函数可以创建完整的管线（包括源、模块和过滤器）来可视化 Numpy 数组。展示管线视图有助于了解代码构建了怎样的管线。③ 可以通过 mlab 使用 mlab.pipeline 函数逐个节点地构建管线。④ 组成管线的对象可以被实例化并手动添加到管线中。

下面通过一个例子来研究通过 mlab.plot3d 函数创建的 3D 线条中的管线结构。

```
import numpy as np
from mayavi import mlab
phi = np.linspace(0., 2 * np.pi, 1000)
x   = np.cos(6 * phi) * (1 + .5 * np.cos(11 * phi))
y   = np.sin(6 * phi) * (1 + .5 * np.cos(11 * phi))
z   = .5 * np.sin(11 * phi)
```

```
surface  =  mlab.plot3d(x, y, z, np.sin(6 * phi),
tube_radius = 0.025, colormap = 'Spectral', opacity = .5)
```

以下是样例输出：

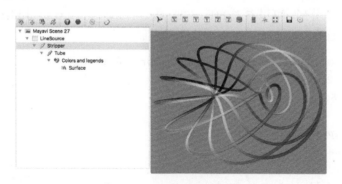

mlab.plot3d 函数首先创建由线连接的点组成的源，然后应用 Stripper 过滤器，该过滤器将一系列线条转换至一个"条带"（strip）中。其次应用 Tube 过滤器：从"条带"创建具有给定半径的"管道"。最后应用 Surface 模块显示管道的曲面。mlab.plot3d 函数返回的曲面对象是最终的 Surface 模块。

来看一下在应用 Tube 过滤器之前管线中的数据。首先获取 Stripper 过滤器：

```
stripper  =  surface.parent.parent.parent
```

然后在其上应用一个 Surface 模块来表示"条带"：

```
lines  =  mlab.pipeline.surface(stripper, color = (0, 0, 0))
```

以下是样例输出：

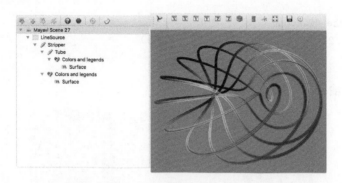

可以在管线视图中调整不同步骤的所有属性。另外，它们对应于不同对象的属性：

```
In [225]: tubes = surface.parent.parent

In [226]: tubes.filter.radius
Out[226]: 0.025
```

4.4 复杂示例

本节通过几个略为复杂点的例子进一步展示 mlab 的 3D 绘图。

(1) Julia 分形曲面

Julia 集是一个分形，可以参考 http://mathworld.wolfram.com/Juliaset.html。这里使用 mlab 的 surf 函数，以一种"峡谷"的视感来展示它：

```python
# Author: Gael Varoquaux <gael.varoquaux @ normalesup.org>
# Copyright (c) 2008, Enthought, Inc.
# License: BSD Style.

from mayavi import mlab
import numpy as np

# Calculate the Julia set on a grid
x, y = np.ogrid[ -1.5:0.5:500j, -1:1:500j]
z = x + 1j * y

julia = np.zeros(z.shape)

for i in range(50):
    z = z ** 2 - 0.70176 - 0.3842j
    julia + = 1 / float(2 + i) * (z * np.conj(z) > 4)

# Display it
mlab.figure(size = (400, 300))
mlab.surf(julia, colormap = 'gist_earth', warp_scale = 'auto', vmax = 1.5)

# A view into the "Canyon"
mlab.view(65, 27, 322, [30., -13.7, 136])
mlab.show()
```

以下是样例输出：

(2) 由不规则数据绘制的曲面

对于给定的数据 x、y、z，z 作为 x 和 y 的函数，这样的情况通常通过绘制"地毯图"，即使用一个曲面来可视化处于数据底层的函数。当在常规网格中获取参数 x 和 y 时，可以使用 mlab_surf 函数查看数据。但是，当存在一些缺失点，或者数据是随机获取时，surf 函数就不能使用了。困难在于，如果没有给出连接性信息，在三维空间中定位的点就不能定义曲面。对于 surf 函数，这些信息是由输入数组的形状隐含的。

在本例中，(x, y) 平面上随机位置的点阵被包含在 z 轴上的一个平面中。首先使用 mlab.points3d 来可视化这些点，然后使用 delaunay2d 过滤器通过最近邻匹配的方法来提取网格，并使用 Surface 模块将其可视化。

```python
# Author: Gael Varoquaux <gael.varoquaux @ normalesup.org>
# Copyright (c) 2009, Enthought, Inc.
# License: BSD Style.

import numpy as np

# Create data with x and y random in the [-2, 2] segment, and z a
# Gaussian function of x and y.
np.random.seed()
x = 4   *  (np.random.random(500)  -  0.5)
y = 4   *  (np.random.random(500)  -  0.5)

def f(x, y):
    return np.exp( - (x ** 2  +  y ** 2))

z = f(x, y)

from mayavi import mlab
mlab.figure(1, fgcolor = (0, 0, 0), bgcolor = (1, 1, 1))

# Visualize the points
pts = mlab.points3d(x, y, z, z, scale_mode = 'none', scale_factor = 0.2)

# Create and visualize the mesh
mesh = mlab.pipeline.delaunay2d(pts)
surf = mlab.pipeline.surface(mesh)

mlab.view(47, 57, 8.3, (0.1, 0.15, -0.4))
mlab.show()
```

以下是样例输出：

(3) Boy 曲面

Boy 曲面是一个数学参数曲面，Mayavi 用它来做自己的 Logo。通过采样网格上的两个表面参数并使用 mlab 的 mesh 函数来展示它。

```python
# Author: Gael Varoquaux <gael.varoquaux @ normalesup.org>
# Copyright (c) 2007, Enthought, Inc.
# License: BSD Style.

from numpy import sin, cos, mgrid, pi, sqrt
from mayavi import mlab

mlab.figure(fgcolor = (0, 0, 0), bgcolor = (1, 1, 1))
u, v = mgrid[ -0.035:pi:0.01, -0.035:pi:0.01]

X = 2 / 3. * (cos(u) * cos(2 * v)
 + sqrt(2) * sin(u) * cos(v)) * cos(u) / (sqrt(2) -
sin(2 * u) * sin(3 * v))
Y = 2 / 3. * (cos(u) * sin(2 * v) -
sqrt(2) * sin(u) * sin(v)) * cos(u) / (sqrt(2)
 - sin(2 * u) * sin(3 * v))
Z = - sqrt(2) * cos(u) * cos(u) / (sqrt(2) - sin(2 * u)
                              * sin(3 * v))
S = sin(u)

mlab.mesh(X, Y, Z, scalars = S, colormap = 'YlGnBu', )

# Nice view from the front
mlab.view(0, -5, 4, [0.2, -0.1, -1])
mlab.show()
```

以下是样例输出：

(4) 磁力线

本例使用流线模块显示磁偶极子的场线，这里需要用到 scipy。为了得到更好的结果，使用了一个比较大的网格来采样字段。

```python
# Author: Gael Varoquaux <gael.varoquaux @ normalesup.org>
# Copyright (c) 2007, Enthought, Inc.
# License: BSD Style.

import numpy as np
from mayavi import mlab
from scipy import special

# Calculate the field
radius = 1  # Radius of the coils

x, y, z = [e.astype(np.float32) for e in
np.ogrid[ -10:10:150j, -10:10:150j, -10:10:150j]]

# express the coordinates in polar form
rho = np.sqrt(x ** 2  +  y ** 2)
x_proj = x  /  rho
y_proj = y  /  rho

E = special.ellipe((4 * radius * rho) / ((radius + rho) ** 2 + z ** 2))
K = special.ellipk((4 * radius * rho) / ((radius + rho) ** 2 + z ** 2))
Bz = 1 / np.sqrt((radius + rho) ** 2 + z ** 2) * (
K
+ E * (radius ** 2 - rho ** 2 - z ** 2) /
((radius - rho) ** 2 + z ** 2)
)
Brho = z / (rho * np.sqrt((radius + rho) ** 2 + z ** 2)) * (
```

```
- K
+ E * (radius ** 2 + rho ** 2 + z ** 2) /
((radius - rho) ** 2 + z ** 2)
)

# On the axis of the coil we get a divided by zero. This returns
# a NaN, where the field is actually zero :
Brho[np.isnan(Brho)] = 0

Bx, By = x_proj * Brho, y_proj * Brho

# Visualize the field
fig = mlab.figure(1, size = (400, 400),
                  bgcolor = (1, 1, 1), fgcolor = (0, 0, 0))

field = mlab.pipeline.vector_field(Bx, By, Bz)

magnitude = mlab.pipeline.extract_vector_norm(field)
contours = mlab.pipeline.iso_surface(magnitude,
                                     contours = [0.01, 0.8, 3.8, ],
                                     transparent = True,
                                     opacity = 0.4,
                                     colormap = 'YlGnBu',
                                     vmin = 0, vmax = 2)


field_lines = mlab.pipeline.streamline(magnitude, seedtype = 'line',
                                       integration_direction = 'both',
                                       colormap = 'bone',
                                       seed_resolution = 25,
                                       vmin = 0, vmax = 1)

# Tweak a bit the streamline.
field_lines.stream_tracer.maximum_propagation = 100.
field_lines.seed.widget.point1 = [69, 75.5, 75.5]
field_lines.seed.widget.point2 = [82, 75.5, 75.5]
field_lines.seed.widget.resolution = 50
field_lines.seed.widget.enabled = False

mlab.view(42, 73, 104, [79, 75, 76])
mlab.show()
```

以下是样例输出：

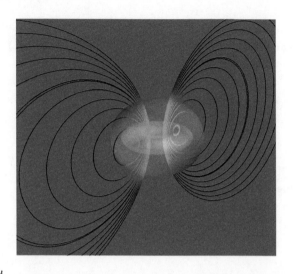

(5) Wigner 示例

在本例中，用曲面图（surf）来展示 x 和 y 的 3 个函数，同时 z 方向的缩放保持不变，从而可以对它们进行合理的比较。为了方便将这 3 个函数进行对比，它们不应该垂直分布，而应该将它们并排显示，因此，这里要使用 extent 关键字参数。

不同函数对应的子图之间的相对缩放也很重要，因此还要使用 warp_scale 关键字参数，以便在所有的子图上具有相同的比例。而且，需要调整数据边界，来使 wigner 函数的"地平线"位于被显示的范围的中间。最后，要向子图添加一组坐标轴和轮廓。为了使坐标轴和轮廓的范围与数据匹配，需要使用 extent 和 ranges 参数。

```python
# Author: Gael Varoquaux <gael.varoquaux @ normalesup.org>
# Copyright (c) 2007, Enthought, Inc.
# License: BSD Style.


import numpy
from mayavi import mlab


def cat(x, y, alpha, eta = 1, purity = 1):
    """ Multiphoton shrodinger cat. eta is the fidelity, alpha the number of
                                    photons"""
    cos = numpy.cos
    exp = numpy.exp
    return (1   +   eta  *  (
            exp( - x ** 2  -  (y  -  alpha) ** 2)   +
            exp( - x ** 2  -  (y  +  alpha) ** 2)   +
            2  *  purity  *  exp( - x ** 2  -  y ** 2)   *
            cos(2   *   alpha   *   x)
            )  /  (2  *  (1  +  exp( -  alpha ** 2))))  /  2

x, y = numpy.mgrid[ -4:4.15:0.1, -4:4.15:0.1]
```

```
mlab.figure(1, size = (500, 250),
              fgcolor = (1, 1, 1), bgcolor = (0.5, 0.5, 0.5))
mlab.clf()

cat1 = cat(x, y, 1)
cat2 = cat(x, y, 2)
cat3 = cat(x, y, 3)

# The cats lie in a [0, 1] interval, with .5 being the
# assymptotique value. We want to reposition this value
# to 0, so as to put it in the center of our extents.
cat1 -= 0.5
cat2 -= 0.5
cat3 -= 0.5

cat1_extent = ( -14, -6, -4, 4, 0, 5)
surf_cat1 = mlab.surf(x - 10, y, cat1, colormap = 'Spectral',
                      warp_scale = 5, extent = cat1_extent,
                      vmin = -0.5, vmax = 0.5)
mlab.outline(surf_cat1,
             color = (.7, .7, .7), extent = cat1_extent)
mlab.axes(surf_cat1, color = (.7, .7, .7), extent = cat1_extent,
          ranges = (0, 1, 0, 1, 0, 1), xlabel = '', ylabel = '',
          zlabel = 'Probability',
          x_axis_visibility = False, z_axis_visibility = False)

mlab.text( -18, -4, '1 photon', z = -4, width = 0.13)

cat2_extent = ( -4, 4, -4, 4, 0, 5)
surf_cat2 = mlab.surf(x, y, cat2,
                      colormap = 'Spectral', warp_scale = 5,
                      extent = cat2_extent, vmin = -0.5, vmax = 0.5)
mlab.outline(surf_cat2,
             color = (0.7, .7, .7), extent = cat2_extent)

mlab.text( -4, -3, '2 photons', z = -4, width = 0.14)

cat3_extent = (6, 14, -4, 4, 0, 5)
surf_cat3 = mlab.surf(x + 10, y, cat3,
                      colormap = 'Spectral', warp_scale = 5,
                      extent = cat3_extent, vmin = -0.5, vmax = 0.5)
mlab.outline(surf_cat3,
             color = (.7, .7, .7), extent = cat3_extent)

mlab.text(6, -2.5, '3 photons', z = -4, width = 0.14)
```

```
mlab.title('Multi - photons cats Wigner function')

mlab.view(130, -72, 35)
mlab.show()
```

以下是样例输出：

(6) 大量条线的绘制

在本例中，为了绘制的方便和提高效率，会将多个线条组合在一个对象中。可以使用 mlab.plot3d 画很多条线，但是它会为每一条线创建一个对象，而这种做法是低效的。本例展示如何创建一个由多条线组成的对象。其基本思想是：创建一组点，并明确指定它们之间的连接性。首先使用 mlab.pipeline.scalar_scatter 创建一组非连接点（底层数据结构是一个 PolyData）。然后添加连接，这需要跟踪哪个点连接到哪个点，在本例中这个问题比较简单；一条线上，令每个点都与其相邻的点相连即可。

```
# Author: Gael Varoquaux <gael dot varoquaux at normalesup dot org>
# Copyright (c) 2010, Enthought
# License: BSD style
import numpy as np
from mayavi import mlab

# The number of points per line
N = 300

# The scalar parameter for each line
t = np.linspace( - 2  *  np.pi, 2  *  np.pi, N)

mlab.figure(1, size = (400, 400), bgcolor = (0, 0, 0))
mlab.clf()

# We create a list of positions and connections, each describing
# a line. We will collapse them in one array before plotting.
x = list()
y = list()
```

```
z = list()
s = list()
connections = list()

# The index of the current point in the total amount of points
index = 0

# Create each line one after the other in a loop
for i in range(50):
    x.append(np.sin(t))
    y.append(np.cos((2 + .02 * i) * t))
    z.append(np.cos((3 + .02 * i) * t))
    s.append(t)
    # This is the tricky part: in a line, each point is connected
    # to the one following it. We have to express this with the
    # indices of the final set of points once all lines have been
    # combined together, this is why we need to keep track of the
    # total number of points already created (index)
    connections.append(np.vstack(
                       [np.arange(index,   index + N - 1.5),
                        np.arange(index + 1, index + N - .5)]
                            ).T)
    index += N

# Now collapse all positions, scalars and connections in big arrays
x = np.hstack(x)
y = np.hstack(y)
z = np.hstack(z)
s = np.hstack(s)
connections = np.vstack(connections)

# Create the points
src = mlab.pipeline.scalar_scatter(x, y, z, s)

# Connect them
src.mlab_source.dataset.lines = connections
src.update()

# The stripper filter cleans up connected lines
lines = mlab.pipeline.stripper(src)

# Display the set of lines
mlab.pipeline.surface(lines, colormap = 'Accent',
                      line_width = 1, opacity = .4)
```

```
# Choose a nice view
mlab.view(33.6, 106, 5.5, [0, 0, .05])
mlab.roll(125)
mlab.show()
```

以下是样例输出：

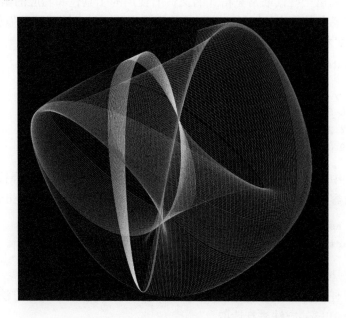

附录 常见格式的数据文件的读取

这里仅简单列出一些读取常见格式的文件所使用的工具包和相应的函数，这些工具包和函数的更多信息和使用方法，以及获取的数据的操作方法，请查阅其他相关书籍或资料。

(1) 一般的文本文件

假设文件 data.txt 的内容如下：

```
# id   x    y
   1   0.1  5.6
   2   0.2  7.2
   3   0.3  9.0
```

注意，文件中第一行的描述语句是以"#"开头的，表示此行为注释行。

对于这种内容比较规则的结构化数据文件，可以使用 numpy 的 loadtxt 函数读取：

```
import numpy as np
arr = np.loadtxt('data.txt')
```

得到的 arr 是一个 3 行 3 列的 numpy 的 ndarray。

另外，对于任何的纯文本文件，都可以用 Python 内置的 open 方法打开并用 read、readline 以及 readlines 方法进行读取。

(2) csv 文件

假设文件 data.csv 的内容如下：

```
name,e-mail,phone
Aric,aric@qq.com,123-4567
Clark,clark@163.com,234-5678
Max,max@126.com,345-6789
```

可以使用 csv 工具包来读取全部内容到一个列表中：

```
import csv
with open('data.csv','r') as f:
    reader = csv.reader(f)
result = list(reader)
# 输出第 0 行内容:
print(result[0])
```

也可以使用 pandas 的 read_csv 函数读取：

```
import pandas as pd
df = pd.read_csv('data.csv')
```

得到的 df 是一个 pandas 的 DataFrame 类型。

(3) json 文件

假设文件 data.json 的内容如下：

```
{ "Employee": [ {    "id":"1",
                    "Name": "Aric",
                    "Salary": "10000" },
              {    "id":"2",
                    "Name": "Clark",
                    "Salary": "13000" } ] }
```

可以使用 json 工具包来读取，返回值 js 是一个字典：

```
Import json
with open('data.json','r') as f:
    js = json.load(f)
```

也可以使用 pandas 的 read_json 函数读取：

```
import pandas as pd
df = pd.read_json('data.json')
```

得到的 df 是一个 pandas 的 DataFrame 类型。

(4)Excel 文件

微软 Excel 的 xlsx 文件是一种电子表格，假设文件 data.xlsx 的内容如下：

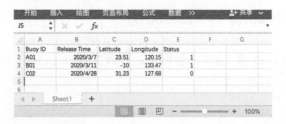

可以使用 xlrd 工具包进行读取：

```
import xlrd
wb = xlrd.open_workbook('data.xlsx')
sh = wb.sheet_by_index(0)
# 输出第 0 行第 1 列的内容:
print(sh.cell(0,1))
# 输出 A01 号 Buoy 这一行的所有内容，即第 1 行的数据:
print(sh.row_values(1))
# 输出所有 Buoy 的 Status，即最后一列的数据:
print(sh.col_values( -1))
```

也可以使用 pandas 的 read_excel 函数读取：

```
import pandas as pd
df = pd.read_excel('data.xlsx')
```

得到的 df 是一个 pandas 的 DataFrame 类型。

(5) netCDF 文件

假设文件 data.nc 的文件头信息如下:

```
netcdf data {
dimensions:
    np = 262131 ;
variables:
    float v(np) ;
        v:units = "m/s" ;
// global attributes:
        :title = "xvel from Fluent" ;
}
```

可以使用 netCDF4 工具包进行读取:

```
import netCDF4 as nc4
f = nc4.Dataset('data.nc')
# 读取变量 v:
arr = f.variables['v'][:]
f.close()
```

得到的 arr 是一个 numpy 的 MaskedArray。

(6) hdf 文件

HDF5 文件一般以 h5 或 hdf5 为扩展名,假设文件 data.hdf5 的文件头信息如下:

```
HDF5 "data.hdf5" {
GROUP "/" {
   DATASET "dset" {
      DATATYPE  H5T_IEEE_F64LE
      DATASPACE  SIMPLE { ( 3, 3 ) / ( 3, 3 ) }
   }
}
}
```

可以使用 h5py 工具包进行读取:

```
import h5py
f = h5py.File('data.hdf5','r')
# 读取数据 dset:
arr = f['dset'][:]
f.close()
```

得到的 arr 是一个 numpy 的 ndarray。

也可以使用 netCDF4 工具包进行读取，方法与读取 data.nc 文件的方法相同，得到的 arr 是一个 numpy 的 MaskedArray。

(7) grib 文件

这类文件的扩展名有两种，grb 和 grb2，这里以文件 data.grb2 为例：

```
import pygrib as pg
f = pg.open('data.grb2')
# 输出所有变量的信息：
for h in f:
    print(h)
# 将文件的读取位置重新设置返回到文件开始处：
f.seek(0)
# 根据变量名读取某变量，变量名等信息可以从上面输出的所有变量的信息获知
arr = f.select(name = 'Surface pressure')[0].values
f.close()
```

得到的 arr 是一个 numpy 的 ndarray 或 MaskedArray。